"十四五"职业教育国家规划教材

现代学徒制工作岗位系统化教程

塑料成型模具制造
综合训练

（任务驱动型）

主　编　缪遇春

副主编　熊小文　李　海　李锦胜

参　编　李回庭　曹建华　赵桂花　邹　萍　张志添

　　　　吴振献　徐晓寅　杜文林　陈　刚　杜森青

主　审　吴光明

U0216496

電子工業出版社

Publishing House of Electronics Industry

北京·BEIJING

内 容 简 介

本书以小夹子塑料成型模具制造的工作岗位为案例，详细分析了整套模具的制造过程，并给出了模具每个零件的加工工艺流程，每个岗位都有基本操作的任务和针对本套模具零件的加工操作的任务，每个任务又由任务布置、相关理论、技能训练、实训考核与评价、知识拓展、课后练习组成。

本书可作为中等职业、技工学校模具制造技术专业教材，也可作为机械加工类岗位培训教材。

图书在版编目（CIP）数据

塑料成型模具制造综合训练 / 缪遇春主编．—北京：电子工业出版社，2017.7

ISBN 978-7-121-30534-4

Ⅰ．①塑… Ⅱ．①缪… Ⅲ．①塑料模具—塑料成型—制造—中等专业学校—教学参考资料 Ⅳ．①TQ320.66

中国版本图书馆 CIP 数据核字（2016）第 290014 号

策划编辑：张　凌
责任编辑：靳　平
印　　刷：北京七彩京通数码快印有限公司
装　　订：北京七彩京通数码快印有限公司
出版发行：电子工业出版社
　　　　　北京市海淀区万寿路 173 信箱　邮编　100036
开　　本：787×1 092　1/16　印张：19.75　字数：505.6 千字
版　　次：2017 年 7 月第 1 版
印　　次：2024 年 1 月第 4 次印刷
定　　价：39.50 元

凡所购买电子工业出版社图书有缺损问题，请向购买书店调换。若书店售缺，请与本社发行部联系，联系及邮购电话：（010）88254888，88258888。

质量投诉请发邮件至 zlts@phei.com.cn，盗版侵权举报请发邮件至 dbqq@phei.com.cn。

本书咨询联系方式：（010）88254583。

本书是经全国职业教育教材审定委员会审定的"十二五"职业教育国家规划教材，是根据教育部于 2014 年公布的《中等职业学校模具制造技术专业教学标准》，同时参考模具制造技术职业资格标准编写的。

"塑料成型模具制造综合实训"是中职中专学校模具专业的一门核心课程，教学安排在第四学期，进行为期 4 周的训练。要求学生在完成"模具识图与测绘项目实训"之后，真刀真枪地制作出一整套的模具，然后装配，并在注射机上进行试模。目前该课程还没有相关"贯穿式"教材可供选择，而学生在模具制造实训中，由于时间紧、任务重，在无任何书面指导的情况下完成模具的实际情况不是很理想，确实需要一套"贯穿式"教材进行辅导。为此我们从模具加工的实际出发，以 2013 年中等职业技术学校全国模具制造技术大赛题目为例，采用"贯穿式"教学模式，编写了本教材。

本书根据加工要求分为 10 个部分：

岗位序号	项　目	内　容	编写者	课时安排
岗位一	普通铣削	托板（MJ-01-04）	缪遇春	10
岗位二	普通车削	I 型顶杆（MJ-01-11）	赵桂花　李海	16
岗位三	普通磨削	动模底板（MJ-01-01）	邹萍	8
岗位四	数控车削	导柱（MJ-01-05）	李回庭　陈刚	16
岗位五	数控铣削	左下型芯（MJ-01-08）	曹建华　杜文林	16
岗位六	线切割	顶料杆（MJ-01-14）端部钩形状	吴振献　李锦胜	10
岗位七	数控电火花	左下型芯（MJ-01-08）内腔面	张志添	10
岗位八	省模	右下型芯（MJ-01-18）内表面	熊小文	10
岗位九	模具装配	—	徐晓寅	16
岗位十	模具试模	—	熊小文　杜森青	8
合　计				120

每个岗位都有基本操作的任务和针对本套模具的加工操作的任务，每个任务又由任务布置、相关理论、技能训练、实训考核与评价、知识拓展、课后练习组成。有指导，有监控，有评价反馈。

本书以小夹子塑料成型模具制造为案例，详细分析了整套模具的制造过程，并给出了模具每个零件的加工工艺流程，给学生提醒和指导，以帮助学生掌握技术要领，减少出错。

本书可作为中等职业学校、技工学校模具制造技术专业教材，也可作为机械加工类岗位培训教材。

为便于教学，本书配套有电子教案、助教课件、教学视频等教学资源，选择本书作为教材的教师可来电（010-88254583）索取，或登录 www.hxedu.com.cn 网站注册、免费下载。

由于编者水平有限，书中难免出现疏漏，恳请读者批评指正。

编 者

现代岗位学徒制工作岗位系列导航图

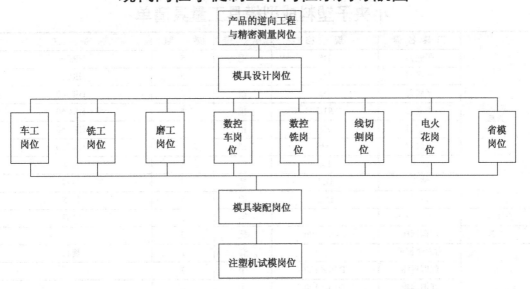

小夹子塑料成型模具备料清单

序 号	名 称	类 型	大致规格及型号	数 量	备 注
1	动模底板	板类	150×120×20	1	
2	托板	板类	150×80×25	1	
3	上推板	板类	108×80×10	1	
4	下推板	板类	109×80×10	1	
5	支腿	板类	80×20×40	2	
6	导柱	柱类	配合部 ϕ12/总长 44/台阶 ϕ14×5	4	
7	支柱	柱类	ϕ12×52	2	
8	回程杆	杆类	顶出部位 ϕ6/总长 75/台阶 ϕ8×4	4	
9	顶料杆	杆类	顶出部位 ϕ4/总长 72/台阶 ϕ5.6×4	1	
10	小顶杆	杆类	顶出部位 ϕ2/总长 75/台阶 ϕ3×4	4	
11	Ⅰ型顶杆	杆类	顶出部位 ϕ4/总长 75/台阶 ϕ5.6×4	2	
12	Ⅱ型顶杆	杆类	顶出部位 ϕ4/总长 73.3/台阶 ϕ5.6×4	2	
13	进料嘴	其他	ϕ55×30	1	
14	定位盘	其他	ϕ120×10	1	
15	顶出垫盘	其他	ϕ32×10	1	
17	内六角圆柱头螺钉	标准件	M8×60	4	
18	内六角圆柱头螺钉	标准件	M8×30	4	
19	内六角圆柱头螺钉	标准件	M5×12	13	
20	圆柱销钉	标准件	ϕ6×20 h7	10	
21	圆柱销钉	标准件	ϕ6×12 h7	3	

小夹子塑料成型模具工量具清单

	刀具名称	规　格	单　位	数　量	备　注
刀具	平底刀	D5	把	5	HRC60
	平底刀	D6	把	5	HRC60
	平底刀	D2	把	5	HRC60
	平底刀	R1.5	把	5	HRC60
	平底刀	R2	把	5	HRC60
	平底刀	R6	把	5	HRC60
	钻头	D8	把	5	日本
	钻头	D11	把	5	日本
	铰刀	D12	把	5	日本
量具	光电分中棒		把	5	MST
工具	红铜铜棒	D40×100	把	2	
模具装配工具	内六角扳手		套	2	捷科
	红铜铜棒	D60×120	个	2	
	红铜铜棒	D30×120	个	2	
	加力杆	管径比六角扳手大	个	2	管径比六角扳手大
	气动风模笔	TLL-03	套	1	日本
	磁性表座	要大的	个	2	台湾ECE
	什锦锉	尖头 4×160	套	2	美国史丹利
	清洁剂	S-530 E	瓶	5	
	防锈油	（WD 40　4瓶）	瓶	4	
	纤维油石	600	套	1	美国必宝油石
	砂纸	240	张	10	
	砂纸	400	张	10	
	砂纸	600	张	10	
	砂纸	800	张	10	
	砂纸	1500	张	10	
	砂纸	2000	张	10	
	砂纸	5000	张	10	
	砂纸	600	张	10	反面有黏性
	砂纸	1000	张	10	反面有黏性
	钢沙膏		罐	1	
	红丹粉		罐	1	
	高纯度棉花		包	1	
	剪刀		把	1	尖头
	毛刷		把	1	白色
	竹筷子		对	2	
	木筷子		对	2	
	不干胶纸		张	2	撕开就会碎的
	塑料盒子	400×200×60	个	1	接近标准就行
	塑料盒子	600×300×200	个	1	接近标准就行

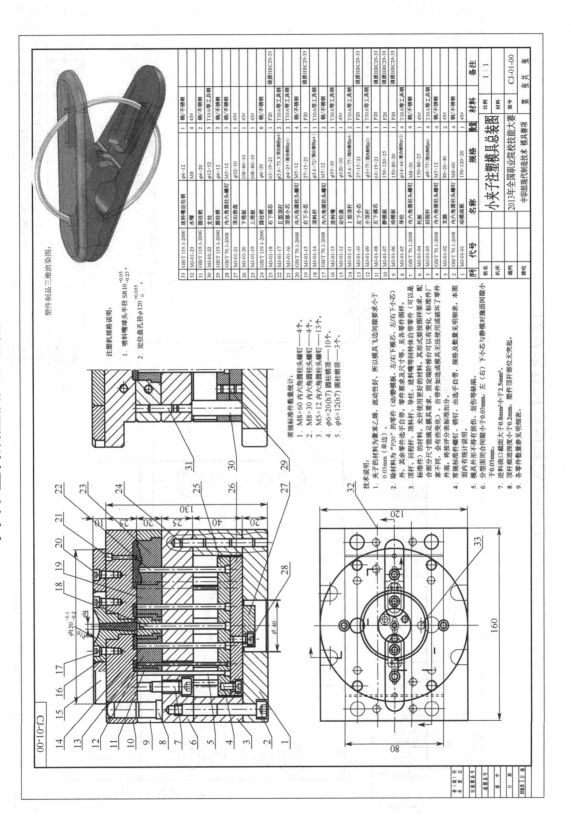

小夹子塑料成型模具零件图

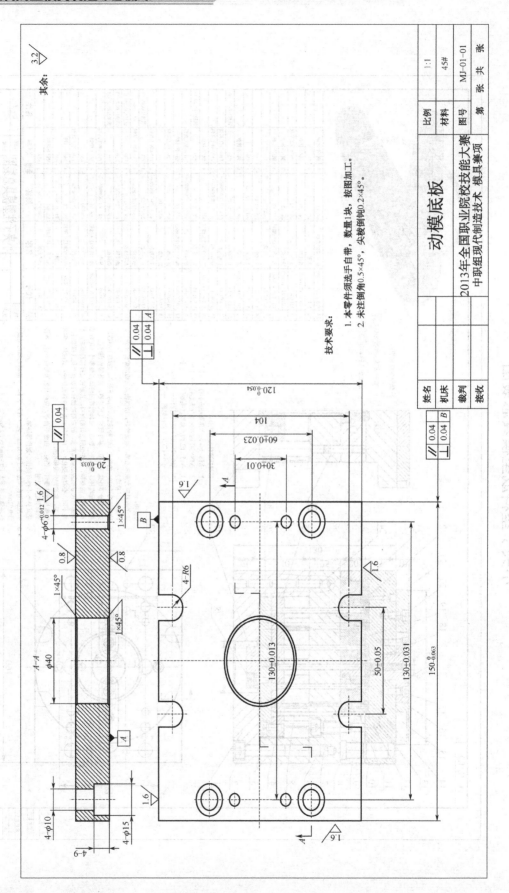

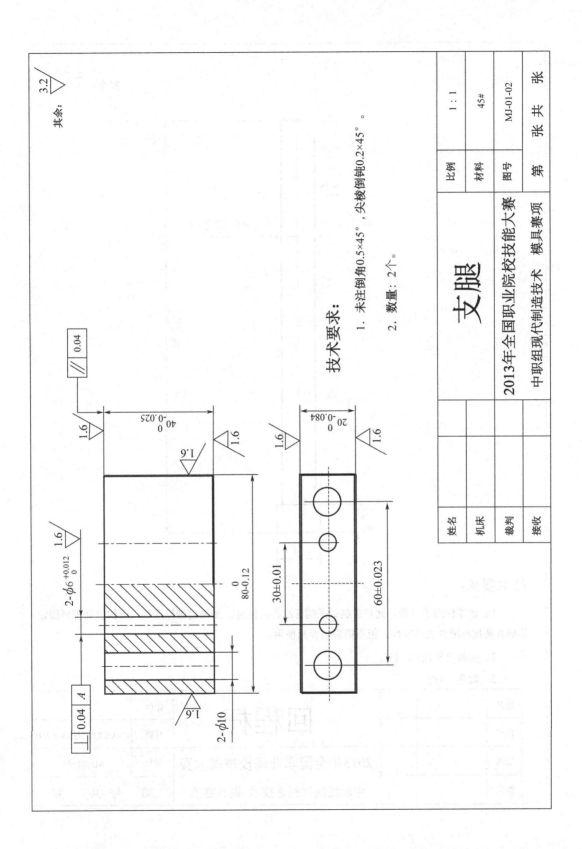

其余: $\sqrt{3.2}$

技术要求:

1. 未注倒角0.5×45°，尖棱倒钝0.2×45°。

2. 数量: 2个。

支腿

		比例	1 : 1
2013年全国职业院校技能大赛		材料	45#
中职组现代制造技术 模具赛项		图号	MJ-01-02
		第 张 共 张	

姓名			
机床			
裁判			
接收			

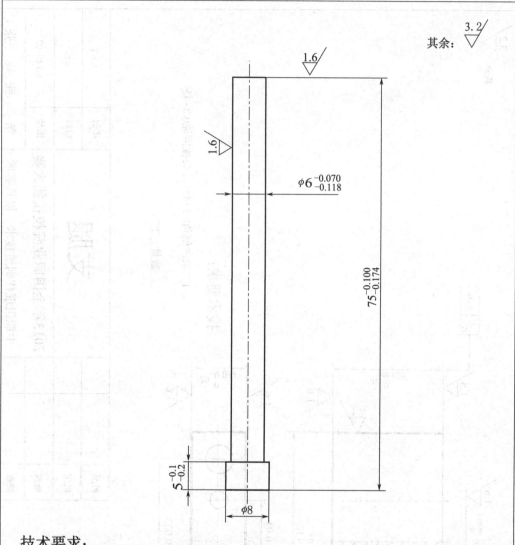

其余： $\sqrt{\dfrac{3.2}{}}$

$\sqrt{\dfrac{1.6}{}}$

$\sqrt{1.6}$

$\phi 6^{-0.070}_{-0.118}$

$75^{-0.100}_{-0.174}$

$5^{-0.1}_{-0.2}$

$\phi 8$

技术要求：

    1．该零件选手自带，允许自制或采购标准件。注意：如果自带标准件，上推扳回程杆固定阶梯孔要按标准件大小制作，但不得影响模具使用。

    2．尖棱可倒钝0.2×45°。

    3．数量：4根。

姓名			回程杆		比例	2：1
机床					材料	T10A或其他刚性较好的材料
裁判			2013年全国职业院校技能大赛		图号	MJ-01-03
接收			中职组现代制造技术 模具赛项		第　张共　张	

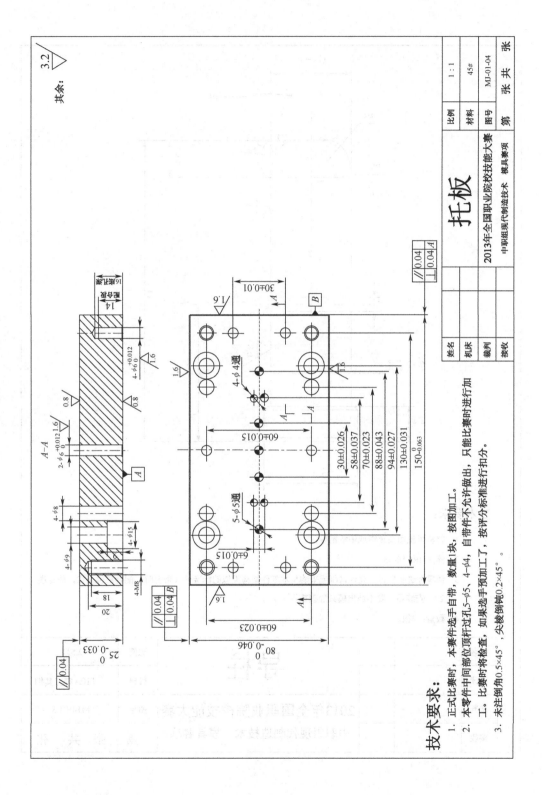

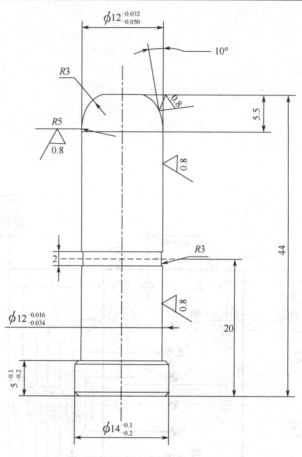

技术要求：

1. 材料可使用高碳钢或轴承钢等。

2. 淬火HRC50-53。

3. 该零件选手自带，允许自制或采购与本零件结构类似的标准件（带台阶，配合部位ϕ12，固定端20，安装后长度不凸出模具静模板厚）。

4. 数量：4根。

姓名			导柱		比例	2.5∶1
机床					材料	T10A等工具钢
裁判			**2013年全国职业院校技能大赛**		图号	MJ-01-05
接收			中职组现代制造技术　模具赛项		第　张共　张	

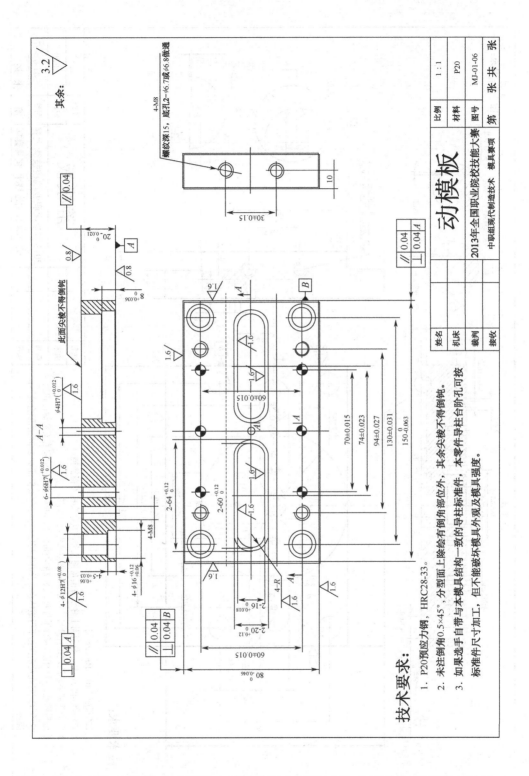

技术要求：

1. P20预应力钢，HRC28-33。
2. 未注倒角0.5×45°，分型面上除绘有倒角部位外，其余尖棱不得倒钝。
3. 如果选手自带与本模具结构一致的导柱标准件，本零件导柱台阶孔可按标准件尺寸加工，但不能破坏模具外观及模具强度。

姓名		比例	1：1
机床		材料	P20
裁判		图号	MJ-01-06
接收		第 张 共 张

动模板

2013年全国职业院校技能大赛
中职组现代制造技术 模具赛项

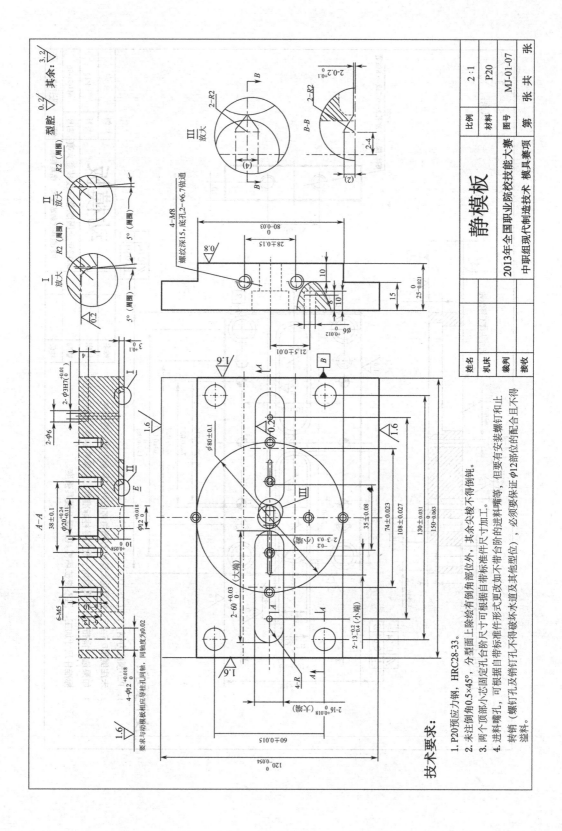

技术要求：

1. P20预应力钢，HRC28-33。
2. 未注倒角0.5×45°，分型面上除绘有倒角部位外，其余尖棱不得倒钝。
3. 两个顶部小芯固定台阶孔尺寸可根据自带标准件形式更改，但要有安装螺钉和止转销（螺钉孔及销钉孔不得破坏水道及其他型位），必须要保证 φ12 部位的配合日不得溢料。
4. 进料嘴孔，可根据自带标准件尺寸更改如不带台阶的进料嘴等。

姓名	
机床	
裁判	
接收	

静模板

2013年全国职业院校技能大赛
中职组现代制造技术 模具赛项

比例	2:1
材料	P20
图号	MJ-01-07
第　张　共　张	

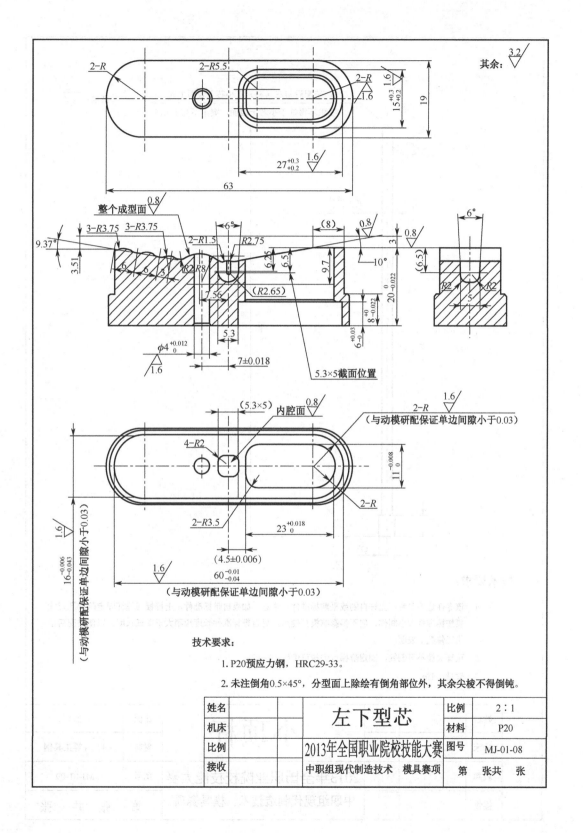

技术要求:

1. P20预应力钢, HRC29-33。

2. 未注倒角0.5×45°, 分型面上除绘有倒角部位外, 其余尖棱不得倒钝。

姓名		左下型芯		比例	2:1
机床				材料	P20
比例		2013年全国职业院校技能大赛		图号	MJ-01-08
接收		中职组现代制造技术 模具赛项		第 张共 张	

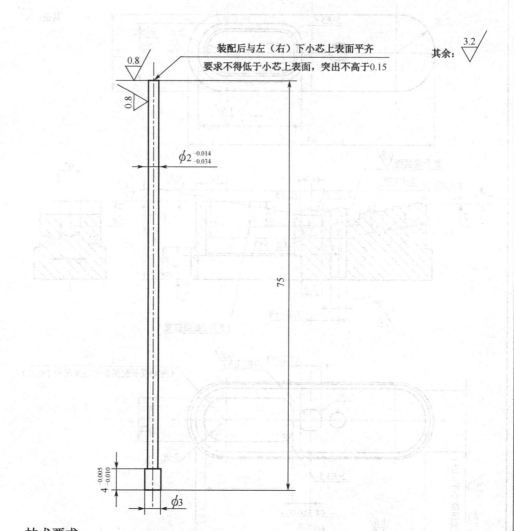

技术要求：

1. 该零件选手自带，允许自制或采购标准件。注意：如果自带标准件，上推板回程杆固定阶梯孔尺寸要按标准件大小制作，但不得影响模具使用。另自带标准件长度应稍大于图纸长度，以便装配后由钳工修起上表面。

2. 顶部尖棱不可倒钝，固定阶梯台尖棱可倒钝0.2×45°。

3. 数量：4根。

姓名		小顶杆	比例	2:1
机床			材料	T10A等工具钢
裁判		2013年全国职业院校技能大赛	图号	MJ-01-09
接收		中职组现代制造技术　模具赛项	第　张共　张	

其余： $3.2 / \triangledown$

与静模对撞面研合，最大间隙小于0.03

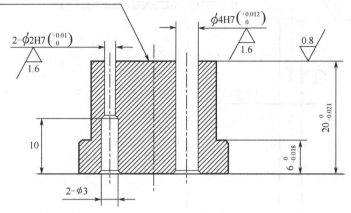

$2-\phi 2H7\left(^{+0.01}_{\ 0}\right)$

$\phi 4H7\left(^{+0.012}_{\ 0}\right)$ $\triangledown 1.6$

$0.8 / \triangledown$

$\triangledown 1.6$

$20^{\ 0}_{-0.021}$

10

$6^{\ 0}_{-0.018}$

$2-\phi 3$

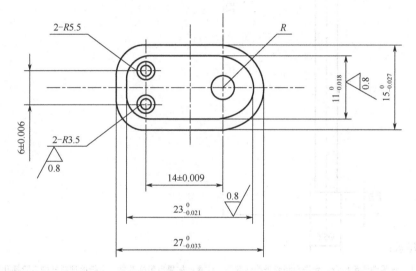

$2-R5.5$

R

6 ± 0.006

$2-R3.5$ $\triangledown 0.8$

$11^{\ 0}_{-0.018}$ $\triangledown 0.8$

$15^{\ 0}_{-0.027}$

14 ± 0.009

$\triangledown 0.8$

$23^{\ 0}_{-0.021}$

$27^{\ 0}_{-0.033}$

技术要求：

1．P20预应力钢，HRC29-33。

2．未注倒角0.5×45°，分型面上除绘有倒角部位外，其余尖棱不得倒钝。

姓名				左下小芯	比例	2:1
机床					材料	P20
裁判				2013年全国职业院校技能大赛	图号	MJ-01-10
接收				中职组现代制造技术　模具赛项	第　张共　张	

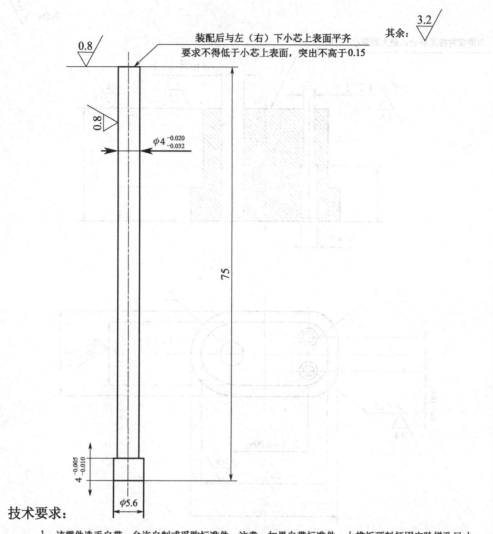

其余 3.2

装配后与左（右）下小芯上表面平齐
要求不得低于小芯上表面，突出不高于0.15

0.8

0.8

$\phi 4^{-0.020}_{-0.032}$

75

$4^{-0.005}_{-0.010}$

$\phi 5.6$

技术要求：

1. 该零件选手自带。允许自制或采购标准件。注意：如果自带标准件，上推板顶料杆固定阶梯孔尺寸
要按标准件大小制作，但不得影响模具使用。另自带标准件长度应稍大于图纸长度，以便装配后
由钳工修起上表面。

2. 顶部尖棱不可倒钝，固定阶梯台尖棱可倒钝0.2×45°。

3. 数量：2根。

姓名			**Ⅰ型顶杆**	比例	2：1
机床				材料	T10A或其他刚性较好材料
裁判			2013年全国职业院校技能大赛	图号	MJ-01-11
接收			中职组现代制造技术 模具赛项	第 张共 张	

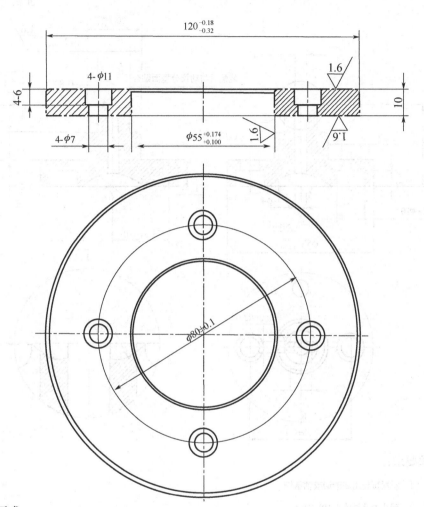

技术要求：

1. 该零件选手自带。允许自制或采购标准件。注意：如果自带标准件。要与自带进料嘴配套（内径可以有一定范围变化），并注意本试题使用的注塑机定位口直径为φ120。

2. 未注倒角1×45°，尖棱倒钝0.2×45°。

姓名		定位盘		比例	1:1
机床				材料	45#
裁判		2013年全国职业院校技能大赛		图号	MJ-01-12
接收		中职组现代制造技术　模具赛项		第　张共　张	

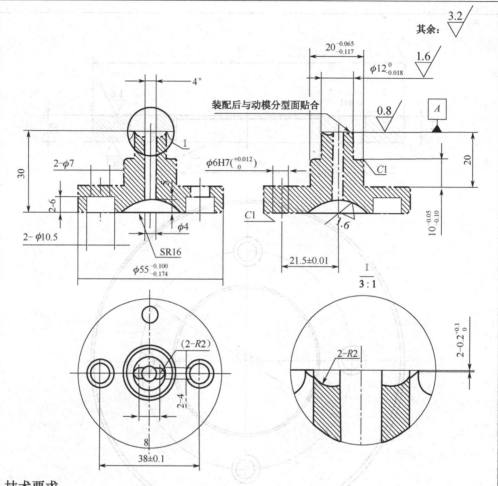

技术要求：

1. 材料可使用高碳钢或轴承钢。

2. 球头处需要淬火 HRC50-53。

3. 基面 A 上尖棱不得倒钝。

4. 该零件选手自带。允许自制或采购标准件，形式可以改变，如不带 $\phi20$ 阶梯台，外径可大于55等。但必须有安装螺钉和止转销。注意：如果自带标准件，要与自带定位盘、静模板配套，不允许破坏水道及其他型位。

5. 注塑机球头为 $R10$，喷嘴直径 $\phi3$，选手自购标准件时注意进料嘴参数要大于此参数。

姓名		进料嘴		比例	1:1
机床				材料	T01A等
裁判		2013年全国职业院校技能大赛		图号	MJ-01-13
接收		中职组现代制造技术　模具赛项		第　张共　张	

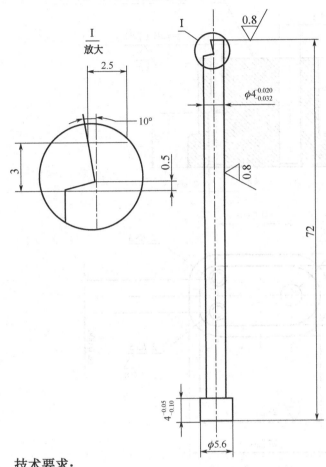

其余：$\sqrt{3.2}$

$\sqrt{0.8}$

$\phi 4^{-0.020}_{-0.032}$

72

$\sqrt{0.8}$

I
放大

2.5

10°

3

0.5

$4^{-0.05}_{-0.10}$

$\phi 5.6$

技术要求：

1. 该零件选手自带。允许自制或采购标准件。注意：如果自带标准件，上推料顶料杆固定阶梯孔尺寸要接标准件大小制作，但不得影响模具使用。

2. 顶部尖棱不可倒钝，固定阶梯台尖棱可倒钝0.2×45°。

姓名			顶料杆		比例	2:1
机床					材料	T10A或其他刚性较好材料
裁判			2013年全国职业院校技能大赛		图号	MJ-01-14
接收			中职组现代制造技术　模具赛项		第　　张共　　张	

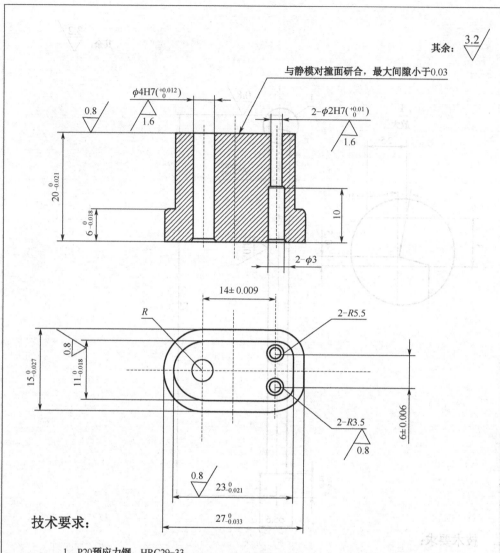

其余： $\sqrt{3.2}$

与静模对撞面研合，最大间隙小于0.03

$\phi 4H7(^{+0.012}_{0})$ $\sqrt{1.6}$

$2-\phi 2H7(^{+0.01}_{0})$ $\sqrt{1.6}$

$\sqrt{0.8}$

$20^{0}_{-0.021}$

$6^{0}_{-0.018}$

10

$2-\phi 3$

14 ± 0.009

R

$2-R5.5$

$\sqrt{0.8}$

$15^{0}_{-0.027}$

$11^{0}_{-0.018}$

6 ± 0.006

$2-R3.5$ $\sqrt{0.8}$

$\sqrt{0.8}$ $23^{0}_{-0.021}$

$27^{0}_{-0.033}$

技术要求：

1．P20预应力钢，HRC29-33

2．未注倒角0.5×45°，分型面上除绘有倒角部位外，其余尖棱不得倒钝。

姓名		右下小芯	比例	2：1
机床			材料	
裁判		2013年全国职业院校技能大赛	图号	MJ-01-15
接收		中职组现代制造技术　模具赛项	第　张　共　张	

其余：3.2∇

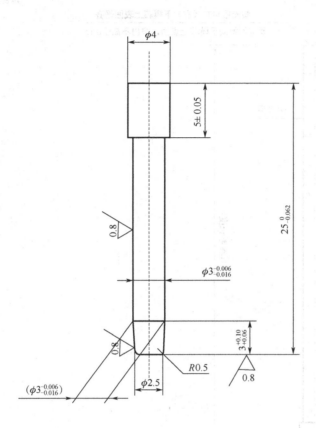

$\phi 4$

5 ± 0.05

$25^{\ 0}_{-0.062}$

0.8

$\phi 3^{-0.006}_{-0.016}$

0.8

$3^{+0.10}_{+0.06}$

R0.5

0.8

$(\phi 3^{-0.006}_{-0.016})$

$\phi 2.5$

技术要求：

1．该零件选手自带。

2．尖棱可倒钝0.2×45°。

3．数量：2根。

姓名			顶部小芯		比例	4：1
机床					材料	T10A或其他刚性较好材料
裁判			2013年全国职业院校技能大赛		图号	MJ-01-16
接收			中职组现代制造技术　模具赛项		第　张　共　张	

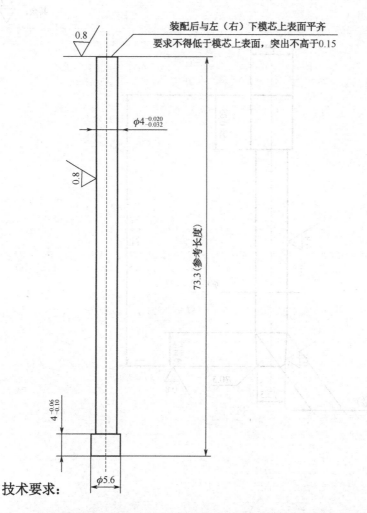

其余: $\overset{3.2}{\triangledown}$

0.8

装配后与左（右）下模芯上表面平齐
要求不得低于模芯上表面，突出不高于0.15

$\phi4^{-0.020}_{-0.032}$

0.8

73.3（参考长度）

$4^{-0.06}_{-0.10}$

$\phi5.6$

技术要求：

　　1．该零件选手自带。允许自制或采购标准件。注意：如果自带标准件，上推板顶料杆固定阶梯孔尺寸要按标准件大小制作，但不得影响模具使用。另自带标准件长度应稍大于图纸长度，以便装配后由钳工研修上表面。

　　2．顶部尖棱不可倒钝，固定阶梯台尖棱可倒钝0.2×45°。

　　3．数量：2根。

姓名		**II型顶杆**	比例	2：1
机床			材料	T10A或其他刚性较好材料
裁判		2013年全国职业院校技能大赛	图号	MJ-01-17
接收		中职组现代制造技术　模具赛项	第　张　共　张	

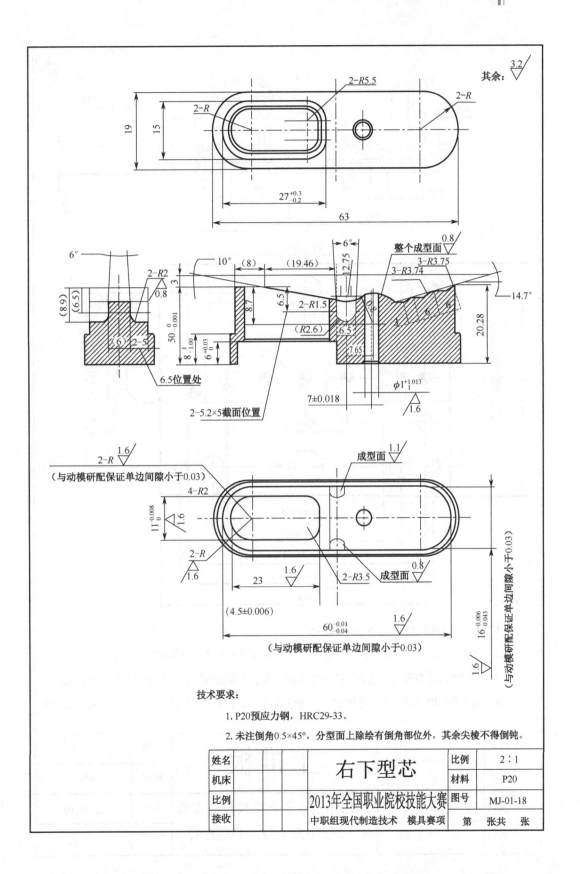

技术要求：

1. P20预应力钢，HRC29-33。

2. 未注倒角0.5×45°，分型面上除绘有倒角部位外，其余尖棱不得倒钝。

姓名		右下型芯		比例	2：1
机床				材料	P20
比例		2013年全国职业院校技能大赛		图号	MJ-01-18
接收		中职组现代制造技术 模具赛项		第 张共 张	

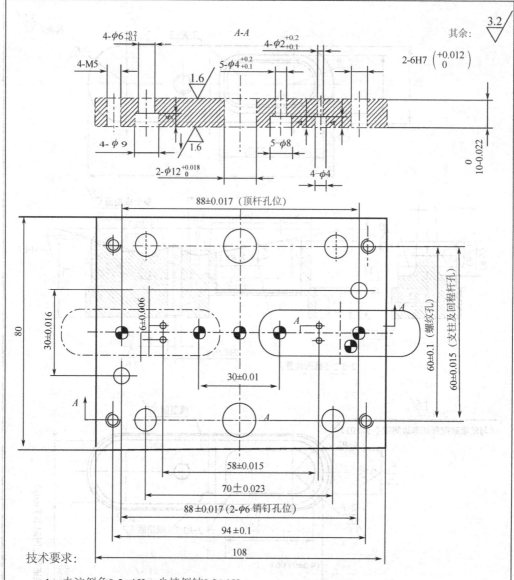

技术要求：

1. 未注倒角0.5×45°，尖棱倒钝0.2×45°。

2. 顶杆孔位，正式赛题给出，样题不给，注意赛场上评分表该项说明。

3. 本零件选手自带，要求顶杆孔预先做出，赛场上将没时间给选手加工上推板顶杆孔。

4. 顶杆孔的阶梯台尺寸（必须有），按自带顶杆尺寸加工，首提是不影响模具使用及外观。

姓名				比例	1：1
机床		上推板		材料	45#
裁判		2013年全国职业院校技能大赛		图号	MJ-01-19
接收		中职组现代制造技术 模具赛项		第 张共 张	

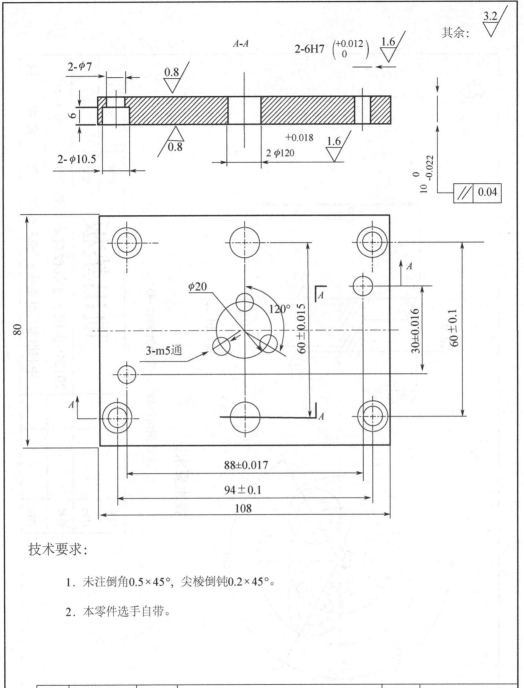

技术要求:

1. 未注倒角0.5×45°，尖棱倒钝0.2×45°。

2. 本零件选手自带。

姓名			下推板	比例	1：1
机床				材料	45#
裁判			2013年全国职业院校技能大赛	图号	MJ-01-20
接收			中职组现代制造技术 模具赛项	地 张 共 张	

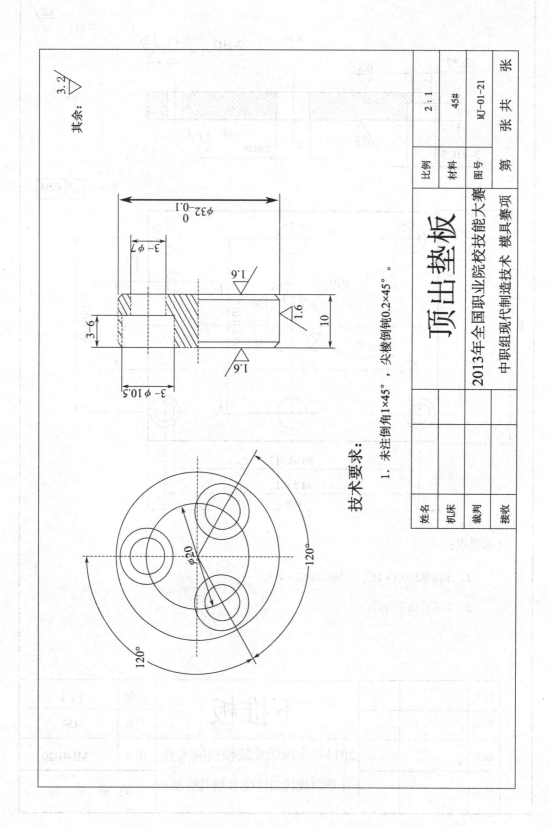

其余: 3.2 ▽

技术要求:
1. 未注倒角1×45°，尖棱倒钝0.2×45°。

顶出垫板

		比例	2:1		
		材料	45#		
2013年全国职业院校技能大赛	中职组现代制造技术 模具赛项	图号	MJ-01-21		
		第	张 共	张	
姓名					
机床					
裁判					
接收					

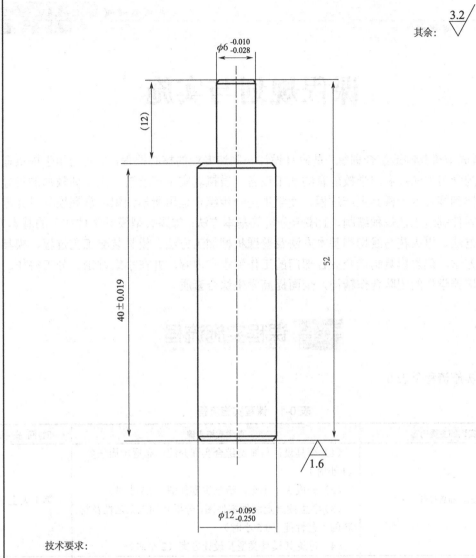

其余: $\sqrt{3.2}$

技术要求:

1. 未注倒角0.5×45°。

2. 数量2个。

姓名			支柱	比例	2.5:1
机床				材料	T10A其他刚性更好材料
裁判			2013年全国职业院校技能大赛	图号	MJ-01-22
接收			中职组现代制造技术 模具赛项	第 张 共 张	

◄◄◄◄◄◄

课程规划与实施

　　"塑料成型模具制造综合训练"是模具设计与制造专业的核心课程,主要向学生提供理论实践一体化的学习方法:利用学校现有的加工设备,模拟真实生产场情,在实训教师的指导下,完成从图样到零件这一模具生产过程。使学生进一步综合运用所学知识,掌握模具设计方法、模具典型零件制造工艺规程编制、工序卡分析等基本方法;掌握典型模具零件加工的基本方法:数控加工方法、电火花与线切割基本方法及普通机械加工方法、模具装配工艺过程、模具装配调试基本方法。熟悉模具制造企业各部门的工作流程和内容。并在小组讨论、分工协作、总结汇报中,培养学生的团队合作精神,全面提高学生综合素质。

0.1　课程实施流程

　　课程实施流程见表 0-1。

表 0-1　课程实施流程

实训的主要内容	教学实施步骤	时间安排
1. 分小组,布置任务	(1)模具设计与制造综合实训介绍,布置本周任务(1 小时) (2)分成 3 个小组,给学生零件图(0.5 小时) (3)学生读给定制件零件图,分析其加工工艺性及材料的工艺性能(0.5 小时) (4)讨论其模具类型及设计方案(2 小时)	第 1 天上午
2. 模具设计方案制定	(1)制定制件模具设计方案(1.5 小时) (2)设计方案论证(0.5 小时)	第 1 天下午
3. 教师点评与学生互动	(1)各小组提交工艺方案(0.5 小时) (2)小组讨论(2 小时) (3)教师对方案合理性进行点评(1 小时) (4)具体分配小组成员实训任务(0.5 小时)	第 2 天上午
4. 模具具体结构设计	(1)确定模具主要结构(1 小时) (2)注射机或冲床校核(0.5 小时) (3)合理选择标准模架及其他标准件(0.5 小时)	第 2 天下午
5. 模具零件数字化建模	(1)给定工件数字化建模(1 小时) (2)模具零件三维实体建模(5 小时)	第 3 天上午 第 3 天下午
6. 模具装配图	模具装配及结构调整(4 小时)	第 4 天上午

实训的主要内容	教学实施步骤	时 间 安 排
7. 工程图生成	（1）三维装配图生成二维工程图（4 小时） （2）工程图中视图、尺寸及技术要求（公差、粗糙度等）调整（3.5 小时） （3）材料及热处理制定（0.5 小时）	第 4 天下午 第 5 天上午
8. 答辩与评定成绩	（1）学生答辩（1 小时） （2）教师点评模具结构合理性、模具设计要点（0.5 小时） （3）本单元成绩评定（0.5 小时）	第 5 天下午
9. 分组讨论，确定模具零件生产工艺方案	（1）学生分组并选出小组长，教师指导学生了解模具典型零件加工工艺过程和技术参数的要求（1 小时） （2）各小组收集有关资料，讨论及确定模具典型零件生产工艺方案（4.5 小时） （3）各小组讨论记录整理（0.5 小时）	第 6 天
10. 教师点评与学生互动	（1）各小组提交工艺方案（草稿），教师答疑（3 小时） （2）教师点评各小组讨论记录，分析典型问题（1 小时）	第 7 天上午
11. 毛坯绘制，工艺卡制定	（1）学生选择毛坯，绘制毛坯草图，教师进行过程控制（1 小时） （2）工艺过程卡片的制定（1 小时）	第 7 天下午
12. 工序卡制定	（1）学生了解模具工作零件制造特点（1 小时） （2）学生完成工序卡制定（2.5 小时） （3）教师完成相应项目的考核记录（0.5 小时）	第 8 天上午
13. 答辩与评定成绩	（1）学生整理所有工作文件，按组进行考核：成员之间协作情况，完成工作任务质量等（1.5 小时） （2）给出本单元成绩（0.5 小时）	第 8 天下午
14. 熟悉车间分组讨论	（1）学生全面了解模具实习车间（1 小时） （2）学生熟悉机床、刀具、量具，分组讨论，确定切削加工参数（4 小时） （3）教师进行过程控制，对典型和普遍的问题进行讲解（1 小时）	第 9 天
15. 加工程序的编写	（1）模具工作零件加工程序的编写（3.5 小时） （2）程序输入（0.5 小时） （3）程序的模拟与调试（2 小时）	第 10 天
16. 零件机加工	（1）模具工作零件现场操作安全教育（0.5 小时） （2）毛坯、工具、刀具、量具领用（0.25 小时） （3）完成模具零件热处理前的机加工（5 小时） （4）机床打扫（0.25 小时）	第 11 天
17. 模具钳工加工	（1）螺纹孔、销定孔加工（4 小时） （2）检验方案制定（0.5 小时） （3）按工艺卡检验（1 小时） （4）机床打扫（0.5 小时）	第 12 天

实训的主要内容	教学实施步骤	时 间 安 排
18、零件热处理	（1）制定热处理规范（0.5 小时） （2）淬火炉加热 （3）淬火 （4）回火 （5）检验	第 13 天
19、零件精密磨削	（1）完成模具零件热处理后的精密磨削（4 小时） （2）按工程图检验尺寸和技术要求（1.5 小时） （3）归还所有量具、工具（0.25 小时） （4）机床打扫（0.25 小时）	第 14 天
20、零件检验	（1）填写检验文件（3 小时） （2）学生整理所有工作文件（1 小时）	第 15 天上午
21、答辩与评定成绩	（1）1 学生答辩（1 小时） （2）教师点评模具结构合理性、模具设计要点（0.5 小时） （3）本单元成绩评定（0.5 小时）	第 15 天下午
22．分组讨论，确定装配工艺流程方案	（1）学生分组并选出小组长 （2）读模具装配图，明确模具装配技术要求（0.5 小时） （3）确定保证模具装配质量的解决方案（0.5 小时） （4）明确模具与机床连接、固定方式（0.5 小时） （5）分析模具装配先后顺序，确定装配基准（1.5 小时） （6）确定模具工作零件的固定方法：配钻、铰、夹钳使用（1.5 小时） （7）学生小组讨论、记录、整理装配工艺流程（1 小时）	第 16 天上午
23、教师点评与学生互动	（1）每位学生就装配工艺流程发言，教师点评答疑，分析典型问题（1 小时） （2）学生完善装配工艺流程。（0.5 小时） （3）选择领取装配、检测工具、模具标准件（0.5 小时）	第 16 天下午
24．模具装配	（1）检验自制件是否合格（0.5 小时）。 （2）模架的装配及检测（1 小时） （3）上模（定模）装配（2 小时） （4）下模（动模）装配（2 小时） （5）上、下模合模，调整相对位置，保证间隙（0.5 小时） （6）上、下模合模，调整相对位置，保证间隙（1 小时） （7）总装配完成后，检查活动件动作是否可靠，是否满足装配图的其他技术要求，并进行合理配修（1.0 小时）	第 17 天下午、第 18 天上午

实训的主要内容	教学实施步骤	时间安排
25. 模具试模	（1）机床操作、工具装配（1.0 小时） （2）模具安装（1 小时） （3）试模（1 小时） （4）制件检验（0.25 小时） （5）缺陷产生原因及解决方法（1 小时） （6）模具调整、机床参数调整（6 小时） （7）模具安装（1 小时） （8）试模（1 小时） （9）填写试件的检验报告（0.25 小时）	第 18 天下午～第 20 天上午
26. 答辩与评定成绩	（1）学生陈述：模具的装配过程；自己承担内容的工作过程；试模件不合格的原因及解决办法（1 小时） （2）教师提问（0.5 小时） （3）根据学生装配过程的表现、答辩情况、完成工作任务质量、协作情况等，评定成绩（0.5 小时）	第 20 天下午

"塑料成型模具制造综合训练"课程的主要内容、实施步骤和时间具体安排还要根据学生情况与学院实训室工作安排来进行相应的调整。前 5 天的内容可提前进行，以便节省时间用于模架制造。

0.2 课程考核标准

课程考核标准见表 0-2。

表 0-2 课程考核标准

单元内容	项目内容	项目成绩评定标准				
		优	良	中	合格	不合格
参数化设计零件图转成工程图	分组讨论	清晰讲解案例图样的工程信息	能表述清楚所涉及的相关知识	能清楚所涉及的相关知识	没有旷课记录	旷课1天以上
		对资料熟悉，可灵活运用	识图正确，能读懂图样	识图基本正确，能读懂图样	积极参与讨论	不参与讨论
		有良好三维设计基础	合理运用资料	基本能合理运用资料	识图基本正确	
		承担小组的组织	熟悉三维设计	较熟悉三维设计	能主动查找资料	
	上机设计三维图	熟悉三维设计	较熟悉三维设计	基本熟悉三维设计	没有旷课记录，能主动查找资料	旷课1天以上
		三维造型正确、规范	三维图较完整、规范	三维图基本完整、规范	能应用三维设计	不能设计完整三维图
		设计参数选择合理、正确	设计参数选择较合理、正确	设计参数选择基本合理、正确	三维设计基本正确	
		资料熟悉和运用	合理运用资料	基本能合理运用资料	设计参数选择大部分合理正确	

单元内容	项目内容	项目成绩评定标准				
		优	良	中	合格	不合格
参数化设计零件图转成工程图	转工程图	有良好三维设计基础	熟悉三维设计	较熟悉三维设计	没有旷课记录，能应用三维设计	旷课1天以上
		工程图完整、规范	工程图较完整、规范	工程图基本完整、规范	工程图基本正确	不能转工程图
		操作熟练	操作较熟练	操作基本熟练	能进行基本操作	
工艺分析	分组讨论	清晰分析图样的工程信息	能表述清楚所涉及的相关知识	能清楚所涉及的相关知识	没有旷课记录	旷课1天以上
		对资料熟悉，可灵活运用	识图正确，能读懂装配图	识图基本正确，能读懂装配图	积极参与讨论	不参与讨论
		工艺方案分析思路清晰	工艺方案分析思路较清晰	有基本工艺方案分析思路	参与工艺方案分析	
		承担小组的组织	合理运用资料	基本能合理运用资料	能主动查找资料	
	制定加工工艺	全面掌握模具零件工艺分析基本知识	具备一定模具零件工艺分析基础知识	基本具备模具零件工艺分析知识	没有旷课记录	旷课1天以上
		毛坯选择、工艺方案合理、工艺文件填写规范	毛坯选择、工艺方案较合理、工艺文件填写规范	毛坯选择、工艺方案基本合理、工艺文件填写较规范	参与工艺方案分析、工艺文件填写完整	不能拟定工艺方案
		参数选择合理、正确	参数选择较合理、正确	参数选择基本合理、正确	参数选择大部分合理、正确	
		对资料熟悉，可灵活运用	合理运用资料	基本能合理运用资料	能主动查找资料	
制造与测量	分组讨论	具有清晰的模具零件加工思路	能表述清楚的模具零件思路	能基本表述模具零件加工过程	没有旷课记录	旷课1天以上
		对机床熟悉，正确编程	能正确编程	编程基本正确	能参与编程	不参与编程
		正确选择工装、夹具、切削用量	较合理选择工装、夹具、切削用量	选择工装、夹具、切削用量基本正确	参与工装、夹具、切削用量选择讨论	
		承担小组的组织	合理运用资料	基本能合理运用资料	能主动查找资料	
	选择典型模具零件进行加工	掌握模具机械制造知识基础	具备一定的模具机械制造基础知识	基本具备模具机械制造基础知识	没有旷课记录	旷课1天以上
		熟练操作机床、切削参数选择合理	正确操作机床、参数选择较合理	基本上能操作机床、选择参数	在老师指导下基本上能操作机床	不能操作机床
		正确选择测量工具、合理测量	较合理地选择测量工具进行测量	基本上能选择测量工具进行测量	在老师指导下基本能合理测量	
		加工零件尺寸、形位公差全部合格	加工零件尺寸、形位公差较合格	加工零件尺寸、形位公差基本合格	加工零件尺寸、形位公差大部分合格	

单元内容	项目内容	项目成绩评定标准				
		优	良	中	合格	不合格
装配与调试	分组讨论	清晰分析模具装配工艺信息	能表述清楚模具装配信息	基本表述模具装配信息	没有旷课记录	旷课1天以上
		灵活运用有关知识、正确选择装配方法	运用有关知识、能选择出装配方法	运用有关知识、基本上能选择出装配方法	参与讨论	不参与讨论
		模具装配方案分析思路清晰	模具装配方案分析思路较清晰	模具装配方案分析基本清楚	能参与模具装配方案分析	
		承担小组的组织	合理运用资料	基本能合理运用资料	能主动查找资料	
	装配与调试	模具装配工艺路线合理、填写规范	模具装配工艺路线较合理、填写规范	模具装配工艺路线基本合理、填写较规范	没有旷课记录	旷课1天以上
		熟练运用软件合理装配、装配图完整	运用软件合理装配、装配图较完整	运用软件合理装配、装配图基本完整	在老师指导下能完成装配图	不能完成模具装配图
		正确选择工具进行合理装配	较合理地选择工具进行装配	基本上能选择工具进行装配	在老师指导下参与装配	
		灵活运用模具知识、正确进行调试	较合理地运用模具知识、正确调试	基本能运用模具知识、进行调试	参与模具调试	

注：单项成绩，"优"计5分；"良"计4分；"中"计3分；"合格"计2分；"不合格"计1分。

总评成绩（九项平均成绩），优≥4.5分；4.5分＞良≥3.5分；3.5分＞中≥2.5分；2.5分＞合格≥1.5分；不合格＜1.5分。

0.3 实训报告格式（参考）

实训报告的特别说明如下。

（1）塑料成型模具制造综合训练实训报告由学生填写，经指导教师审定，下达执行。

（2）进度表由学生填写，每周交指导教师签署审查意见，并作为模具制造实训工作检查的主要依据。

（3）学生在指导教师的组织协调下，以小组为单位展开模具制造工作。

（4）本实训报告在模具制造完成后，与模具设计图样一起上交指导教师，作为实习成绩评阅和模具制造综合实训过程的主要档案资料。

塑料成型模具制造综合训练实训报告

制造题目：_____

模具编号：_____

专　　业：_____　班　级：_____

组　　长：_____　组　员：_____

　　　　　　　　　　　　　_____

起讫日期：_____

指导教师：_____

审核日期：_____

模具教研组

一、小组人员分工表

按工种分工		
1	设计	
2	工艺	
3	编程	
4	数控	
5	铣工	
6	车工	
7	钳工	
8	质检	
按加工零件分工		
1	定模座板	
2	定模（A）板	
3	推件板	
4	动模（B）板	
5	支承板	
6	垫块	
7	动模座板	

按加工零件分工		
8	推板	
9	推杆固定板	
10	型芯镶件	
11	型腔镶件	
12	复位杆	
13	浇口套	
14	导柱	
15	导套	
16	推杆	

说明：每人必须要加工一个零件或者承担多个零件的一道工序，否则成绩为零。

二、设计图纸内容及张数

三、模具生产进度安排总表

四、模具各零部件加工工艺流程及实际进度记录表

① 定模座板；② 定模（A）板；③ 推件板；④ 动模（B）板；⑤ 支承板；⑥ 垫块；⑦ 动模座板；⑧ 推板；⑨ 推杆固定板；⑩ 型芯镶件；⑪ 型腔镶件；⑫ 复位杆；⑬ 浇口套；⑭ 导柱；⑮ 导套；⑯ 推杆等。

五、模具制造实训总结表（本表每周由学生填写一次，交指导教师签署审查意见）

第13周	学生主要工作： 指导教师审查意见：
第14周	学生主要工作： 指导教师审查意见：

第 15 周	学生主要工作： 指导教师审查意见：
第 16 周	学生主要工作： 指导教师审查意见：

六、所做课题模具及塑件图片（学生提交）

模具：

照片

七、小组各成员的个人总结

◀◀◀◀◀

普通铣削——托板（MJ-01-04）的加工实训

铣床是用铣刀对工件进行铣削加工的机床。铣床除能铣削平面、沟槽、轮齿、螺纹和花键轴外，还能加工比较复杂的型面，效率比刨床高，本岗位主要介绍立式铣床在模具制造中平面、沟槽和孔类加工的应用。

 知识目标

（1）熟练掌握立式铣床的工作内容、结构、基本操作及维护。
（2）熟悉立式铣床铣刀的材质、类型、用途及安装。
（3）熟悉立式铣床的附件及工件安装。
（4）熟练掌握立式铣床的铣削参数及铣削方法。
（5）熟练掌握典型零件的铣削加工技能训练。

技能目标

（1）会立式铣床铣刀的安装、铣床的附件及工件的安装。
（2）会立式铣床的平面铣削。
（3）会立式铣床的斜面铣削。
（4）会立式铣床的台阶铣削。
（5）会立式铣床的直沟槽铣削。
（6）会立式铣床的孔类加工。

素质目标

（1）培养学生谦虚、细心的工作态度。
（2）培养学生勤于思考、做事认真的良好作风。
（3）培养学生的责任感和事业心。
（4）培养学生良好的职业道德。

 考工要求

完成本岗位学习内容，达到国家模具制造工中级水平。

 岗位任务

加工如图 1-1 所示的托板。

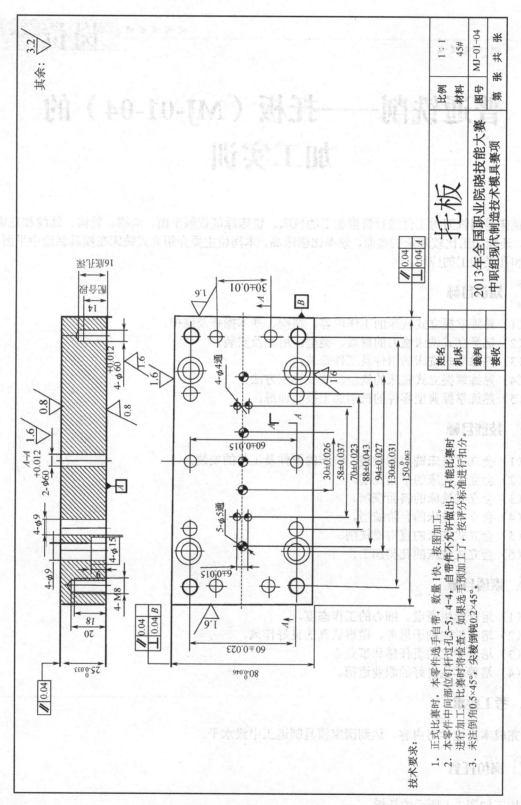

图 1-1 托板

任务1 立式铣床基本操作

 任务布置

（1）熟练掌握立式铣床刀具、机床附件和工件的装夹操作。

（2）熟练掌握立式铣床进行典型零件的铣削。

 相关理论

知识一 立式铣床的入门基础

一、铣削工作内容

铣削是以铣刀旋转做主运动，工件或铣刀作进给运动的切削加工方法，是最常用的切削加工方法之一。加工精度 IT9-IT7；$Ra6.3～1.6\mu m$。铣削加工范围广，生产率高，其工作内容为：铣平面（水平面、垂直面、斜面、台阶面）、铣沟槽（直角沟槽、键槽、T 形槽、燕尾槽）、铣等分件（离合器、花键、齿轮）和铣多种成型表面，如图 1-2 所示。

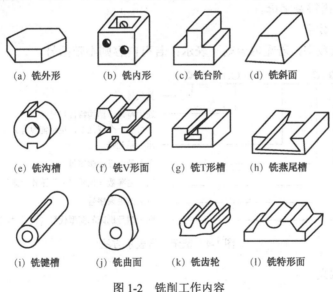

(a) 铣外形	(b) 铣内形	(c) 铣台阶	(d) 铣斜面
(e) 铣沟槽	(f) 铣V形面	(g) 铣T形槽	(h) 铣燕尾槽
(i) 铣键槽	(j) 铣曲面	(k) 铣齿轮	(l) 铣特形面

图 1-2 铣削工作内容

二、立式铣床结构

立式铣床外形如图 1-3 所示。立式铣床的主要特征是铣床主轴轴线与工作台面垂直。

三、铣床型号的编制方法

铣床型号不仅只是一个代号，它能反映出机床的类别、结构特征、性能和主要的技术规程，我国现行的机床型号编制是按 1994 年颁布的《金属切削机床型号编制方法》GB/T 15375—1994 编制而成。

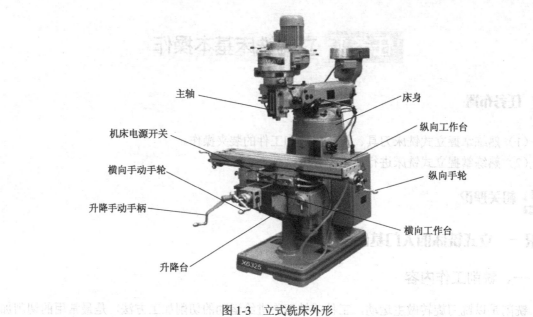

图 1-3　立式铣床外形

1. 铣床型号的表示方法

铣床型号中各代号由汉语拼音字母和数字组成，其表示方法如图 1-4 所示。

"〇" 为大写汉语拼音字母。

"△" 为阿拉伯数字。

"（）" 为代号或数字，若无内容则不表示；若有内容则不带括号。

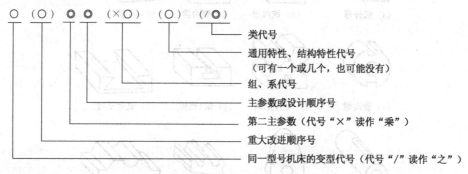

图 1-4　铣床型号表示方法

2. 各代号的意义

1）通用特性及结构特性代号

在类代号后面，为通用特性代号，如在 "X" 后面加上 "K"，表示数字程序控制铣床；加上 "B" 表示半自动铣床等。通用特性代号见表 1-1。

表 1-1　通用特性代号

通用特性	高精度	精密	自动	半自动	数控	加工中心（自动换刀）	仿形	轻型	加重型	简式
代号	G	M	Z	B	K	H	F	Q	C	J
读音	高	密	自	半	控	换	仿	轻	重	简

结构特性代号排在通用特性代号之后，是用来对类型和规格相同而结构不同的机床加以区分，如加"T"等。结构特性代号在不同的型号中表达的意义可不一样，故各字母的代表意义不作规定。

2）组、系代号

机床的组、系代号用两位阿拉伯数字表示，位于类代号或特性代号之后，如"61"表示万能升降台式。"50"表示立式升降台式等。金属切削机床的组、系代号和机床名称见表1-2。

表1-2 金属切削机床的组、系代号和机床名称

组	系	机 床 名 称	组	系	机 床 名 称
仪表铣床	00		仿形铣床	40	
	01			41	平面刻模铣床
	02			42	立体刻模铣床
	03			43	平面仿形铣床
	04			44	立体仿形铣床
	05	立式台铣床		45	立式立体仿形铣床
	06	卧式台铣床		46	叶片仿形铣床
	07			47	立式叶片仿形铣床
	08			48	
	09			49	
悬臂及滑枕铣床	10	悬臂铣床	立式升降台铣床	50	立式升降台铣床
	11	悬臂镗铣床		51	立式升降台镗铣床
	12	悬臂磨铣床		52	摇臂铣床
	13	定臂铣床		53	万能摇臂铣床
	14			54	
	15			55	转塔升降台铣床
	16	卧式滑枕铣床		56	立式滑枕升降台铣床
	17	立式滑枕铣床		57	万能滑枕升降台铣床
	18			58	圆弧铣床
	19			59	
龙门铣床	20	龙门铣床	卧式升降台铣床	60	卧式升降台铣床
	21	龙门镗铣床		61	万能升降台铣床
	22	龙门磨铣床		62	万能回转头铣床
	23	定梁龙门铣床		63	
	24			64	
	25			65	
	26	移动龙门铣床		66	卧式滑枕升降台铣床
	27	定梁移动龙门铣床		67	
	28	落地龙门镗铣床		68	
	29			69	
平面铣床	30	圆台铣床	床身式铣床	70	
	21	立式平面铣床		71	床身铣床
	32			72	转塔床身铣床
	33	单柱平面铣床		73	立柱移动床身铣床
	34	双柱平面铣床		74	立柱移动转塔床身铣床
	35	端面铣床		75	卧式床身铣床
	36	双端面铣床		76	立柱移动卧式床身铣床
	37			77	滑枕床身铣床
	38	落地端面铣床		78	
	39			79	

续表

组	系	机床名称	组	系	机床名称
工具铣床	80		其他铣床	90	六角螺母铣床
	81	万能工具铣床		91	
	82			92	键槽铣床
	83	钻头铣床		93	
	84			94	轧辊轴颈铣床
	85	立铣刀槽铣床		95	
	86			96	
	87			97	转子槽铣床
	88			98	螺旋桨铣床
	89			99	

3）主参数或设计顺序号

主参数或设计顺序号位于组、系代号之后，也用两位数字表示。机床的主参数代号一般采用主参数的实际数值或主参数的 1/10 和 1/100 折算值表示。当折算值大于 1 时取整数，在折算值之前均不加"0"；当折算值小于 1 时，则以主参数表示，并在数值前加"0"。各升降台式铣床，一般以主参数的 1/10 表示，如"32"表示此铣床的工作台台面宽度为 320mm，即以工作台面宽为主参数。龙门铣床等大型铣床一般用主参数的 1/100 表示，如键槽铣床的主参数是用能加工键槽的最大宽度来表示的。

3．型号举例

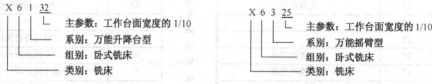

四、立式铣床的基本操作

铣床的型号较多，不同型号的铣床的技术参数各不相同，如转速、进给可调范围、工作台尺寸、电动机功率及加工方式等。现重点介绍 X6325 摇臂万能铣床。

1．机床电器开关部分

1）主轴电源开关如图 1-5（a）所示，开关打下表示接通电源。

2）工作台进给电源开关如图 1-5（b）所示，开关打下表示接通电源。

3）切削液泵电源开关如图 1-5（c）所示，开关打下表示接通电源。

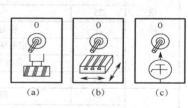

图 1-5　铣床电源开关

4）主轴启动按钮及急停按钮

白色的按钮为启动按钮，蘑菇形的红色按钮为急停按钮。启动前，先将蘑菇形的按钮按下并转动一下，使该按钮处于弹起状态，然后再按下启动按钮。中途停止主轴转动时，直接按下蘑菇形的急停按钮，如图 1-6 所示。

5）主轴电动机双速开关如图 1-7 所示。

通过转动开关的位置，可得到机床铭牌上的两组转速。中间"0"位为空挡位置，两边各有

"Ⅰ"、"Ⅱ"两个挡位。两边相同挡位转速相同，转向相反。在挡位变换或换向操作时，应停止主轴转动后再操作。

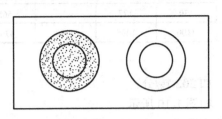

图1-6　主轴启动及急停按钮

图1-7　主轴电动机双速开关

2. 工作台常用操作手柄

1）工作台进给操作手柄

（1）垂向工作台进给手柄。

（2）横向手动、机动进给手柄，如图1-8所示。

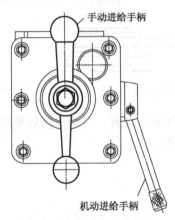

手动进给手柄

机动进给手柄

图1-8　横向进给手柄

（3）纵向手动、机动进给手柄，如图1-9所示。

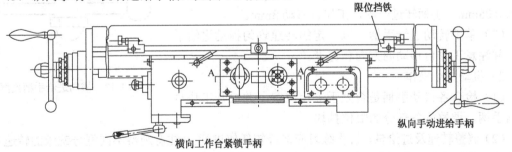

限位挡铁

纵向手动进给手柄

横向工作台紧锁手柄

图1-9　工作台面常用操作手柄

2）工作台锁紧手柄

（1）工作台纵向紧锁手柄。

（2）工作台横向紧锁手柄，如图1-9所示。

3. 变速操作练习

转速由低到高依次调出设备铭牌上所示的转速，见表1-3。

表1-3 铣床铭牌主轴转速（转/分）

	I				II			
A	65	90	202	285	130	177	402	565
B	555	755	1750	2400	1100	1495	3400	4760

变速操作步骤如下。

先观察铭牌上可调转速值，选定所需的转速值，如202转/分。

（1）调整好主轴电动机带轮中皮带所处的位置，如图1-10所示。

（2）扳动高、低挡手柄，使手柄处于所需的正确位置。

将手柄置于A挡位置处，并可通过手动扳动主轴检验手柄是否到位。当由高速挡B转换成低速挡A，并听到"咔嗒"声后再扳动主轴，转动正常则转换正确，如图1-11所示。注意高、低速转换时，转向将发生改变。

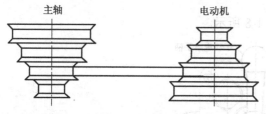

图1-10 调整主轴电动机皮带

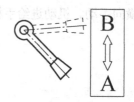

图1-11 调整主轴电动机皮带

（3）将主轴电动机双速开关转到 I 位置。启动主轴后观察主轴转向是否正确，若相反则停车后将开关置于另一边的同一位置。

4．进给操作练习

1）手动进给操作

（1）观察各进给刻度盘的示值，如图1-12所示。纵向、横向刻度盘均匀分布120格，每格示值为0.05mm，手柄转过一周，工作台移动6mm。垂向刻度盘均匀分布60格，每格示值为0.05mm，手柄转过一周，工作台移动3mm。

（2）单手转动进给手柄，以一定的转速均匀摇动进给手柄，并注意工作台移动的方向和速度。

2）机动进给操作

（1）检查各自动手柄是否处于停止位置，并松开工作台紧锁手柄，调整好各部分的限位挡块。

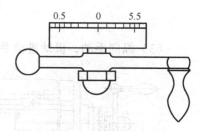

图1-12 横向进给手柄刻度盘

（2）调整转速及进给量，初次练习应选择较低值进行。（注意观察不同型号铣床的转速及进给量的可调值有较大的差异，如X6235型万能摇臂铣床的进给量可调值只有8组数值：18、27、40、58、93、137、200、308。

（3）将主轴电源开关和工作台进给电源开关打开，接通电源。

（4）启动主轴，单方向进行自动进给操作练习。操作时要注意观察方向及进给速度，并及时停止和反向，以免超程而造成机床的损坏。

知识二 立式铣床铣刀及其安装

一、铣刀材料的种类及牌号

1. 铣刀切削部分材料的基本要求

（1）高硬度和耐磨性：在常温下，切削部分材料必须具备足够的硬度才能切入工件；具有高的耐磨性，刀具才不磨损，延长使用寿命。

（2）好的耐热性：刀具在切削过程中会产生大量的热量，尤其是在切削速度较高时，温度会很高，因此，刀具材料应具备好的耐热性，既在高温下仍能保持较高的硬度，有能继续进行切削的性能，这种具有高温硬度的性质又称热硬性或红硬性。

（3）高的强度和好的韧性：在切削过程中，刀具要承受很大的冲击力，所以刀具材料要具有较高的强度，否则易断裂和损坏。由于铣刀会受到冲击和振动，因此，铣刀材料还应具备好的韧性，才不易崩刃，碎裂。

2. 铣刀常用材料

（1）高速工具钢（简称高速钢，锋钢等）有通用和特殊用途高速钢两种。

高速工具钢具有以下特点。

① 合金元素钨、铬、钼、钒的含量较高，淬火硬度可达 HRC62—70，在 6000C° 高温下仍能保持较高的硬度。

② 刃口强度和韧性好，抗震性强，能用于制造切削速度一般的刀具，对于钢性较差的机床，采用高速钢铣刀，仍能顺利切削。

③ 工艺性能好，锻造、加工和刃磨都比较容易，还可以制造形状较复杂的刀具。

④ 与硬质合金材料相比，仍有硬度较低、红硬性和耐磨性较差等缺点。

（2）硬质合金：由金属碳化物、碳化钨、碳化钛和以钴为主的金属黏结剂经粉末冶金工艺制造而成的。

硬质合金主要特点如下。

① 能耐高温，在 800～10 000℃仍能保持良好的切削性能，切削时可选用比高速钢高 4～8 倍的切削速度。

② 常温硬度高，耐磨性好。

③ 抗弯强度低，冲击韧性差，刀刃不易磨得很锋利。

常用的硬质合金一般可分为以下三大类。

① 钨钴类硬质合金（YG）。

常用牌号有 YG3、YG6、YG8，其中数字表示含钴量的百分率，含钴量越多，韧性越好，越耐冲击和振动，但会降低硬度和耐磨性。因此，该合金适用于切削铸铁及有色金属，还可以用来切削冲击性大的毛坯和经淬火的钢件和不锈钢件。

② 钛钴类硬质合金（YT）。

常用牌号有 YT5、YT15、YT30，数字表示碳化钛的百分率。硬质合金含碳化钛以后，能提高钢的黏结温度，减小摩擦系数，并能使硬度和耐磨性略有提高，但降低了抗弯强度和韧性，使性质变脆，因此，该类合金适于切削钢类零件。

③ 通用硬质合金。

在上述两种硬质合金中加入适量的稀有金属碳化物，如碳化钽和碳化铌等，使其晶粒细化，提高其常温硬度和高温硬度、耐磨性、黏结温度和抗氧化性，能使合金的韧性有所增加，因此，这类硬质合金刀具有较好的综合切削性能和通用性，其牌号有 YW1、YW2 和 YA6 等，由于其价格较贵，主要用于难加工材料，如高强度钢、耐热钢、不锈钢等。

二、铣刀的种类及其用途

铣刀按用途分为以下四类。

1. 铣平面用铣刀

铣平面用铣刀包括圆柱铣刀，用于卧式铣床，如图 1-13 所示；端铣刀，用于立式铣床，如图 1-14 所示。

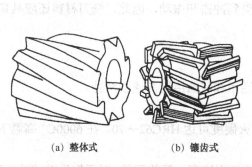
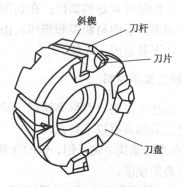

(a) 整体式　　(b) 镶齿式

图 1-13　圆柱铣刀　　　　　　　　图 1-14　硬质合金端铣刀

其中，端铣刀主要用于立式铣床铣平面，应用较多的为硬质合金端铣刀。通常将硬质合金刀片 3 焊接在刀杆 2 上，再用斜楔 1 与螺钉夹固于刀盘上。用钝后，可卸下刀杆刃磨。

2. 铣沟槽用铣刀

铣沟槽用铣刀包括三面刃铣刀、立铣刀、键槽铣刀、盘形槽铣刀、锯片铣刀等，如图 1-15 所示。

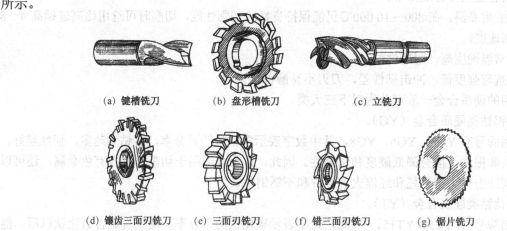

(a) 键槽铣刀　　(b) 盘形槽铣刀　　(c) 立铣刀

(d) 镶齿三面刃铣刀　(e) 三面刃铣刀　(f) 错三面刃铣刀　(g) 锯片铣刀

图 1-15　铣沟槽用铣刀

其中，立铣刀主要是立式铣床用于铣台阶面、小平面和相互垂直的平面。它的圆柱刀刃起主要切削作用，端面刀刃起修光作用，故不能做轴向进给。刀齿分为细齿与粗齿两种。用于安装的柄部有圆柱柄与莫氏锥柄两种，通常小直径为圆柱柄，大直径为锥柄。而键槽铣刀用于铣键槽，其外形与立铣刀相似，与立铣刀的主要区别在于其只有两个螺旋刀齿，且端面刀刃延伸至中心，故可做轴向进给，直接切入工件。

3．铣特形沟槽用铣刀

铣特形沟槽用铣刀包括 T 形槽铣刀、燕尾槽铣刀、半圆键槽铣刀、角度铣刀等，如图 1-16 所示。

(a) T 形槽铣刀

(b) 燕尾槽铣刀　　　(c) 半圆键槽铣刀　　　(d) 单角铣刀　　　(e) 双角铣刀

图 1-16　铣特形沟槽用铣刀

三、铣刀的规格

1．铣刀的一般规格

圆柱铣刀、三面刃铣刀、锯片铣刀等带孔铣刀以外径×宽度×孔径表示其规格。

例如，75×60×27 的圆柱铣刀，表示外径为 75mm、宽度为 60mm、孔径为 27mm。

立铣刀、键槽铣刀以外径尺寸表示其规格。例如，$\phi20$ 的立铣刀，表示直径为 20mm。

角度铣刀以外径×宽度×孔径×角度表示其规格。例如，60×18×22×60° 的角度铣刀，表示外径为 60mm、宽度为 18mm、孔径为 22mm、角度为 60° 的单角铣刀。

凸、凹半圆铣刀以刀具圆弧的半径表示其规格。例如，R8 的凸半圆铣刀，表示铣刀的圆弧半径为 8mm。

2．常用铣刀规格尺寸的查阅

铣刀种类虽多，但标准铣刀都可以通过查阅相关的手册获取相应的规格尺寸和切削参数，以方便选用。

（1）查阅类似《袖珍铣工手册》、《铣工技师手册》、《铣工操作技能手册》等的铣工手册。

（2）生产厂商的使用手册。

四、铣刀的安装及检测

这里主要介绍立式铣床所使用刀具的安装、检查与注意事项。

1．锥柄立铣刀的安装

锥柄立铣刀的柄部一般采用莫式锥度，有莫式 1 号、2 号、3 号、4 号、5 号五种，按铣刀直径的大小不同，做成不同号数的锥柄。安装这种铣刀，有以下两种方法。

1）铣刀柄部锥度和主轴锥孔锥度相同

先擦净主轴锥孔和铣刀锥柄，铣刀上垫棉纱并用左手握住，

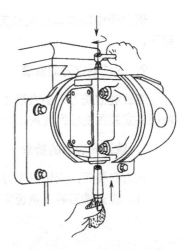

图 1-17　安装立铣刀

将铣刀锥柄穿入主轴锥孔，然后从立铣头上方观察，用拉紧螺杆扳手按顺时针方向旋紧拉紧螺杆，紧固铣刀，如图1-17所示。

2）铣刀柄部锥度和主轴锥孔锥度不同

须通过中间锥套安装铣刀，中间锥套的外圆锥度和主轴锥孔锥度相同，中间锥套的内孔锥度和铣刀锥柄的锥度相同，如图1-18所示。例如，在X62W铣床的立铣头上安装直径$\phi 20mm$的立铣刀，立铣头主轴锥孔为莫式4号，铣刀锥柄为莫式3号，这时应采用外圆莫式4号、内孔莫式3号的中间锥套来安装铣刀。

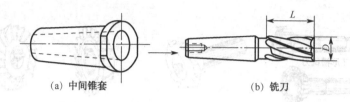

（a）中间锥套   （b）铣刀

图1-18　借助中间锥套安装立铣刀

3）立铣刀的拆卸

卸下立铣刀时，先将主轴转速调至最低或锁紧主轴，然后从立铣头上方观察，用拉紧螺杆扳手按逆时针方向旋松拉紧螺杆，当螺杆端面和背帽端面贴平后，继续用力，螺杆在背帽作用下将铣刀推出主轴锥孔，再继续转动拉紧螺杆，使螺杆螺纹推出铣刀，从螺孔取下铣刀，如图1-19所示。

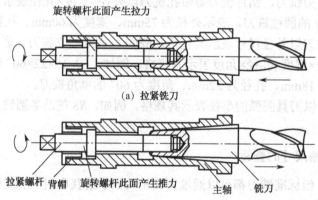

旋转螺杆此面产生拉力

（a）拉紧铣刀

拉紧螺杆　背帽　旋转螺杆此面产生推力　主轴　铣刀

（b）拆卸铣刀

图1-19　立铣刀装卸

借助于中间锥套安装铣刀，在卸下铣刀时，若锥套仍留在主轴锥孔内，可用扳手将锥套卸下。

2．圆柱柄铣刀的安装

半圆键槽铣刀、小直径立铣刀和键槽铣刀，都做成圆柱柄。圆柱柄铣刀一般通过钻头或弹簧夹头安装在主轴锥孔内，如图1-20、图1-21所示。

3．铣刀安装后的检查

铣刀安装后，应做以下方面的检查。

（1）检查铣刀装夹是否牢固。

（2）检查挂架轴承孔与刀轴配合轴颈的配合间隙是否适当，一般情况下以切削时不震动、挂架轴承不发热为宜。

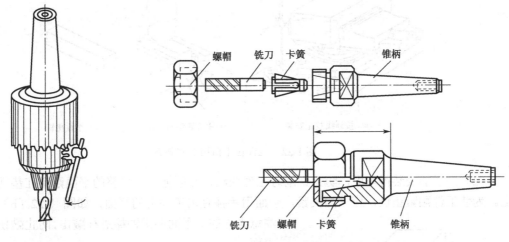

图 1-20　用钻头安装圆柱柄铣刀　　　　图 1-21　用弹簧夹头安装圆柱柄铣刀

（3）检查铣刀刀齿的圆跳动和端面跳动。进行一般的铣削加工时，可用目测法或凭经验确定刀齿圆跳动或端面跳动是否符合要求。

4．铣刀装卸时的注意事项

（1）圆柱铣刀和其他带孔铣刀安装时，应先紧固挂架后紧固铣刀；卸下铣刀时，应先松开铣刀再松开挂架。

（2）装卸铣刀时，圆柱铣刀用手拿两端面，立铣刀上垫棉纱并用手握圆周，防止铣刀刃口划伤手。

（3）安装铣刀时应擦净各接合表面，以免因脏物影响铣刀的安装精度。

（4）拉紧螺杆的螺纹应与刀轴或铣刀的螺孔有足够的配合长度。

（5）挂架轴承孔与刀轴配合轴颈应有足够的配合长度。

（6）铣刀安装后应检查安装是否正确。

知识三　立式铣床附件及其工件装夹

铣削零件时，工件用铣床附件固定和定位，铣床的主要附件有平口钳、万能铣头、回转工作台和分度头等。在铣床上加工中、小型工件时，一般多采用平口钳来装夹；对大、中型工件，则多采用直接在铣床工作台上用压板来装夹。在成批、大量生产中，为提高生产效率和保证加工质量，应采用专用铣床夹具来装夹。为适应加工需要，利用分度头和回转工作台等来装夹。

一、平口钳

平口钳是一种通用夹具，经常用其安装小型工件。铣削零件的平面、台阶、斜面和铣削轴类零件的键槽等，都可以用平口钳装夹工件。使用时先把平口钳钳口找正并固定在工作台上，然后再安装工件。常用的按划线找正安装工件的方法如图 1-22（a）所示。

用平口钳安装工件的注意事项如下。

（1）工件的被加工面必须高出钳口，否则须用平行垫铁垫高工件，如图 1-22（b）、（c）

所示。

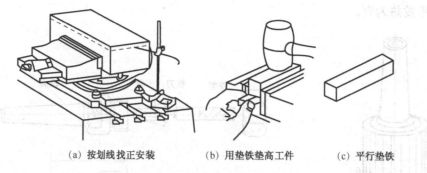

(a) 按划线找正安装　　　(b) 用垫铁垫高工件　　　(c) 平行垫铁

图 1-22　工件在平口钳上的装夹

（2）为了能安装得牢固，防止铣削时工件松动，必须把比较平整的平面贴紧在垫铁和钳口上。为使工件贴紧垫铁，应一面夹紧，一面用手捶轻击工件上的平面，如图 1-22（b）所示。注意光洁的上平面要用铜棒进行敲击，防止敲伤光洁的表面。

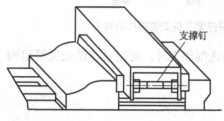

图 1-23　刚度不足的工件安装

（3）为了保护钳口和已加工表面，安装工件时往往要在钳口处垫上铜皮。

（4）用手挪动垫铁检查贴紧程度，如有松动，说明工件与垫铁之间贴合不好，应松开平口钳重新夹紧。

（5）对于刚度不足的工件，装夹时应增加支撑，以免夹紧力使工件变形，如图 1-23 所示。

二、分度头

在铣削加工中，常会遇到铣六方、齿轮、花键和刻线等工作。这时，工件每铣过一面或一个槽之后，须转过一个角度，再铣削第二面或第二个槽，这种工作称为分度。分度头是分度用的附件，其中万能分度头最为常见。万能分度头如图 1-24 所示。根据加工的需要，万能分度头可以在水平、垂直和倾斜位置工作。

图 1-24　万能分度头

1．万能分度头的结构及传动系统

1）主轴

主轴前端可安装三爪自定心卡盘（或顶尖）及其他装卡附件，用以夹持工件。主轴后端可安装锥柄挂轮轴用作差动分度。

2）本体

本体内安装主轴及蜗轮、蜗杆。本体在支座内可使主轴在垂直平面内由水平位置向上转动（≤95°），或向下转动（≤5°）。

3）支座

支撑本体部件，通过底面的定位键与铣床工作台中间 T 形槽连接，用 T 形螺栓紧固在铣床工作台上。

4）端盖

端盖内装有两对啮合齿轮及挂轮输入轴，可以使动力输入本体内。

5）分度盘

分度盘两面都有多行沿圆周均布的小孔，用于满足不同的分度要求。

分度盘随分度头带有两块。

第一块正面孔数依次为 24、25、28、30、34、37。

第一块反面孔数依次为 38、39、41、42、43。

第二块正面孔数依次为 46、47、49、51、53、54。

第二块反面孔数依次为 57、58、59、62、66。

6）蜗轮副间隙调整及蜗杆脱落机构

拧松蜗杆偏心套压紧螺母，如图 1-24 所示，操纵脱落蜗杆手柄使蜗轮与蜗杆脱开，可直接转动主轴，利用调整间隙螺母，可对蜗轮副间隙进行微调。

7）主轴锁紧机构

用分度头对工件进行切削时，为防止震动，在每次分度后可通过主轴锁紧机构对主轴进行锁紧，如图 1-25 所示。

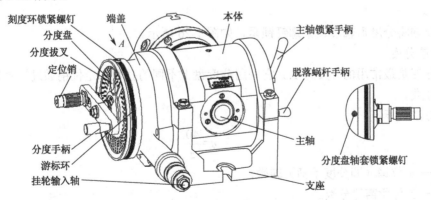

图 1-25　分度头主要结构

本产品还随机配备了尾架、千斤顶、顶尖、拨叉、挂轮架、配换齿轮等常用附件。

分度头蜗杆与蜗轮的传动比 $i=\dfrac{螺杆头数}{螺轮齿数}=\dfrac{1}{40}$；

$$主轴转数 = \frac{螺杆头数}{螺轮齿数} \times \frac{主动直齿轮齿数}{从动直齿轮齿数} \times 分度手柄转数;$$

主动直齿轮齿数 $Z=28$；

从动直齿轮齿数 $Z=28$。

2. 分度头的使用

使用分度头进行分度的方法有直接分度、角度分度、简单分度和差动分度等。

1）直接分度

当分度精度要求较低时，摆动分度手柄，根据本体上的刻度和主轴刻度环直接读数进行分度。分度前须将分度盘轴套锁紧螺钉锁紧。

切削时必须锁紧主轴锁紧手柄后方可进行切削，如图1-26所示。

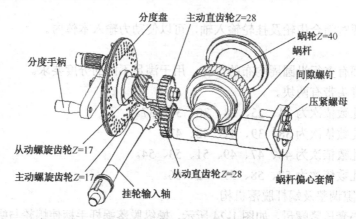

图1-26 万能分度头传动系统

2）角度分度

当分度精度要求较低时，也可利用分度手轮上可转动的分度刻度环和分度游标环来实现分度。分度刻度环每旋转一周的分度值为9°，刻度环每一小格读数为1'，分度游标环刻度一小格读数为10″。

分度前须将分度盘轴套锁紧螺钉锁紧，如图1-26所示。

3）简单分度

简单分度是最常用的分度方法。它利用分度盘上不同的孔数和定位销通过计算来实现工件所需的等分数。

计算方法如下：

$$n = \frac{40}{z}$$

式中 n——定位销（即分度手柄）转数；

z——工件所需等分数。

若计算值含分数，则在分度盘中选择具有该分母整数倍的孔圈数。

例：用分度头铣齿数 $Z=36$ 的齿轮。

$$N = \frac{40}{36} = 1\frac{1}{9}$$

在分数度盘中找到孔数为 $9 \times 6 = 54$ 的孔圈，代入上式得

$$n=\frac{40}{36}=1\frac{1}{9}=1\frac{1\times 6}{9\times 6}=1\frac{6}{54}$$

分度的操作方法如下。

先将分度盘轴套锁紧螺钉锁紧，再将定位销调整到 54 孔数的孔圈上，调整扇形拨叉，使之含有 6 个孔距。此时转动手柄使定位销旋转一圈再转过 6 个孔距。

若分母不能在所配分度盘中找到整数倍的孔数，则可采用差动分度进行分度。

3．差动分度（见图 1-27）

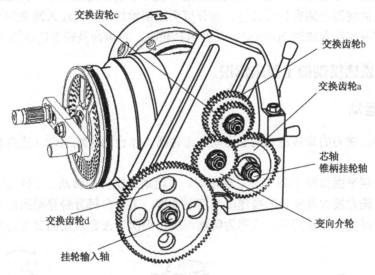

图 1-27　差动分度

使用差动分度时，必须将分度盘锁紧螺钉松开，在主轴后的锥孔处插入锥柄挂轮轴。按计算值配置交换齿轮 a、b、c、d 或介轮，传至挂轮输入轴，带动分度盘产生正（或反）方向微动，来补偿计算中设定等分角度与工件等分角度的差值。

计算方法如下：

$$i=\frac{40(x-z)}{x}=\frac{a}{b}\cdot\frac{c}{d}$$

式中　i——交换齿轮的传动比；

　　　z——工件所需等分数；

　　　a、b、c、d——交换齿轮齿数；

　　　x——假设工件所需等分数。

x 值的选择遵循如下原则。

（1）尽可能接近 z，小于、大于 z 均可。

（2）$\dfrac{40}{x}$ 为分数时，其分母值必须是能整除分度盘已有的孔圈数。

x 小于 z 时，i 为负值，挂轮时必须配有变向介轮；

x 大于 z 时，i 为正值，挂轮时不必配有变向介轮。

挂轮配好后，实际分度的操作和简单分度法一致，只是用 x 替代 z，手柄转数为

$$n=\frac{40}{x}$$

4．维护说明

正确、精心的维护保养分度头是保持产品精度和延长使用期限的重要保证，正确的维护保养应做到以下几点。

（1）对新购置的分度头，使用前必须将防锈油和一切污垢用干净的擦布浸以煤油擦洗干净。尤其是与机床的结合面应仔细擦拭。擦拭时不要使煤油浸湿喷漆表面，以免损坏漆面。

（2）在使用、安装、搬运过程中，注意避免碰撞，严禁敲击。尤其注意对定位键块的保护。

（3）分度头出厂时各有关精度均已调整合适。使用中切勿随意调整，以免破坏原有精度。

（4）分度头的润滑点装有外露油杯。靠分度头顶部丝堵松开后注入油来润滑蜗轮蜗杆副。每班工作前各润滑点注入清洁 20# 机油。在使用挂轮时，对齿面及轴套间应注入润滑油。

知识四　立式铣床铣削加工基本常识

一、铣削运动

铣削运动中，铣刀的旋转运动为主运动。工件随工作台的直线运动（或曲线运动）即为进给运动。

在铣床上铣削平面如图 1-28 所示。铣削时，主运动是铣刀的转动，工件做缓慢的直线移动（即进给运动）。铣刀最大直径处的线速度为切削速度；工作台每分钟移动的距离为进给量。每次切去金属层的厚度为背吃刀量，或称为铣削深度。每次切去金属层的宽度为侧吃刀量。

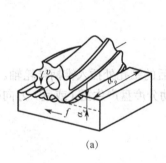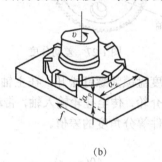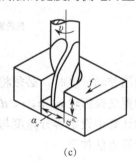

（a）　　　　　　　　　　（b）　　　　　　　　　　（c）

图 1-28　在铣床上铣削平面

1．主运动

主运动是切除工件上多余金属，形成工件新表面所需的运动，是进行切削的最基本、最主要的运动。铣削和钻削加工时刀具的回转运动等都是主运动。一般主运动速度最高，消耗功率最大，机床通常只有一个主运动。

2．进给运动

进给运动是配合主运动实现依次连续不断地切除多余金属层的刀具与工件之间的附加相对运动。进给运动与主运动配合即可完成所需的表面几何形状的加工。根据工件表面形状成型的需要，进给运动可以是多个，也可以是一个；可以是连续的，也可以是间歇的。

二、铣削用量的选用

铣削要素分为铣削用量要素和铣削层要素。铣削用量的四要素：铣削速度 v_c、进给量 f、背吃刀量（铣削深度）a_p、和侧吃刀量（铣削宽度）a_e，如图 1-29 所示。

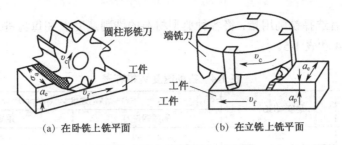

（a）在卧铣上铣平面　　　　　　　（b）在立铣上铣平面

图 1-29　铣削运动及铣削用量

1. 铣削用量要素

（1）铣削速度 v_c：铣刀最大直径处的线速度。其计算公式：

$$v_c=\pi dn/1000 \quad （\text{m/s 或 m/min}）$$

铣削速度大能提高生产效率。但提高生产效率的最有效措施还是应该尽可能采取大的切削深度。因为切削速度与刀具耐用度成反比，所以切削速度的选取主要取决于刀具耐用度。

（2）进给量：铣削时工件在进给运动方向上相对刀具的移动量。

铣削的进给量有以下三种度量方法。

每齿进给量 a_f：铣刀每转过一齿时，工件与铣刀的相对位移（mm/z）。

每转进给量 f：铣刀每转一转，工件与铣刀的相对位移（mm/r）。

进给速度 v_f：铣刀相对工件移动的速度（mm/min）。

三者之间的关系：

$$v_f=f \times n=a_f \times z \times n$$

式中　z——铣刀刀齿数目。

进给速度是数控机床切削用量中的重要参数，主要根据零件的加工精度和表面粗糙度要求，以及刀具、零件的材料性质来选取。当加工精度和表面粗糙度要求高时，进给速度应该选择得小些。进给速度一般应该控制在 20～50mm/min 范围内。

（3）背吃刀量（铣削深度）a_p：指平行于铣刀轴线测得的切削层尺寸。

在机床、工件和刀具刚度允许的情况下，应以最少的进给次数切除待加工余量，最好一次切除待加工余量，以提高生产效率。为了保证零件的加工精度和表面粗糙度，可留少许余量留待最后加工。数控机床的精加工余量可略小于普通机床。一般可取 0.2～0.5mm。

（4）侧吃刀量（铣削宽度）a_e：指垂直于铣刀轴线测得的切削层尺寸。

2. 铣削用量选择

铣削用量的选择对提高生产效率、改善表面粗糙度和加工精度都有密切的关系。

合理选择切削用量的原则是：粗加工时，一般以提高生产率为主，但也应该考虑经济性和加工成本；半精加工和精加工时，一般应在保证加工质量的前提下，兼顾切削效率、经济性和加工成本。具体选用数值应该根据机床说明书、切削用量手册，并结合实际经验而定。

（1）粗铣：首先应选用较大的切削深度 a_p 和切削宽度 a_e。然后再选用较大的每齿进给量 a_f 和不太高的切削速度 a_f。

（2）半精铣：切削深度 a_p 约为 0.5～2mm，与粗铣相比，每齿进给量宜小些，切削速度可提高一些。

（3）精铣：铣削深度 a_p 约为 0.5mm，铣削速度应在表 1-4 推荐范围内取最大值，每齿进给量按表 1-5 取小值。

为了方便操作者选择铣削用量，将各种典型材料的铣削速度 V 和每齿进给量 a_f 的推荐范围分别列表，见表 1-4 和表 1-5。

表 1-4　铣削速度 v_c 推荐表

工件材料		硬度（HB）	铣削速度 v_c（m/min）	
			高速钢铣刀	硬质合金铣刀
低、中碳钢		<220	21～40	60～150
		225～290	15～36	54～115
		300～425	9～15	36～75
高碳钢		<220	18～36	60～130
		225～325	14～21	53～105
		325～375	8～21	36～48
		375～425	6～10	35～45
合金钢		<220	15～35	55～120
		225～325	10～24	37～80
		325～425	5～9	30～60
工具钢		200～250	12～23	45～83
灰铸铁		110～140	24～36	110～115
		150～225	15～21	60～110
		230～290	9～18	45～90
		300～320	5～10	21～30
可锻铸铁		110～160	42～50	100～200
		160～200	24～36	83～120
		200～240	15～24	72～110
		240～280	9～11	40～60
铸钢	低碳	100～150	18～27	68～105
	中碳	100～160	18～27	68～105
		160～200	15～21	60～90
		200～240	12～21	53～75
	高碳	180～240	9～18	53～80
铝合金		—	180～300	360～600
铜合金		—	45～100	120～190
镁合金		—	180～270	150～600

表 1-5　铣削刀的每齿进给量 a_f（mm/z）推荐值

工件材料	硬度（HB）	高速钢铣刀		硬质合金铣刀	
		立铣刀	端铣刀	立铣刀	端铣刀
低碳钢	<150	0.04～0.20	0.15～0.30	0.07～0.25	0.20～0.40
	150～200	0.03～0.18	0.15～0.30	0.06～0.22	0.20～0.35
中、高碳钢	<220	0.04～0.20	0.15～0.25	0.06～0.22	0.15～0.35
	225～235	0.03～0.15	0.10～0.20	0.05～0.20	0.12～0.25
	325～425	0.03～0.12	0.08～0.15	0.04～0.15	0.10～0.20
灰铸铁	150～180	0.07～0.18	0.20～0.35	0.12～0.25	0.20～0.50
	180～220	0.05～0.15	0.15～0.25	0.10～0.20	0.20～0.40
	220～300	0.03～0.10	0.10～0.15	0.08～0.15	0.15～0.30

续表

工件材料	硬度（HB）	高速钢铣刀		硬质合金铣刀	
		立铣刀	端铣刀	立铣刀	端铣刀
可锻铸铁	110～160	0.08～0.20	0.20～0.40	0.12～0.20	0.20～0.50
	160～200	0.07～0.20	0.20～0.35	0.10～0.20	0.20～0.40
	200～240	0.05～0.15	0.15～0.30	0.08～0.15	0.15～0.30
	240～280	0.02～0.08	0.10～0.20	0.05～0.10	0.10～0.25
合金钢	<220	0.05～0.18	0.15～0.25	0.08～0.20	0.12～0.40
	220～280	0.05～0.15	0.12～0.20	0.06～0.15	0.10～0.30
	280～320	0.03～0.12	0.07～0.12	0.05～0.12	0.08～0.20
	320～380	0.02～0.10	0.05～0.10	0.03～0.10	0.06～0.15
工具钢	退火状态	0.05～0.10	0.12～0.20	0.08～0.15	0.15～0.50
	<HRC 36	0.03～0.08	0.07～0.12	0.05～0.12	0.12～0.25
	HRC 35～46	—	—	0.04～0.10	0.10～0.20
	HRC 46～56	—	—	0.03～0.08	0.07～0.10
铝镁合金	95～100	0.05～0.12	0.20～0.30	0.08～0.30	0.15～0.38

一般情况下，铣削用量的选择次序是：先选大的切削深度 a_p，再选每齿进给量 a_f，最后选择切削速度 v。铣削宽度 a_e 应尽量选大些，最好等于工件加工面的宽度。铣削用量选好后，利用本节的有关公式，计算出铣床主轴转速 n 和每分钟进给量 v_f。

三、铣削方式

铣削方式：是指铣削时铣刀相对于工件的运动和位置关系。

同是加工平面，既可以用端铣，也可以用周铣；同一种铣削方法，也有不同的铣削方式（顺铣和逆铣）。

1．周铣和端铣

周铣：用刀齿分布在圆周表面的铣刀而进行铣削的方式。

端铣：用刀齿分布在圆柱端面上的铣刀而进行铣削的方式。

1）周铣

用圆柱铣刀的圆周刀齿加工平面的方法。

周铣法有逆铣和顺铣。在切削部位，刀齿的旋转方向和工件的进给方向相反时，为逆铣；相同时，为顺铣。

（1）逆铣如图 1-31（a）所示。

逆铣时，刀齿的切削厚度从 0 至最大。当切削厚度为 0 时，刀齿在工件表面上挤压和摩擦，刀齿较易磨损，并影响已加工表面质量。

逆铣时，刀齿作用于工件上的垂直进给力 F_V 朝上有挑起工件的趋势，这就要求工件的装夹紧固。

当工件表面有硬皮时，对刀齿没有直接影响。

（2）顺铣如图 1-30（b）所示。

顺铣是为获得良好的表面质量而经常采用的加工方法。它具有较小的后刀面磨损、机床运行平稳等优点，适用于在较好的切削条件下加工高合金钢。使用说明：不宜加工表面具有硬化层的工件（如铸件），因为这时的刀刃必须从外部通过工件的硬化表层，从而产生较强的磨损。如果采用普通机床加工，应设法消除进给机构的间隙。

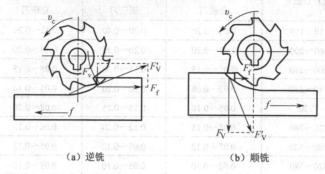

（a）逆铣　　　　　　　　　（b）顺铣

图 1-30　顺铣、逆铣示意图

2）端铣（端面铣削）

（1）对称铣削：刀齿切入工件与切出工件的切削厚度相同，如图 1-31（a）所示。

（2）不对称铣削：刀齿切入时的切削厚度小于或大于切出时的切削厚度，如图 1-31（b）、（c）所示。

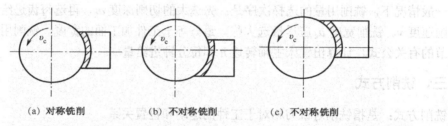

（a）对称铣削　　　　　（b）不对称铣削　　　　　（c）不对称铣削

图 1-31　端面铣削法

2. 周铣与端铣的比较（见表 1-6）

1）端铣的加工质量比周铣好

（1）周铣时，同时参加工作的刀齿一般只有 1～2 个，而端铣时同时参加工作的刀齿多，切削力变化小，因此，端铣的切削过程比周铣时平稳。

（2）端铣刀的刀齿切入和切出工件时，虽然切削厚度较小，但不像周铣时切削厚度变为零，从而改善了刀具后刀面与工件的摩擦状况，提高了刀具耐用度，并可减小表面粗糙度。

（3）端铣时，还可以利用修光刀齿修光已加工表面，因此端铣可达到较小的表面粗糙度。

2）端铣的生产率比周铣高

（1）端铣刀一般直接安装在铣床的主轴端部，悬伸长度较小，刀具系统的刚性好，而圆柱铣刀安装在细长的刀轴上，刀具系统的刚性远不如端铣刀。

（2）端铣刀可以方便地镶装硬质合金刀片，而圆柱铣刀多采用高速钢制造。

（3）所以，端铣时可以采用高速铣削，大大地提高了生产率，同时还可以提高已加工表面的质量。

3）周铣的适应性好于端铣

周铣便于使用各种结构形式的铣刀铣削斜面、成型表面、台阶面、各种沟槽和切断等。

表 1-6　周铣和端铣的比较

比 较 内 容	周　铣	端　铣
有无修光刃/工件表面质量	无/差	有/好
刀杆刚度/切削振动	小/大	大/小
同时参加切削的刀齿/切削平稳性	少/差	多/好
是否镶嵌硬质合金刀片/刀具耐用度	难/低	易/高
生产率/加工范围	低/广	高/较小

知识五　日常保养和维护

一、立式铣床操作规程

（1）防护用品的穿戴。

① 上班前穿好工作服、工作鞋，女工戴好工作帽。

② 不准穿背心、拖鞋、凉鞋和裙子进入车间。

③ 严禁戴手套操作。

④ 高速铣削或刃磨刀具时应戴防护眼镜。

（2）操作前的检查。

① 对机床各滑动部分注润滑油。

② 检查机床各手柄是否放在规定的位置上。

③ 检查各进给方向自动停止挡铁是否紧固在最大行程以内。

④ 启动机床并检查主轴和进给系统工作是否正常，油路是否畅通。

⑤ 检查夹具、工件是否装夹牢固。

（3）装卸工件、更换铣刀、擦拭机床必须停机，并防止被铣刀切削刃割伤。

（4）不得在机床运转时变换主轴转速和进给量。

（5）在进给中不准抚摸工件表面，机动进给完毕，应先停止进给，再停止铣刀旋转。

（6）主轴未停稳不准测量工件。

（7）铣削时，铣削层深度不能过大，毛坯工件，应从最高部分逐步切削。

（8）要用专用工具清除切屑，不准用嘴吹或用手抓。

（9）工作时要集中思想，专心操作，不擅自离开机床，离开机床时要关闭电源。

（10）操作中如发生事故，应立即停机并切断电源，保持现场。

（11）工作台面和各导轨面上不能直接放工具或量具。

（12）工作结束，应擦拭机床并加润滑油。

（13）电器部分不准随意拆开和摆弄，发现电器故障应请电工修理。

（14）铣床在运转 500h 后，应进行一级保养。保养作业由操作工人为主、维修工人配合进行，一级保养的具体内容和要求见表 1-7。

表 1-7　铣床一级保养的内容和要求

序　号	保养部位	保养内容和要求
1	外保养	（1）机床外表清洁，各罩盖保持内外清洁，无锈蚀，无"黄袍" （2）清洗机床附件，并涂油防蚀 （3）清洗各部丝杆

续表

序　号	保养部位	保养内容和要求
2	传动	（1）修光导轨毛刺，调整镶条
		（2）调整丝杆螺母间隙，丝杆轴向不得窜动，调整离合器摩擦片间隙
		（3）适当调整 V 带
3	冷却	（1）清洗过滤网、切削液槽，应无沉淀物、无切屑
		（2）根据情况调换切削液
4	润滑	（1）油路畅通无阻，油毛毡清洁，无切屑，油窗明亮
		（2）检查手撤油泵，内外清洁无油污
		（3）检查油质，应保持良好
5	附件	（1）清洗附件，做到清洁、整齐、无锈迹
6	电器	（1）清扫电器箱、电动机
		（2）检查限位装置，应安全可靠

（15）立式铣床的润滑如图 1-32 所示。

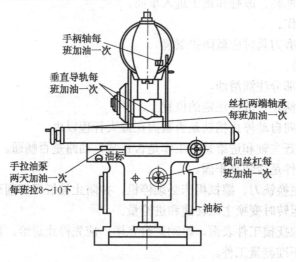

图 1-32　立式铣床的润滑

二、文明生产

（1）机床应做到每天一小擦，每周一大擦，按时进行一级保养。

（2）操作者对周围场地应保持整洁、地上无油污、积水、积油。

（3）操作时，工具与量具应分类整齐地安放在工具架上，不要随便乱放在工作台上或与切屑等混在一起。

（4）高速铣削或冲注切削液时，应加放挡板，以防切屑飞出及切削液外溢。

（5）工件加工完毕，应安放整齐，不乱丢乱放，以免碰伤工件表面。

（6）保持图样或工艺文件的清洁完整。

 技能训练

一、实训目的及要求

（1）培养学生严谨的工作作风和安全意识。

（2）培养学生的责任心和团队精神。

（3）会利用立式铣床铣削平面。

（4）会利用立式铣床钻孔、扩孔。

二、实训设备与器材（见表1-8）

表1-8 实训设备与器材

项 目	名 称	规 格	数 量
设备	万能摇臂铣床（带数显）	X6325	8～10 台
夹具	机用平口钳	6in	8～10 台
刀具	立铣刀	$\phi12$ mm	8～10 把
备料	硬铝型材	100mm×100mm×27mm	8～10 块
其他	毛刷、扳手、平行板等	配套	一批

三、实训内容与步骤

1．铣平面的操作方法

1）装刀

根据不同的设备选择相应的辅具，如铣夹头、中间套、铣刀杆、轴套等。安装后，在确认安装牢固后才能加工，对于加工精度要求较高的，还要校验刀具的跳动是否在允许范围内。

2）装夹工件

装夹时可根据不同形状的工件和加工要求选用不同的夹具，如平口钳、螺旋压板、角铁、V形铁等。

3）调速、调进给量

转速变转必须先停车后变速，并确定变速手柄处于正确啮合状态。

4）对刀

铣平面对刀主要是高度对刀，可通过试切对刀或对刀块和塞尺配合对刀。试切对刀时注意，垂直切入时应要慢慢切入，或在工件表面上贴上一张浸湿的纸，当铣刀刚能把纸撕破为好。一般情况下，对刀后应避免刀具垂直切入工件。

5）调整切削深度后，手动或机动进给。

操作时，应看清各刻度盘的示值范围及最小准确移动量。

6）检测工件尺寸和平面质量。

2．实训操作

矩形工件如图1-33所示。

1）分析图样

图样分析的内容主要有：加工精度（尺寸要求和形位要求）、表面粗糙度、材料的切削加工性能、零件形体等。

2）选择铣床

根据现有的设备种类选择，选择X6325型摇臂万能铣床加工。

3）选择夹具

通过图样分析后确定本例中的矩形工件可用机用平口钳装夹。

4）选择刀具及铣削方式

根据工件的形状与尺寸，可选用端铣刀在立式铣床上端铣。端铣刀的直径应大于工件宽度50mm。本例采用可转位端铣刀，选择 K 类硬质合金牌号为 YT15 的刀片在立铣上加工，d_0=63mm z=4，如图 1-34 所示。

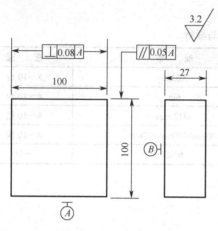

图 1-33　矩形工件

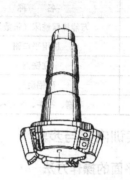

图 1-34　可转位端铣刀

5）选择切削用量

按工件材料（45#钢）、设备的功率和刚性、铣刀的规格选择、计算和调整铣削用量。

（1）粗铣时，取铣削速度 v_c=120mm/min，手动进给。

$$n = \frac{1000\,v_c}{\pi d_0} = \frac{1000 \times 120}{3.14 \times 63} \approx 606.61\text{r}/\min$$

实际调整铣床主轴转速为 $565\,\text{r}/\min$。

（2）精铣时，取铣削速度 v_c=140mm/min，每齿进给量 f_z=0.08mm/z。

$$n = \frac{1000\,v_c}{\pi d_0} = \frac{1000 \times 140}{3.14 \times 63} \approx 707.71\text{r}/\min$$

$$v_f = 0.08 \times 4 \times 755 = 241.6 \text{ mm}/\min$$

找出 X6235 型铣床提供的最接近可调值，调整铣床主轴转速为 $755\,\text{r}/\min$，进给量为 $v_f = 200\text{mm}/\min$。

（3）切削深度的调整应根据毛坯确定加工余量后，再按铣削质量选用。

6）切削加工

（1）安装平口钳并校正钳口与机床的相对位置，如图 1-35、图 1-36 所示。

（2）铣 A 面如图 1-37 所示。

工件以 B 面为粗基准并靠向固定钳口装夹，并在平口钳的导轨面上垫上平行垫铁。

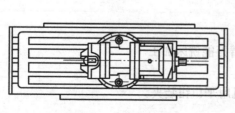

图 1-35　安装平口钳

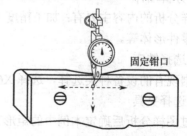

图 1-36　找正钳口位置

（3）铣 *B* 面如图 1-38 所示。

工件以 *A* 面为精基准并靠向固定钳口装夹，平口钳导轨面上垫高度合适的平行垫铁。活动钳口处放置一圆棒以夹紧工件。铣完 *B* 面后，应及时用 90° 角尺检验 *B* 面与 *A* 面的垂直度是否在允许的 0.05mm 范围内，否则要重新调整平口钳。

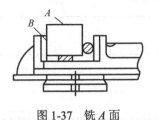

图 1-37　铣 *A* 面　　　　　　　　　　图 1-38　铣 *B* 面

（4）铣 *C* 面如图 1-39 所示。

工件仍以 *A* 面为基准并紧贴固定钳口装夹，在虎钳的导轨面上放置平行垫铁，活动钳口处放置圆棒后轻轻夹紧，然后用锤子轻敲 *C* 面使 *B* 面紧贴平行垫铁，最后将工件夹紧，即可铣削 *C* 面。铣削时，应注意长度尺寸为（35±0.06）mm，并留 0.5mm 左右的精铣余量。

（5）铣 *D* 面如图 1-40 所示。

工件以 *B* 面为基准并紧贴固定钳口装夹，在 *A* 面下放置平行垫铁并用铜棒轻敲工件，使工件与钳口贴合。铣削时，应注意留宽度尺寸为（45±0.06）的精铣余量。并注意检验与 *B* 面的垂直度和与 *A* 面的平行度。

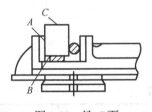　　　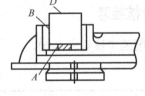

图 1-39　铣 *C* 面　　　　　　　　　　图 1-40　铣 *D* 面

（6）铣 *E* 面如图 1-41 所示。

工件以 *A* 面为基准并紧贴固定钳口装夹，工件轻轻夹紧后，用 90° 角尺找正 *B* 面或 *C* 面，以保证 *B* 面与平口钳导轨面的垂直度，最后夹紧工件，铣削 *E* 面。铣完 *E* 面后，应以 *E* 面为基准，用 90° 角尺检测 *E* 面与 *A*、*B* 面的垂直度。如果误差大，应重新装夹、校正，然后再进行铣削，直至垂直度达到要求。

（7）铣 *F* 面如图 1-42 所示。工件以 *A* 面为基准并紧贴固定钳口装夹，确保 *E* 面与平行垫铁贴合。粗铣时注意宽度尺寸为（50±0.12）mm，并留 0.5mm 左右的精铣余量。

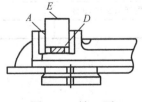　　　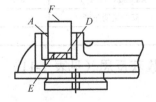

图 1-41　铣 *E* 面　　　　　　　　　　图 1-42　铣 *F* 面

（8）精铣各面，保证尺寸精度和形位公差在要求范围内。

7）铣削质量分析（见表 1-9）

表 1-9　铣平面质量分析

质量问题	产生原因
尺寸公差超差	（1）刻度盘格数摇错或间隙没有考虑 （2）对刀不准 （3）测量不准
平面度超差	（1）周铣时，铣刀圆柱度不好 （2）端铣时，铣床主轴与进给方向不垂直
垂直度超差	（1）平口钳与工作台面不垂直 （2）基准面与固定钳口贴合不好 （3）基准面本身精度差，在装夹时造成误差
平行度超差	（1）平口钳导轨面与工作台面不平行，平行垫铁的平行度差，基准面与平行垫铁未贴合好 （2）和固定钳口贴合的面与基准面不垂直 （3）立铣头主轴与工作台面不垂直
表面粗糙度不符合要求	（1）铣削用量选择不当 （2）铣刀不锋利 （3）铣刀装夹得不好，跳动量过大 （4）切削液使用不当或切削液不充分 （5）铣削时有明显的震动

实训考核与评价

一、考核检验

平面铣削的考核见表 1-10。

表 1-10　平面铣削的考核

名　称		压 板 块		毛　坯	100mm×100mm×27mm	
序号	考核要求	配分	检测结果	评分标准	量具	得分
1	$50_{-0.22}^{\ 0}$ mm	10		超差 0.02mm 扣 2 分，扣完为止	游标卡尺千分尺	
2	$35_{-0.16}^{\ 0}$ mm	10		超差 0.02mm 扣 2 分，扣完为止		
3	$45_{-0.28}^{\ 0}$ mm	10		超差 0.02mm 扣 2 分，扣完为止		
4	⊥ 0.08 A （2处）	2×8		超差 0.02mm 扣 2 分，扣完为止	标准平板 百分表 90°角尺 塞尺	
5	⊥ 0.08 A B （2处）	2×12		超差 0.02mm 扣 2 分，扣完为止		
6	Ra3.2μm（6处）	6×5		超差 0.02mm 扣 2 分，扣完为止	粗糙度样板	
7	安全文明生产			违规操作酌情扣 5 到 10 分		
8		合计总分				

二、收获反思（见表 1-11）

表 1-11　收获反思

类　型	内　容
掌握知识	
掌握技能	

续表

类　型	内　容
收获体会	
解决的问题	
学生签名	

三、评价成绩（见表1-12）

表1-12　评价成绩

学生自评	学生互评	综合评价	实训成绩	
			技能考核（80%）	
			纪律情况（20%）	
			实训总成绩	
			教师签名	

 **知识拓展**

拓展1　铣斜面

一、斜面的铣削方法

铣削斜面时，除了应使工件的斜面平行于铣床进给方向外，还必须使斜面和铣刀的切削位置吻合。周铣时，应使斜面和铣刀外圆柱面相切；而端铣时，应使斜面和铣刀端面相重合。常用加工方法有以下三种。

1. 把工件倾斜所需角度后铣斜面

（1）根据划线装夹工件铣斜面。

单件生产时，先在工件上划出斜面的加工线，然后用平口钳装夹工件。用划线盘找正工件上所划出的加工线与进给方向平行，用圆柱铣刀或端铣刀铣出斜面，如图1-43所示。

（2）调整平口钳角度装夹工件铣斜面。

使用平口钳装夹工件时，应先校正平口钳的固定钳口与铣床主轴轴心线垂直或平行后，通过钳座上的刻线将钳口调整到要求的角度，或通过万能游标角度尺调整钳口角度，装夹工件，铣出要求的斜面，如图1-44所示。

图1-43　按划线装夹工件铣斜面

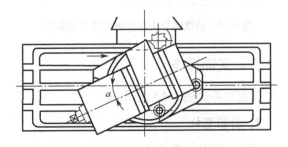

图1-44　调整平口钳角度铣斜面

（3）利用万能角度规做垫铁与平口钳装夹工件，使工件转一定角度铣削，如图1-45所示。

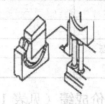

图 1-45　万能角度垫铁规

2. 把铣刀倾斜所需角度后铣斜面

（1）工件的基准面安装得与工作台台面平行。

用立铣刀的周刃铣削工件斜面时，立铣头应扳转的角度 $\alpha = 90° - \theta$，如图 1-46 所示。用端铣刀或立铣刀端刃铣削工件斜面时，立铣头应扳转的角度 $\alpha = \theta$，如图 1-47 所示。

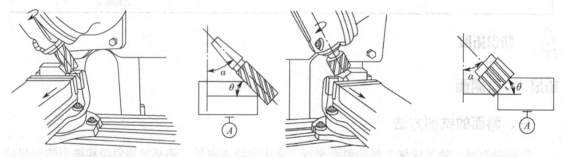

图 1-46　基准面与工作台平行时周铣斜面　　　　图 1-47　基准面与工作台平行时端铣斜面

（2）工件的基准面安装得与工作台台面垂直。

用立铣刀周刃铣削时，立铣头应扳转的角度为 $\alpha = \theta$，如图 1-48 所示。用端铣刀铣削或用立铣刀的端刃铣削时，立铣头应扳转的角度为 $\alpha = 90° - \theta$，如图 1-49 所示。

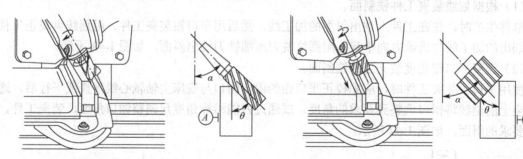

图 1-48　基准面与工作台平行时周铣斜面　　　　图 1-49　基准面与工作台平行时端铣斜面

二、实训操作

斜面工件如图 1-50 所示。

1. 分析图样

图样分析的主要内容如下。

（1）毛坯分析：本实训所使用的毛坯为铣平面实训中完成的工件，毛坯的各项尺寸及精度等符合本加工要求。

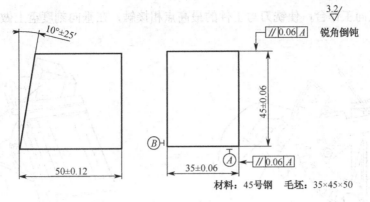

图 1-50 斜面工件

（2）本实训加工内容仅为单一的斜面，斜面角度为 $10° ± 25'$，表面粗糙度为 $Ra3.2\mu m$。

（3）材料为 45#钢，其切削加工性能好。

2．选择铣床

选择 XA5032 型立式升降台铣床加工。该型号铣床功能齐全，工作台承载能力强，主轴电动机功率大，各轴进给可调值范围广。主轴转速为 30～1500r/min，工作台进给量为 18 级，纵向及横向可调范围为 23.5～1180mm/min。

3．选择夹具

通过图样分析后确定本例中的工件可用机用平口钳装夹。

4．选择刀具及铣削方式

选用端铣刀在立式铣床上用端铣进行铣削。选用可转位端铣刀，选择 K 类硬质合金牌号为 YT15 的刀片。$d_0 = 63mm$，$z = 4$。

5．选择切削用量

按工件材料 45#钢、设备的功率和刚性、铣刀的规格选择、计算和调整铣削用量。

（1）粗铣时，取铣削速度 v_c=120mm/min，选 $n = 600r/min$，手动进给。

（2）精铣时，取铣削速度 v_c=140mm/min，计算后选 $n = 750r/min$。

每齿进给量 f_z=0.08mm/z，$v_f = 0.08 × 4 × 750 = 240 mm/min$，选 $v_f = 235mm/min$。

（3）切削深度的调整应根据毛坯的尺寸确定加工余量后，再按切削质量选用。

6．操作步骤

1）工件划线

调整万能角度尺的角度，把工件的基准面贴在基尺的测量面上，并使直尺测量面与工件的边缘相交，用划针沿直尺测量面划出线条，如图 1-51 所示，然后在线条上打样冲眼。

2）装夹及找正工件

工件装夹在钳口中间，目测使工件上所划的线与钳口上平面平行，并应使划线距钳口保证一定的高度，轻轻夹紧工件。将划线盘放在工作台面上，调整针尖与工件线条对准，如图 1-52 所示。移动划线盘，使工件两端的线条与针尖一致，再夹紧工件。

3）对刀

摇动横向工作台，使铣刀处于铣削位置中间，紧固横向工作台。按粗铣值调速后开动机床，移动纵向、垂直向工作台，使铣刀与工件的最高点相接触，在垂向刻度盘上做记号，下降工作台，退出工件。

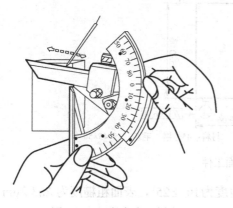

图 1-51　万能角度尺划线

图 1-52　用划线盘找正工件

4）粗铣斜面

根据刻度盘上的记号，垂向升高并分多次铣削。计算出斜面的铣削余量约为 $45 \times \sin 10° = 7.81\text{mm}$ 每次铣削约为 2mm，并留精铣余量约为 0.5mm。纵向手动进给，铣出斜面。铣削过程中，应及时预检验夹角，并及时校正。

5）精铣平面

在预检斜面合格后，按工件实际的加工余量进行精铣。调整好铣床主轴转速、进给量后采用自动进给精铣。

拓展 2　铣台阶

一、台阶的铣削方法

零件上的台阶通常可在立式铣床上采用立铣刀进行加工，如图 1-53 所示。

铣削较深台阶或多级台阶时，可用立铣刀铣削。立铣刀周刃起主要切削作用，端刃起修光作用。由于立铣刀的外径小于三面刃铣刀，所以铣削刚度和强度较差，因而铣削用量不能过大，否则铣刀容易产生"让刀"甚至折断。

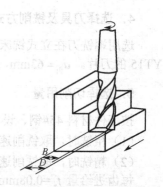

图 1-53　立铣刀铣台阶

当台阶尺寸较大、余量大时，可先分层粗铣去余量，后精铣至尺寸。粗铣时，台阶底面和侧面留 0.5～1mm 精铣余量，精铣时应先精铣底面至尺寸要求，后精铣侧面至尺寸要求，这样可以减小铣削力，从而减小变形和震动，提高尺寸精度。

二、实训操作

台阶零件如图 1-54 所示。

1．图样分析

（1）工件坯件为 $34\text{mm} \times 32\text{mm} \times 80\text{mm}$ 的矩形工件，且相应尺寸在 $34_{-0.13}^{0}\text{mm}$、$32_{0}^{+0.21}\text{mm}$ 范围内。

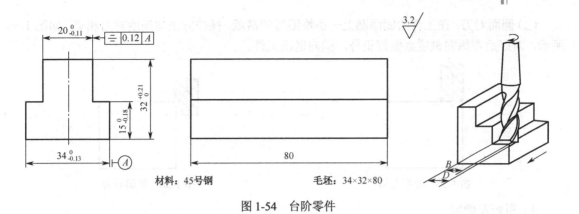

图1-54　台阶零件

（2）台阶尺寸为$20_{-0.11}^{0}$mm，且相对基准A有对称度要求，公差为0.12mm，台阶底面高度尺寸为$15_{-0.18}^{0}$mm，表面粗糙度要求为Ra6.4μm。

2．选择铣床及夹具

现选用XA5032立式铣床上的平口钳装夹工件，进行加工。

3．选择刀具及铣削方式

工件材料为45#钢，可选用高速钢铣刀进行铣削，加工中采用逆铣。根据台阶两边的加工余量约为7mm，选择直径为10mm的4齿直柄立铣刀，并选好相应的铣夹头。

4．选择切削用量

（1）粗铣时，v_c=20m/min，

$$n = \frac{1000\,v_c}{\pi d_0} = \frac{1000 \times 20}{3.14 \times 10} \approx 636.94\,\text{r/min}$$

实际调整主轴转速n=600r/min，每齿进给量f_z=0.05mm/z，v_f=0.05×4×600=120mm/min。

（2）精铣量，v_c=30m/min，计算得$n=955.41\,\text{r/min}$

实际调整主轴转速n=950r/min，每齿进给量f_z=0.03mm/z，v_f=0.03×4×950=114mm/min，选v_f=118mm/min。

（3）粗加工时，切削深度约为2mm，精加工时，切削深度约为0.5mm。切削过程中要加切削液。

5．铣削加工

1）安装刀具

直柄立铣刀在铣夹头中伸出不要过长，夹紧后装好于主轴锥孔中并锁紧。

2）装夹工件

工件装夹于平口钳中间，通过平行垫铁使工件上表面高出钳口约20mm。因夹持高度较小，夹紧力应较大。装夹工件前应校对平口钳，使钳口导轨面与主轴垂直，且钳口方向与进给方向垂直或平行。

3）试切对刀

（1）深度对刀：在工件表面贴一小块湿透的薄纸，摇动工作台各手柄，使工件铣削部位处于铣刀下方。开动机床，缓缓升高垂向工作台，使铣刀端面齿刃刚好擦到薄纸，如图1-55所示，并在垂向刻度盘做记号。纵向退出工件后垂向工作台升高5mm，准备进行侧面对刀。

（2）侧面对刀：在工件的侧面贴上一小块湿透的薄纸，操作方法与深度对刀相类，如图 1-56 所示，对好后在纵向刻度盘做好记号，横向退出工件。

图 1-55　深度对刀　　　　　　　　　　　　图 1-56　侧面对刀

4）粗铣左侧面

根据刻度盘所做的记号，纵向工作台移动 6.7mm，紧固纵向工作台并重新做好记号，上升垂向工作台，分层横向机动进给，粗铣出台阶左侧面，如图 1-57 所示。

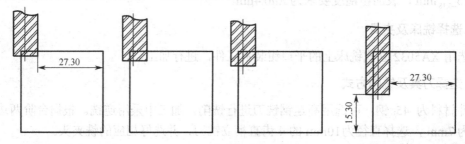

图 1-57　分层粗铣台阶右侧

5）精铣台阶左侧面

粗铣后测量工件实际精加工余量，松开纵向工作台紧固螺钉，按所测得的余量，调整好纵向和垂向的移动距离。此时还应再次记好纵向、垂向刻度盘的位置，以方便右侧面的铣削。再次紧固纵向工作台，调整主轴转速和自动走刀量，机动横向进给精铣台阶左侧面。

6）粗铣台阶右侧

按台阶左侧精铣纵向及垂向所做的记号，重新调整工作台位置。松开纵向紧锁螺母，计算理论移动量 $L = d + b = 10 + 20 = 30\text{mm}$ ，现为保留 0.3mm 精铣余量，故移动 30.30mm。调整好转速和进给量，横向机动粗铣台阶右侧面（见图 1-58）。

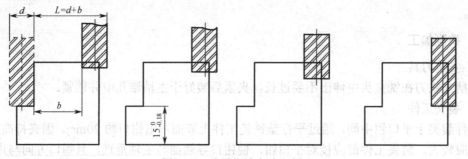

图 1-58　分层粗铣台阶右侧

7）精铣台阶右侧

粗铣后测量台阶右侧的实际加工余量，按原先记好的刻度盘读数调整切深，保证精铣后台阶宽度在 $20_{-0.11}^{\ 0}$ mm 的范围内，与工件底面的高度在 $15_{-0.18}^{\ 0}$ mm 的范围内。调整转速和进给量，机动进给精铣台阶右侧。

6. 铣削台阶质量分析（见表1-13）

表1-13 铣削台阶质量分析

质 量 问 题	产 生 原 因
台阶宽度超差 平行度超差 对称度超差	（1）对刀不准 （2）预检时测量不准 （3）工作台调整数值计算有误 （4）产生让刀 （5）工件侧面与工作台进给方向不平行
台阶侧面 粗糙度超差	（1）铣刀磨损严重 （2）铣削用量选择不当 （3）切削液使用不当或切削液使用不充分

拓展3 铣直角沟槽

一、直角沟槽的铣削方法

直角沟槽有敞开式、半封闭式和封闭式三种，如图1-59所示。敞开式直角沟槽通常用三面刃铣刀加工；封闭式直角沟槽一般采用立铣刀或键槽铣刀加工；半封闭式直角沟槽则须根据封闭端的形式，采用不同的铣刀进行加工。

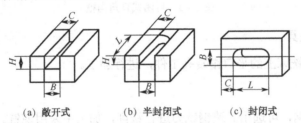

| (a) 敞开式 | (b) 半封闭式 | (c) 封闭式 |

图1-59 直角沟槽的种类

1. 用三面刃铣刀铣直角沟槽

三面刃铣刀特别适宜加工较窄和较深的敞开式或半封闭式的直角沟槽。对于槽宽尺寸精度要求较高的沟槽，通常选择小于槽宽的铣刀，采用扩大法，分两次或两次以上的铣削达到要求。

2. 用立铣刀铣直角沟槽

立铣刀适宜加工两端封闭、底部穿通、槽宽精度要求较低的直角沟槽，如各种压板上的穿通槽。由于立铣刀的端面刀刃不通过中心，因此加工封闭式直角沟槽时要预钻落刀孔。立铣刀的强度及铣削刚性较差，容易折断或"让刀"，使槽壁在深度方向出现斜度。加工较深的槽时应分层铣削，进给量要比三面刃铣刀小。对于尺寸较小、槽宽要求较高、深度较浅的封闭式或半封闭式直角沟槽，可采用键槽铣刀加工。分层铣削时，应在槽的一端吃刀，以减小接刀迹。

二、实训操作

封闭式直角沟槽如图1-60所示。

1. 图样分析

本例加工内容为压板块中的封闭式直角沟槽，工件的毛坯为前面已完成平面、斜面加工的压板。沟槽宽度为14±0.12mm，沟槽距工件左边的距离为$45_{-0.22}^{0}$mm，沟槽长度为34±0.15mm，沟槽无对称度要求，表面粗糙度要求为$Ra6.4\mu m$。

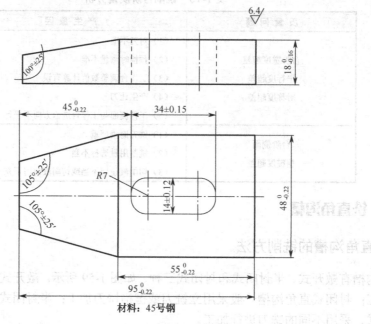

材料：45号钢

图1-60　封闭式直角沟槽

2. 选择铣床及夹具

选用X5032立式铣床上的平口钳装夹工件，进行加工。

3. 选择刀具

工件材料为45#钢，可选用高速钢铣刀进行铣削，加工中采用逆铣。根据沟槽的尺寸，粗铣时选择直径为12mm的4齿锥柄立铣刀；精铣时选择直径为14mm的4齿锥柄立铣刀。粗加工前落刀孔使用直径为12mm的锥柄钻头，并准备好相应的变径套。

4. 选择切削用量

（1）粗铣时，取$v_c = 20m/min$，计算得

$$n = 530.78\,r/min$$

实际调整主轴转速$n = 475r/min$。

取$f_z = 0.05mm/z$，计算得

$$v_f = 0.054 \times 4 \times 475 = 95\,mm/min$$

选$v_f = 95mm/min$。

（2）精铣时，$v_c = 30\,m/min$，计算得

$$n = 682.43\,r/min$$

实际调整主轴转速$n = 750\,r/min$。

取$f_z = 0.03mm/z$，则

$$v_f = 0.03 \times 4 \times 750 = 90mm/min$$

选$v_f = 95mm/min$。

（3）粗加工时，切削深度约为2mm，精加工时，切削深度约为0.5mm。切削过程中须加

切削液。

5．铣削加工

1）工件划线

用高度游标卡尺划出 14mm 的对称槽宽线，并划出槽的起点线 45mm 及 34mm 槽长线。用划规分别划出两边 R7 的圆弧线，并打上样冲眼。

2）装夹工件

工件装夹在平口钳中间位置处，工件下面垫上高度适当的垫铁，使工件平钳口或高出一点。注意两平行垫铁分两边放，致使加工时不会碰到垫铁。装夹工件前还要注意校正平口钳钳口方向与加工进给方向平行。

3）加工落刀孔

安装钻头，调好主轴转速钻出落刀孔，钻孔加工时注意加切削液。

4）对刀

装夹好铣刀，调整铣削用量，开动铣床进行对刀。对刀可分两种，一种是按划线切痕对刀，主轴旋转后移动工作台，目测使铣刀外径处于划线的中间，垂向工作台微量上升使铣刀在工件表面切出圆痕，观测圆切痕周边线与线条两边距离是否相等，如图 1-61 所示。另一种是擦边对刀，移动工作台，使铣刀的周边齿刃刚好与工件侧面接触，计算横向工作台移动距离 $L = d / 2 + B / 2$，如果对称度要求高，可用百分表对刀。

5）粗铣直角沟槽（见图 1-62）

对刀后，锁紧横向工作台的紧锁螺母，移动纵向工作台手柄，将铣刀对准落刀孔，并在纵向刻度盘做好记号。开动机床，垂向升高约 20mm，纵向手动进给按划线铣削，两边各离冲眼 1mm 处停止进给，并在纵向刻度盘上做好记号，粗铣出槽长，下降垂向工作台，退出工件。

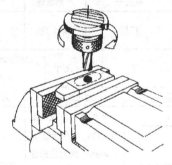　　　　　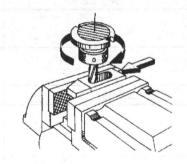

图 1-61　切痕对刀　　　　　　　　图 1-62　铣封闭式直角沟槽

6）测量

用游标卡尺预测槽的顶端尺寸、槽长及槽的对称度，如图 1-63 所示。

7）精铣直角沟槽

根据粗铣后测量的结果，重新微调横向工作台后，再移动纵向工作台至顶端记号处后，紧锁横向和纵向工作台。安装铣刀，并确认铣刀直径在沟槽的尺寸公差范围内，安装后校正径向圆跳动。调整铣削用量，开动机床，垂向手动进给铣出槽的顶端。松开纵向工作台锁紧螺母，纵向机动进给至粗铣记号前改为手动进给，铣出沟槽长度尺寸。

6．精铣注意事项

（1）选用的立铣刀铣削时，外径尺寸要符合要求。

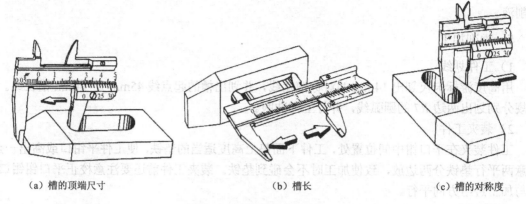

（a）槽的顶端尺寸   （b）槽长   （c）槽的对称度

图 1-63   测量直角沟槽的尺寸

（2）立铣刀的径向圆跳动不能太大。

（3）立铣刀铣沟槽时，要考虑让刀。

（4）铣削时避免使用顺铣，以防折断铣刀。

（5）非机动进给方向工作台应予以紧锁。

任务 2   托板的加工

托板的铣削加工，零件图样如图 1-1 所示，托板加工工艺过程见表 1-14。

表 1-14   托板加工工艺过程

加工工艺卡片			产品名称	衣夹子	产品数量	1
图 号		MJ-01-04	零件名称	托板	第 1 页	共 1 页
材料种类		模具钢	材料牌号	45	毛坯尺寸	160mm×85mm×30mm
加工简图	工序	工种	工步	加工内容	刀具	量具
  80 149　　25	1	铣工	↙面1	开车对刀，纵向退出工件，上升调整 a_p＝2mm，纵向进给逆粗铣加工面1。将工件放松，重新夹紧工件 a_p＝0.3mm，机动进给面1，并检验	φ20mm飞刀	卡尺
			↙面2	将铣好的面1与固定钳口贴合，垫好平行垫铁，利用圆棒夹紧。纵向进给铣面2，步骤与面1相同，铣好面2应立即卸下工件进行检验	φ20mm飞刀	卡尺

加工工艺卡片			产品名称	衣夹子	产品数量	1
图　号		MJ-01-04	零件名称	托板	第 页	共 页
材料种类		锻打钢	材料牌号	45	毛坯尺寸	160mm×85×30mm
加工简图	工序	工种	工步	加工内容	刀具	量具
80　149　25	1	铣工	↙面3	用基准面 1 与固定钳口贴合，面2朝下装夹，先试铣，测量面3的加工余量，调整 a_p ＝加工余量－0.5mm，纵向进给粗铣，再准确测量对边尺寸，调整 a_p 后再精铣，保证对边尺寸公差	ϕ20mm 飞刀	卡尺
			↙面4	夹紧工件面2、面3，用铣面 3 的方法铣好平面 4，保证尺寸公差，注意应将工件落实在平行垫铁上（可用 0.2mm 塞尺检查）	ϕ20mm 飞刀	卡尺
			↙面5	擦净平口虎钳钳面夹面2、面 3 两面，找正后夹紧。若工件露出钳口较高，可适当减小 a_p，降低铣削进给量，防止铣削震动	ϕ20mm 飞刀	卡尺
			↙面6	找正面 6 后夹紧。若工件露出钳口较高，可适当减小 a_p，降低铣削进给量，防止铣削震动	ϕ20mm 飞刀	卡尺
	2	铣工	（7）钻孔	钻 5 个 ϕ4.8mm 的通孔	ϕ4.8mm 麻花钻	卡尺
			（8）铰孔	铰 5 个 ϕ5mm 的通孔	ϕ5mm 铰孔钻	

加工工艺卡片			产品名称			产品数量	1
图　　号		MJ-01-04	零件名称	托板		第　页	共　页
材料种类		锻打钢	材料牌号	45	毛坯尺寸		160mm×85×30mm
加工简图	工序	工种	工步		加工内容	刀具	量具
	3	铣工	（9）钻孔		钻 4 个 ϕ3.8mm 的通孔	ϕ3.8mm 麻花钻	卡尺
			（10）铰孔		铰 4 个 ϕ4mm 的通孔	ϕ4mm 铰孔钻	
	4	铣工	（11）钻孔		钻 4 个 ϕ7.8mm 的通孔	ϕ7.8mm 麻花钻	卡尺
			（12）铰孔		铰 4 个 ϕ8mm 的通孔	ϕ8mm 铰孔钻	
	5	铣工	（13）钻孔		钻 2 个 ϕ5.8mm 的通孔	ϕ5.8mm 麻花钻	卡尺
			（14）铰孔		铰 2 个 ϕ6mm 的通孔	ϕ6mm 铰孔钻	
	6	铣工	（15）钻孔		钻 4 个 ϕ5.8mm 的盲孔	ϕ5.8mm 麻花钻	卡尺
			（16）铰孔		铰 4 个 ϕ6mm 的盲孔	ϕ6mm 铰孔钻	
	7	铣工	（17）钻孔		钻 4 个 ϕ6.8mm 的盲孔	ϕ6.8mm 麻花钻	卡尺
			（18）攻丝		攻 4 个 M8 的盲螺纹	M8 的丝锥	

续表

加工工艺卡片			产品名称		产品数量	1
图 号		MJ-01-04	零件名称	托板	第 页	共 页
材料种类		锻打钢	材料牌号	45	毛坯尺寸	160mm×85×30mm
加工简图	工序	工种	工步	加工内容	刀具	量具
	8	铣工	（19）钻孔	钻4个 ϕ9mm 的通孔	ϕ9mm 麻花钻	卡尺
			（20）镗孔	镗孔 ϕ15mm×9mm	ϕ15mm 的镗孔钻	

课后练习

一、选择题

1. 在铣床上镗孔时，铣床主轴轴线与所镗出的孔的轴线必须（　　）。

　　A．重合　　　　　　　　　　B．同心

　　C．一致　　　　　　　　　　D．垂直

2. 在铣削铸铁等脆性金属时，一般（　　）。

　　A．加以冷却为主的切削液

　　B．加以润滑为主的切削液

　　C．不加切削液

3. 周铣时用（　　）方式进行铣削，铣刀的耐用度较高，获得加工面的表面粗糙度值也较小。

　　A．顺铣　　　　　　　　　　B．逆铣

　　C．对称铣

4. 在夹具中，（　　）装置用于确定工件在夹具中的位置。

　　A．定位　　　　　　　　　　B．夹紧

　　C．辅助

二、判断题

1. 立式升降台铣床的立铣头有两种不同的结构：一种是立铣头与机床床身成一整体，另一种是立铣头与床身由两部分结合而成。　　　　　　　　　　　　　　　　（　　）

2. 在装夹工件时，为了不使工件产生位移，夹（或压）紧力应尽量大，越大就越好、越牢。　　　　　　　　　　　　　　　　　　　　　　　　　　　　　　（　　）

3. 端铣时，由于对称铣比较均匀，故应尽量采用对称铣。　　　　　　（　　）

三、简答题

1. 机床型号能反映哪些内容？

2. 请写出机床型号为 X5032 的各代号意义。

3. X52K 型铣床主轴套筒上的支架在实际工作中有何作用？

4. 什么叫主运动和进给运动？

5. 铣削用量包含哪些内容？

6. 什么叫周边铣削？什么叫端面铣削？端面铣削有哪些优点？

7. 在 X62W 型铣床上，用直径为 80mm 的圆柱形铣刀，以 2m/min 的铣削速度进行铣削。问主轴转速应调整到多少？

8. 制造铣刀切削部分的材料，应具备哪些性能？为什么？

9. 制造铣刀切削部分的材料，目前用得最多的是哪两类？各有什么特点？

10. 倾斜工件铣斜面有哪些方法？各适用于什么场合？

普通车削——I 型顶杆（MJ-01-11）的加工实训

车床是最常见的金属切削机床。车床占机床总数的一半左右，在机械加工行业中占有重要的地位和作用。车床的种类很多，有卧式车床、仪表车床、立式车床、转塔车床等。卧式车床应用最为广泛。

 知识目标

（1）了解车床的结构及主要部件的名称和作用。
（2）掌握主轴转速和进给速度的调整。
（3）掌握车床床鞍（大拖板）、横向滑板（中拖板）、刀架溜板（小拖板）的进/退刀操作方法。
（4）掌握一般回转体零件的车削加工方法。
（5）掌握型芯加工工艺流程。

 技能目标

（1）掌握卧式车床的开、关机等操作。
（2）掌握卧式车床的夹具和工件安装操作。
（3）掌握卧式车床的对刀、手动和自动的操作。
（4）掌握卧式车床配套设备操作与机床的保养。
（5）掌握利用卧式车床加工 I 型顶杆的操作。

 素质目标

（1）培养学生谦虚、细心的工作态度。
（2）培养学生勤于思考、做事认真的良好作风。
（3）培养学生的责任感和事业心。
（4）培养学生良好的职业道德。

 考工要求

完成本岗位学习内容，达到国家普通车工中级水平。

加工如图 2-1 所示的 I 型顶杆，全部利用卧式车床加工。

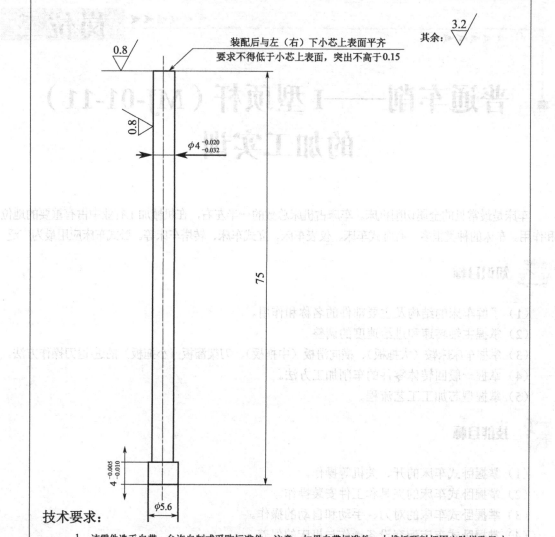

技术要求：

1. 该零件选手自带。允许自制或采购标准件。注意：如果自带标准件，上推板顶料杆固定阶梯孔尺寸要按标准件大小制作，但不得影响模具使用。另自带标准件长度应稍大于图纸长度，以便装配后由钳工修起上表面。

2. 顶部尖棱不可倒钝，固定阶梯台尖棱可倒钝0.2×45°。

3. 数量：2根。

姓名		I 型顶杆		比例	2：1
机床				材料	T10A或其他刚性较好材料
裁判		2013年全国职业院校技能大赛		图号	MJ-01-11
接收		中职组现代制造技术 模具赛项		第 张共 张	

图 2-1 I 型顶杆

任务1 卧式车床操作

任务布置

（1）熟练掌握车床的结构及基本操作。

（2）熟悉车床的加工方法及范围，了解车工基本工艺。

相关理论

知识一　基本概念及其加工范围

车工是在车床上利用工件的旋转运动和刀具的移动来改变毛坯形状和尺寸，将其加工成所需零件的一种切削加工方法。其中，工件的旋转为主运动，刀具的移动为进给运动，如图2-2所示。

车床主要用于加工回转体表面，加工的尺寸公差等级为IT11～IT6，表面粗糙度 Ra 为12.5～0.8μm。车床种类很多，其中卧式车床应用最为广泛。卧式车床所能加工的典型表面如图2-3所示。

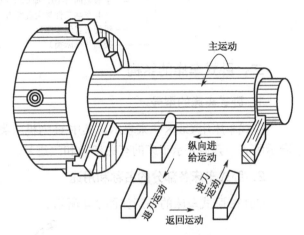

图2-2　车刀的进给运动

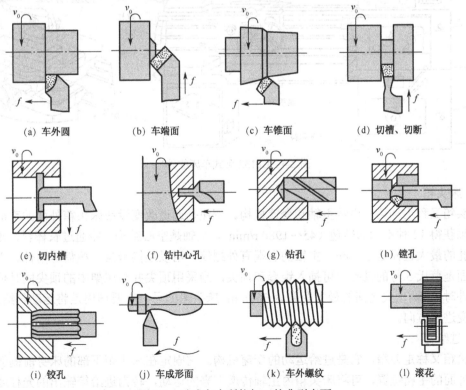

(a) 车外圆　　　　(b) 车端面　　　　(c) 车锥面　　　　(d) 切槽、切断

(e) 切内槽　　　　(f) 钻中心孔　　　　(g) 钻孔　　　　(h) 镗孔

(i) 铰孔　　　　(j) 车成形面　　　　(k) 车外螺纹　　　　(l) 滚花

图2-3　卧式车床所能加工的典型表面

知识二　车床型号及结构组成

一、机床的型号

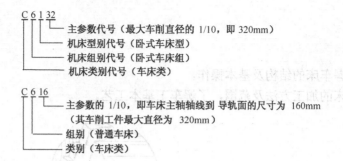

C 6 1 32
　　└── 主参数代号（最大车削直径的 1/10，即 320mm）
　　└── 机床型别代号（卧式车床型）
　　└── 机床组别代号（卧式车床组）
　　└── 机床类别代号（车床类）

C 6 16
　　└── 主参数的 1/10，即车床主轴轴线到 导轨面的尺寸为 160mm
　　　　（其车削工件最大直径为 320mm）
　　└── 组别（普通车床）
　　└── 类别（车床类）

二、卧式车床的结构

1．卧式车床的型号

卧式车床用 C61×××来表示，其中 C 为机床类别代号，表示车床类机床；61 为组别代号，表示卧式；其他表示车床的有关参数和改进号。

2．卧式车床各部分的名称和用途

C6132 卧式车床的外形如图 2-4 所示。

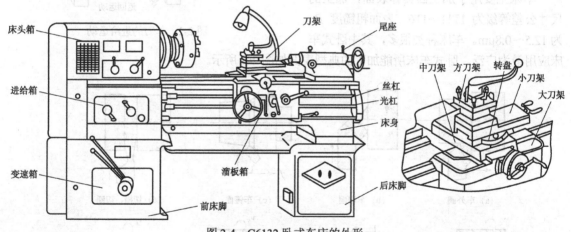

图 2-4　C6132 卧式车床的外形

1）床头箱

床头箱又称主轴箱，内装主轴和变速机构。变速是通过改变设在床头箱外面的手柄位置，而使主轴获得 12 种不同的转速（45～1980 r/min）。主轴是空心结构，能通过长棒料，棒料能通过主轴孔的最大直径是 29mm。主轴的右端有外螺纹，用以连接卡盘、拨盘等附件。主轴右端的内表面是莫氏 5 号的锥孔，可插入锥套和顶尖，当采用顶尖并与尾架中的顶尖同时使用安装轴类工件时，其两顶尖之间的最大距离为 750mm。床头箱的另一重要作用是将运动传给进给箱，并可改变进给方向。

2）进给箱

进给箱又称走刀箱，它是进给运动的变速机构。它固定在床头箱下部的床身前侧面。变换进给箱外面的手柄位置，可将床头箱内主轴传递下来的运动，转为进给箱输出的光杠或丝杠的

不同转速，以改变进给量的大小或车削不同螺距的螺纹。其纵向进给量为 0.06～0.83mm/r；横向进给量为 0.04～0.78mm/r；可车削 17 种公制螺纹（螺距为 0.5～9mm）和 32 种英制螺纹（每英寸 2～38 牙）。

3）变速箱

变速箱安装在车床前床脚的内腔中，并由电动机通过联轴器直接驱动变速箱中的齿轮传动轴。变速箱外设有两个长的手柄，分别用于移动传动轴上的双联滑移齿轮和三联滑移齿轮，可获得 6 种转速，通过皮带传动至床头箱。

4）溜板箱

溜板箱又称拖板箱，溜板箱是进给运动的操纵机构。它使光杠或丝杠的旋转运动，通过齿轮和齿条或丝杠和开合螺母，推动车刀做进给运动。溜板箱上有三层滑板，当接通光杠时，可使床鞍带动中滑板、小滑板及刀架沿床身导轨做纵向移动；中滑板可带动小滑板及刀架沿床鞍上的导轨做横向移动。故刀架可做纵向或横向直线进给运动。当接通丝杠并闭合开合螺母时可车削螺纹。溜板箱内设有互锁机构，使光杠、丝杠两者不能同时使用。

5）刀架

刀架是用来装夹车刀的，并可做纵向、横向及斜向运动。刀架是多层结构，如图 2-5 所示。

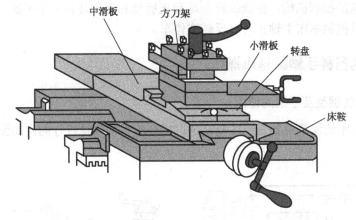

图 2-5　刀架的结构

（1）床鞍。它与溜板箱牢固相连，可沿床身导轨做纵向移动。

（2）中滑板。它装置在床鞍顶面的横向导轨上，可做横向移动。

（3）转盘。它固定在中滑板上，松开紧固螺母后，可转动转盘，使它和床身导轨成一个所需要的角度，而后再拧紧螺母，以加工圆锥面等。

（4）小滑板。它装在转盘上面的燕尾槽内，可做短距离的进给移动。

（5）方刀架。它固定在小滑板上，可同时装夹四把车刀。松开锁紧手柄，即可转动方刀架，把所需要的车刀更换到工作位置上。

6）尾座

它用于安装后顶尖，以支持较长工件进行加工，或安装钻头、铰刀等刀具进行孔加工。偏移尾座可以车出长工件的锥体。尾座的结构如图 2-6 所示。

（1）套筒。其左端有锥孔，用以安装顶尖或锥柄刀具。套筒在尾座体内的轴向位置，可用手轮调节，并可用锁紧手柄固定。将套筒退至极右位置时，即可卸出顶尖或刀具。

（2）尾座体。它与底座相连，当松开固定螺钉时，拧动螺杆可使尾座体在底板上做微量横向移动，以便使前后顶尖对准中心或偏移一定距离车削长锥面。

（3）底座。它直接安装于床身导轨上，用以支撑尾座体。

7）光杠与丝杠

通过光杠和丝杠可将进给箱的运动传至溜板箱。光杠用于一般车削，丝杠用于车螺纹。

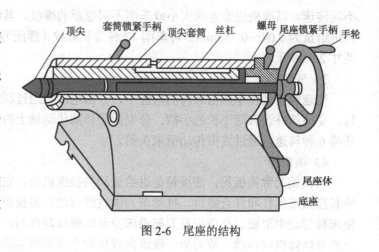

图 2-6　尾座的结构

8）床身

床身是车床的基础件，用来连接各主要部件并保证各部件在运动时有正确的相对位置。在床身上有供溜板箱和尾座移动用的导轨。

9）操纵杆

操纵杆是车床的控制机构，在操纵杆左端和拖板箱右侧各装有一个手柄，操作工人可以很方便地操纵手柄以控制车床主轴正转、反转或停车。

知识三　车床的各种手柄和基本操作

1．卧式车床的调整及手柄的使用

C6132 卧式车床的调整主要是通过变换各自相应的手柄位置进行的，如图 2-7 所示。

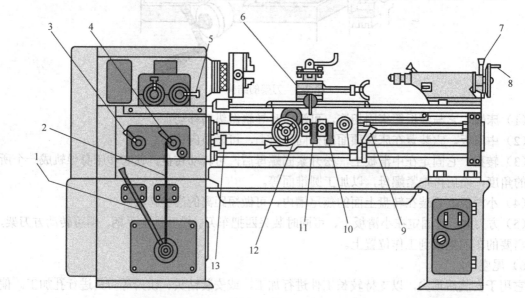

1,2,5—主运动变速手柄；3,4—进给运动变速手柄；6—横向手动手柄；7—尾座锁紧手柄；

8—尾座移动套筒手轮；9—主轴正、反转及停止手柄；10—横向自动手柄；11—纵向自动手柄；

12—纵向手动手轮；13—离合器

图 2-7　C6132 卧式车床的调整手柄

2．卧式车床的基本操作

1）停车练习（主轴正、反转及停止手柄9在停止位置）

（1）正确变换主轴转速。变动变速箱和主轴箱外面的主运动变速手柄1、2或5，可得到各种相对应的主轴转速。当手柄拨动不顺利时，用手稍微转动卡盘即可。

（2）正确变换进给量。按所选的进给量查看进给箱上的标牌，再按标牌上进给变换手柄位置来变换进给运动变速手柄3和4的位置，即得到所选定的进给量。

（3）熟练掌握纵向和横向手动进给手柄的转动方向。左手握刀架纵向手动手轮12，右手握刀架横向手动手柄6。分别顺时针和逆时针旋转手轮，操纵刀架和溜板箱的移动方向。

（4）熟练掌握纵向或横向机动进给的操作。通过光杠、丝杠更换使用的离合器13使光杠位于接通位置上，将刀架纵向自动手柄11提起即可纵向进给，如将刀架横向自动手柄10向上提起即可横向机动进给。分别向下扳动则可停止纵、横机动进给。

（5）尾座的操作。尾座靠手动移动，其固定靠紧固螺栓螺母。转动尾座移动套筒手轮 8，可使套筒在尾架内移动；转动尾座锁紧手柄7，可将套筒固定在尾座内。

2）低速开车练习

练习前应先检查各手柄是否处于正确的位置，无误后进行开车练习。

（1）主轴启动—电动机启动—操纵主轴转动—停止主轴转动—关闭电动机。

（2）机动进给—电动机启动—操纵主轴转动—手动纵、横向进给—机动纵、横向进给—手动退回—机动横向进给—手动退回—停止主轴转动—关闭电动机。

特别注意以下几点。

（1）机床未完全停止，严禁变换主轴转速，否则会发生严重的主轴箱内齿轮打齿现象甚至发生机床事故。开车前要检查各手柄是否处于正确位置。

（2）纵向和横向手柄进退方向不能摇错，尤其是快速进、退刀时要千万注意，否则会发生工件报废和安全事故。

（3）横向进给手动手柄每转一格时，刀具横向吃刀为 0.02mm，其圆柱体直径方向切削量为 0.04mm。

知识四　车削加工基本操作

一、车刀

1．刀具材料

1）刀具材料应具备的性能

（1）高硬度和好的耐磨性。刀具材料的硬度必须高于被加工材料的硬度才能切下金属。一般刀具材料的硬度应在 60HRC 以上。刀具材料越硬，其耐磨性就越好。

（2）足够的强度与冲击韧度。强度是指在切削力的作用下，不至于发生刀刃崩碎与刀杆折断所具备的性能。冲击韧度是指刀具材料在有冲击或间断切削的工作条件下，保证不崩刃的能力。

（3）高的耐热性。耐热性又称红硬性，是衡量刀具材料性能的主要指标，它综合反映了刀具材料在高温下仍能保持高硬度、耐磨性、强度、抗氧化、抗黏结和抗扩散的能力。

（4）良好的工艺性和经济性。

2）常用刀具材料

目前，车刀广泛应用硬质合金刀具材料，在某些情况下也应用高速钢刀具材料。

（1）高速钢。高速钢是一种高合金钢，俗称白钢、锋钢、风钢等。其强度、冲击韧度、工艺性很好，是制造复杂形状刀具的主要材料，如成形车刀、麻花钻头、铣刀、齿轮刀具等。高速钢的耐热性不高，约在 640℃ 时，其硬度下降，不能进行高速切削。

（2）硬质合金。硬质合金是耐热高和耐磨性好的碳化物，钴为黏结剂，采用粉末冶金的方法压制成各种形状的刀片，然后用铜钎焊的方法焊在刀头上，作为切削刀具的材料。硬质合金的耐磨性和硬度比高速钢高得多，但塑性和冲击韧度不及高速钢。

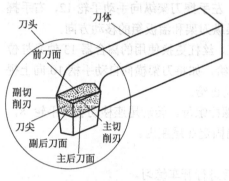

图 2-8　车刀的组成

2. 车刀组成及车刀角度

车刀是形状最简单的单刃刀具，其他各种复杂刀具都可以看作车刀的组合和演变，有关车刀角度的定义，均适用于其他刀具。

1）车刀的组成

车刀由刀头（切削部分）和刀体（夹持部分）组成。车刀的切削部分由三面、二刃、一尖组成，即一点二线三面，如图 2-8 所示。

2）车刀角度

车刀的主要角度有前角 γ_0、后角 α_0、主偏角 κ_r、副偏角 κ'_r 和刃倾角 λ_s。

（1）前角 γ_0 是指前刀面与基面之间的夹角，表示前刀面的倾斜程度。前角可分为正、负、零，前刀面在基面之下则前角为正值，反之为负值，相重合为零。

前角的作用：增大前角，可使刀刃锋利、切削力降低、切削温度低、刀具磨损小、表面加工质量高。但过大的前角会使刃口强度降低，容易造成刃口损坏。

选择原则：用硬质合金车刀加工钢件（塑性材料等）时，一般选取 $\gamma_0=10°\sim20°$；加工灰口铸铁（脆性材料等）时，一般选取 $\gamma_0=5°\sim15°$。精加工时，可取较大的前角，粗加工应取较小的前角。工件材料的强度和硬度大时，前角取较小值，有时甚至取负值。

（2）后角 α_0 是指主后刀面与切削平面之间的夹角，表示主后刀面的倾斜程度。

后角的作用：减小主后刀面与工件之间的摩擦，并影响刃口的强度和锋利程度。

选择原则：一般后角可取 $\alpha_0=6°\sim8°$。

（3）主偏角 κ_r 是指主切削刃与进给方向在基面上投影间的夹角。

主偏角的作用：影响切削刃的工作长度、切深抗力、刀尖强度和散热条件。主偏角越小，则切削刃工作长度越长、散热条件越好，但切深抗力越大。

选择原则：车刀常用的主偏角有 45°、60°、75°、90° 几种。工件粗大、刚性好时，可取较小值。车细长轴时，为了减小径向力引起的工件弯曲变形，宜选取较大值。

（4）副偏角 κ'_r 是指副切削刃与进给方向在基面上投影间的夹角。

副偏角的作用：影响已加工表面的表面粗糙度，减小副偏角可使已加工表面光洁。

选择原则：一般取 $\kappa'_r=5°\sim15°$，精车可取 $\kappa'_r5°\sim10°$，粗车时取 $\kappa'_r=10°\sim15°$。

（5）刃倾角 λ_s 是指主切削刃与基面间的夹角，刀尖在切削刃最高点时为正值，反之为负值。

刃倾角的作用：主要影响主切削刃的强度和控制切屑流出的方向。以刀杆底面为基准，当刀尖在主切削刃最高点时，λ_s 为正值，切屑流向待加工表面；当主切削刃与刀杆底面平行时，$\lambda_s=0°$，切屑沿着垂直于主切削刃的方向流出；当刀尖在主切削刃最低点时，λ_s 为负值，切屑流向已加工表面。

选择原则：一般 λ_s 在 $-5°\sim5°$ 之间选择。粗加工时，常取负值，虽然切屑流向已加工表面，但保证了主切削刃的强度好。精加工常取正值，使切屑流向待加工表面，从而不会划伤已加工表面。

3. 车刀的安装

车刀必须正确牢固地安装在刀架上，如图 2-9 所示。

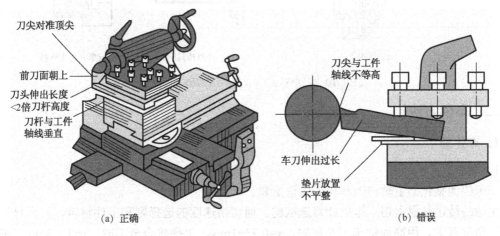

图 2-9　车刀的安装

安装车刀应注意以下几点。

（1）刀头不宜伸出太长，否则切削时容易产生震动，影响工件加工精度和表面粗糙度。一般刀头伸出长度不超过刀杆厚度的两倍，能看见刀尖车削即可。

（2）刀尖应与车床主轴中心线等高。车刀装得太高，后角减小，则车刀的主后面会与工件产生强烈的摩擦；如果装得太低，前角减小，切削不顺利，会使刀尖崩碎。刀尖的高、低可根据尾座顶尖高、低来调整。车刀的安装如图 2-9 所示。

（3）车刀底面的垫片要平整，并尽可能用厚垫片，以减少垫片数量。调整好刀尖高、低后，至少要用两个螺钉交替将车刀拧紧。

4. 车外圆、端面和台阶

1）用三爪自定心卡盘安装工件

三爪自定心卡盘的结构如图 2-10（a）所示，当用卡盘扳手转动小锥齿轮时，大锥齿轮也随之转动，在大锥齿轮背面平面螺纹的作用下，使三个卡爪同时向心移动或退出，以夹紧或松开工件。它的特点是对中性好，自动定心精度可达到 0.05～0.15mm。可以装夹直径较小的工件，如图 2-10（b）所示。当装夹直径较大的外圆工件时可用三个反爪进行，如图 2-10（c）所示。但三爪自定心卡盘由于夹紧力不大，所以一般只适宜于重量较轻的工件，当装夹重量较重的工件时，宜用四爪单动卡盘或其他专用夹具。

2）用一夹一顶方法安装工件

对于较短的回转体类工件，适宜用三爪自定心卡盘装夹，但对于较长的回转体类工件，用此方法则刚性较差。所以，对较长的工件，尤其是较重要的工件，不能直接用三爪自定心卡盘装夹，而要用一端夹住，另一端用后顶尖顶住的装夹方法。

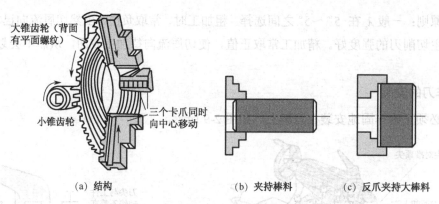

大锥齿轮（背面有平面螺纹）

小锥齿轮

三个卡爪同时向中心移动

(a) 结构 (b) 夹持棒料 (c) 反爪夹持大棒料

图 2-10　三爪自定心卡盘的结构和工件安装

二、车削方法

1. 车外圆

1）调整车床

车床的调整包括主轴转速和车刀的进给量。

主轴的转速是根据切削速度计算选取的。而切削速度的选择则和工件材料、刀具材料及工件加工精度有关。用高速钢车刀车削时，$v=0.3\sim1$m/s，用硬质合金刀时，$v=1\sim3$m/s。车硬度高的材料比车硬度低的材料的转速低一些。例如，用硬质合金车刀加工直径 $D=200$mm 的铸铁带轮，选取的切削速度 $v=0.9$m/s，计算主轴的转速为

$$n=\frac{1000\times60\times v}{\pi D}=\frac{1000\times60\times0.9}{3.14\times200}\approx99\ （\text{r/min}）$$

进给量根据工件加工要求确定。粗车时，一般取 0.2～0.3mm/r；精车时，随所需要的表面粗糙度而定。例如，表面粗糙度 Ra 为 3.2μm 时，选用 0.1～0.2mm/r；Ra 为 1.6μm 时，选用 0.06～0.12mm/r。进给量的调整可对照车床进给量表扳动手柄位置，具体方法与调整主轴转速相似。

2）粗车和精车

粗车的目的是尽快切去多余的金属层，使工件接近于最后的形状和尺寸。粗车后应留下 0.5～1mm 的加工余量。

精车是切去余下少量的金属层以获得零件所要求的精度和表面粗糙度，因此背吃刀量较小，为 0.1～0.2mm，切削速度则可用较高或较低速，初学者可用较低速。为了提高工件表面粗糙度，用于精车车刀的前、后刀面应采用油石加机油磨光，有时刀尖磨成一个小圆弧。

为了保证加工的尺寸精度，应采用试切法车削。试切法的步骤如图 2-11 所示。

3）车外圆时的质量分析

（1）尺寸不正确的原因是：车削时粗心大意，看错尺寸；刻度盘计算错误或操作失误；测量时不仔细、不准确。

（2）表面粗糙度不符合要求的原因是：车刀刃磨角度不对；刀具安装不正确或刀具磨损；切削用量选择不当；车床各部分间隙过大。

（3）外径有锥度的原因是：吃刀深度过大，刀具磨损；刀具或拖板松动；用小拖板车削时转盘下基准线不对准"0"线；两顶尖车削时，床尾"0"线不在轴心线上；精车时，加工余量不足。

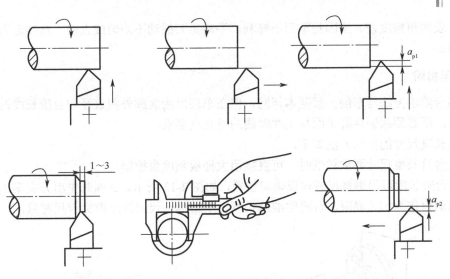

图 2-11　试切法的步骤

2. 车端面

端面的车削方法：车端面时，刀具的主刀刃要与端面有一定的夹角。工件伸出卡盘外的部分应尽可能短些，车削时用中拖板横向走刀，走刀次数根据加工余量而定，可自外向中心走刀，也可以采用自中心向外走刀的方法。

车端面的常用车刀如图 2-12 所示。

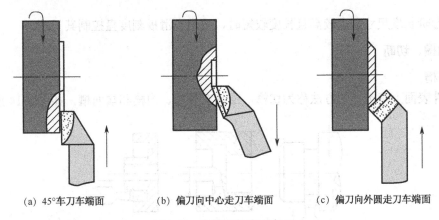

(a) 45°车刀车端面　　　(b) 偏刀向中心走刀车端面　　　(c) 偏刀向外圆走刀车端面

图 2-12　车端面的常用车刀

车端面时应注意以下几点。

（1）车刀的刀尖应对准工件中心，以免车出的端面中心留有凸台。

（2）当背吃刀量较大时，偏刀车端面容易扎刀。背吃刀量 a_p 的选择：粗车时 a_p=0.2～1mm，精车时 a_p=0.05～0.2mm。

（3）端面的直径从外到中心是变化的，切削速度也在改变，在计算切削速度时必须按端面的最大直径计算。

（4）车直径较大的端面若出现凹心或凸肚时，应检查车刀和方刀架，以及大拖板是否锁紧。

车端面的质量分析如下。

（1）端面不平产生凸凹现象或端面中心留"小头"。原因是：车刀刃磨或安装不正确，刀尖没有对准工件中心，吃刀深度过大，车床有间隙拖板移动造成。

（2）表面粗糙度差。原因是车刀不锋利，手动走刀摇动不均匀或太快，自动走刀切削用量选择不当。

3．车台阶

车削台阶的方法与车削外圆基本相同，但在车削时应兼顾外圆直径和台阶长度两个方向的尺寸要求，还必须保证台阶平面与工件轴线的垂直度要求。

台阶长度尺寸的控制方法如下。

（1）台阶长度尺寸要求较低时，可直接用大拖板刻度盘控制。

（2）台阶长度可用钢直尺或样板确定位置，如图 2-13 所示。车削时先用刀尖车出比台阶长度略短的刻痕作为加工界限，台阶的准确长度可用游标卡尺或深度游标卡尺测量。

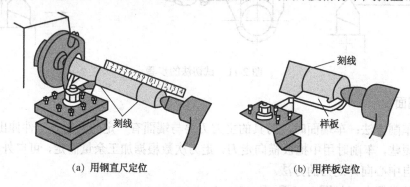

(a) 用钢直尺定位　　　　　　　　　　　　(b) 用样板定位

图 2-13　台阶长度尺寸的控制方法

（3）台阶长度尺寸要求较高且长度较短时，可用小滑板刻度盘控制其长度。

4．切槽、切断

1）切槽

在工件表面上车沟槽的方法称为切槽，形状有外槽、内槽和端面槽，如图 2-14 所示。

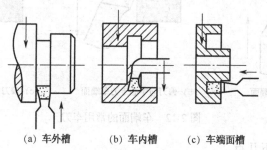

(a) 车外槽　　　　(b) 车内槽　　　　(c) 车端面槽

图 2-14　常用切槽的方法

（1）切槽刀的选择

常选用高速钢切槽刀切槽，高速钢切槽刀的几何形状如图 2-15 所示。

（2）切槽的方法

车削精度不高的和宽度较窄的矩形沟槽，可以用刀宽等于槽宽的切槽刀，采用直进法一次车出。精度要求较高的，一般分两次车成。

车削较宽的沟槽可用多次直进法切削，如图 2-16 所示，并在槽的两侧留一定的精车余量，然后根据槽深、槽宽精车至要求尺寸。

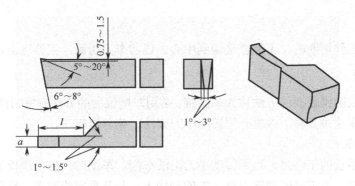

图 2-15　高速钢切槽刀的几何形状

2）切断

切断要用切断刀。切断刀的形状与切槽刀相似，但因刀头窄而长，很容易折断。常用的切断方法有直进法和左右借刀法两种，如图 2-16（c）所示。直进法常用于切断铸铁等脆性材料；左右借刀法常用于切断钢等塑性材料。切断时应注意以下几点。

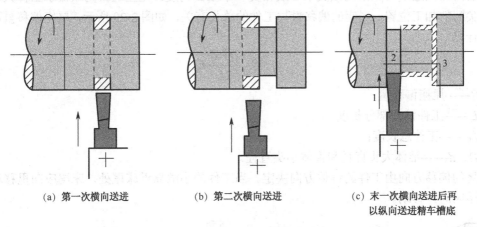

(a) 第一次横向送进　　　(b) 第二次横向送进　　　(c) 末一次横向送进后再
　　　　　　　　　　　　　　　　　　　　　　　　　　以纵向送进精车槽底

图 2-16　切宽槽

（1）切断一般在卡盘上进行，如图 2-17 所示。工件的切断处应距卡盘近些，避免在顶尖安装的工件上切断。

（2）切断刀刀尖必须与工件中心等高，否则切断处将剩有凸台，且刀头也容易损坏，如图 2-18 所示。

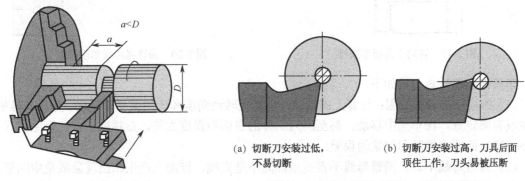

图 2-17　在卡盘上切断　　　图 2-18　切断刀刀尖必须与工件中心等高

（a）切断刀安装过低，　　　（b）切断刀安装过高，刀具后面
　　不易切断　　　　　　　　　顶住工作，刀头易被压断

（3）切断刀伸出刀架的长度不要过长，进给要缓慢均匀。将切断时，必须放慢进给速度，

以免刀头折断。

（4）两顶尖工件切断时，不能直接切到中心，以防车刀折断，工件飞出。

5．车圆锥面

将工件车削成圆锥表面的方法称为车圆锥。常用车削锥面的方法有宽刀法、转动小刀架法、靠模法、偏移尾座法等几种。这里介绍转动小刀架法、偏移尾座法。

1）转动小刀架法

当加工锥面不长的工件时，可用转动小刀架法车削。车削时，将小滑板下面的转盘上的螺母松开，把转盘转至所需要的圆锥半角 $\alpha/2$ 的刻线上，与基准零线对齐，然后固定转盘上的螺母，如果锥角不是整数，可在锥附近估计一个值，试车后逐步找正，如图 2-19 所示。

2）偏移尾座法

当车削锥度小、锥形部分较长的圆锥面时，可用偏移尾座的方法。此方法可以自动走刀，缺点是不能车削整圆锥和内锥体，以及锥度较大的工件。将尾座上滑板横向偏移一个距离 S，使偏位后两顶尖连线与原来两顶尖中心线相交一个 $\alpha/2$ 角度，尾座的偏向取决于工件大、小头在两顶尖间的加工位置。尾座的偏移量与工件的总长有关，如图 2-20 所示，尾座偏移量可用下列公式计算：

$$S=\frac{D-d}{2L}L_0$$

式中　S——尾座偏移量；

L——工件锥体部分长度；

L_0——工件总长度；

D、d——锥体大头直径和锥体小头直径。

床尾的偏移方向由工件的锥体方向决定。当工件的小端靠近床尾处，床尾应向里移动，反之，床尾应向外移动。

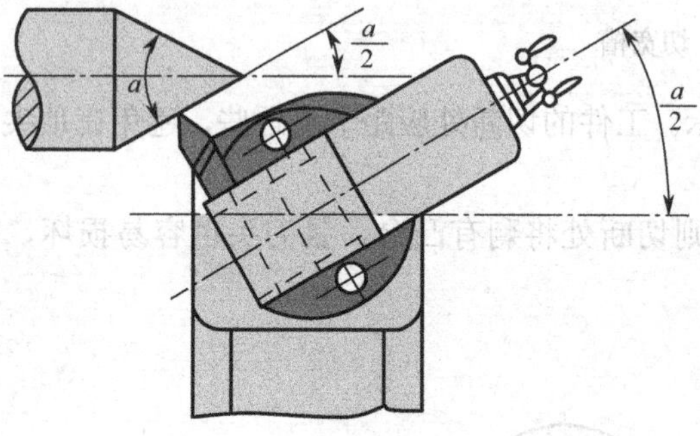

图 2-19　转动小滑板车圆锥

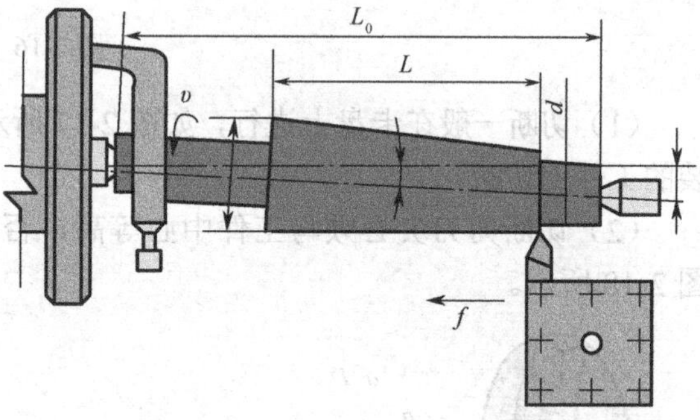

图 2-20　偏移尾座法车削圆锥

车圆锥体的质量分析如下。

（1）锥度不准确的原因：计算上的误差；小拖板转动角度和床尾偏移不精确；车刀、拖板、床尾没有固定好，在车削中移动；甚至因为工件的表面粗糙度太差，量规或工件上有毛刺或没有擦干净，而造成检验和测量的误差。

（2）圆锥母线不直。圆锥母线不直是指锥面不是直线，锥面上产生凹凸现象或是中间低、两头高。主要原因是车刀安装没有对准中心。

（3）表面粗糙度不合要求的原因是：切削用量选择不当，车刀磨损或刃磨角度不对；没有进行表面抛光或者抛光余量不够；用小拖板车削锥面时，手动走刀不均匀，另外机床的间隙大，工件刚性差也会影响工件的表面粗糙度。

 技能训练

一、实训目的及要求

（1）培养学生严谨的工作作风和安全意识。

（2）培养学生的责任心和团队精神。

（3）能安全操作。

（4）会卧式车床的基本切削操作。

① 零件的装夹。

② 刀具的安装。

③ 端面、外圆的车削方法。

④ 切槽、切断的车削方法。

二、实训设备与器材（见表 2-1）

表 2-1　实训设备与器材

项　　目	名　　称	规　　格	数　　量
设备	卧式车床	CA6136 或者 CA6140	8～10 台
刀具	外圆车刀	6寸	8～10 把
刀具	切槽刀		8～10 把
刀具	端面刀		8～10 把
量具	游标卡尺	0～150mm	8～10 把
量具	千分尺	25～50mm	8～10 把
备料	硬铝型材	$\phi55mm×245mm$	8～10 块
其他	毛刷、扳手等	配套	一批

三、实训内容与步骤

为了进行科学的管理，在生产过程中，常把合理的工艺过程中的各项内容，编写成文件来指导生产。这类规定产品或零部件制造工艺过程和操作方法等的工艺文件称为工艺规程。一个零件可以用几种不同的加工方法制造，但在一定条件下只有某一种方法是较合理的。

如图 2-21 所示的传动轴，由外圆、轴肩、螺纹及螺纹退刀槽、砂轮越程槽等组成。中间一挡外圆及轴肩一端面对两端轴颈有较高的位置精度要求，且外圆的表面粗糙度 Ra 值为 0.8～0.4μm。此外，该传动轴与一般重要的轴类零件一样，为了获得良好的综合力学性能，要进行调质处理。

根据传动轴的精度要求和力学性能要求，可确定加工顺序为：粗车—调质—半精车—磨削。由于粗车时加工余量多，切削力较大，且粗车时各加工面的位置精度要求低，故采用一夹一顶安装工件。如车床上主轴孔较小，粗车 $\phi35mm$ 一端时也可只用三爪自定心卡盘装夹粗车后的 $\phi45mm$ 外圆；半精车时，为保证各加工面的位置精度，以及与磨削采用统一的定位基准，减小重复定位误差，使磨削余量均匀，保证磨削加工质量，故采用两顶尖安装工件。

传动轴加工工艺见表 2-2。

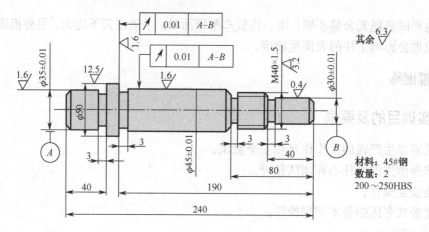

图 2-21　传动轴

材料：45#钢
数量：2
200～250HBS

表 2-2　传动轴加工工艺

序号	工种	加工简图	加工内容	刀具或工具	安装方法
1	下料		下料 φ55mm×245mm		
2	车		夹持 φ55mm 外圆：车端面见平，钻中心孔 φ2.5mm；用尾座顶尖顶住工件；粗车外圆 φ52mm×202mm；粗车 φ45mm、φ40mm、φ30mm 各外圆，直径留量 2mm，长度留量 1mm	中心钻 右偏刀	三爪自定心卡盘 顶尖
3	车		夹持 φ47mm 外圆：车另一端面，保证总长 240mm；钻中心孔 φ2.5mm；粗车 φ35mm 外圆，直径留量 2mm，长度留量 1mm	中心钻 右偏刀	三爪自定心卡盘
4	热处理		调质 220～250HBS	钳子	
5	车		修研中心孔	四棱顶尖	三爪卡盘
6	车		用卡箍卡 B 端：精车 φ50mm 外圆至尺寸；精车 φ35mm 外圆至尺寸；切槽，保证长度 40mm；倒角	右偏刀 切槽刀	双顶尖
7	车		用卡箍卡 A 端：精车 φ45mm 外圆至尺寸；精车 M40 大径为 φ40$_{-0.2}^{-0.1}$ 外圆至尺寸；精车 φ30mm 外圆至尺寸；切槽 3 个，分别保证长度 190mm、80mm 和 40mm；倒角 3 个；车螺纹 M40×1.5	右偏刀 切槽刀 螺纹刀	双顶尖

实训考核与评价

一、考核检验

卧式车床操作的考核见表 2-3。

表 2-3　卧式车床操作的考核

项　目	序　号	考核内容及要求	检验结果	得　分	备　注
卧式车床开机的操作流程	1	检查机床状态的电源电压是否符合要求、接线是否正确，按下急停按钮			
	2	机床开关上电			
	3	检查风扇电动机运转和面板上的指示灯是否正常			
卧式车床的操作流程及注意事项	4	检查刀、尾座是否回位			
	5	手动大、中小拖板，先 Z 轴后 X 轴			
	6	刀架和卡盘的合理相对位置			
卧式车床关机的操作流程	7	操作杆回位			
	8	先断开主轴电源，后断开机床电源			
	9	清洁和保养机床			

二、收获反思（见表 2-4）

表 2-4　收获反思

类　型	内　容
掌握知识	
掌握技能	
收获体会	
解决的问题	
学生签名	

三、评价成绩（见表 2-5）

表 2-5　评价成绩

学生自评	学生互评	综合评价	实训成绩	
			技能考核（80%）	
			纪律情况（20%）	
			实训总成绩	
			教师签名	

 知识拓展

拓展一　车刀的刃磨

磨高速钢车刀用氧化铝砂轮（白色），磨硬质合金刀头用碳化硅砂轮（绿色）。

1. 砂轮的选择

砂轮的特性由磨料、粒度、硬度、结合剂和组织五个因素决定。

（1）磨料。氧化铝砂轮的韧性大，适用于刃磨高速钢车刀，白色的称为白刚玉，灰褐色的称为棕刚玉。碳化硅砂轮的磨粒硬度比氧化铝砂轮的磨粒高，性脆而锋利，并且具有良好的导热性和导电性，适用于刃磨硬质合金。常用的碳化硅砂轮是黑色和绿色的。而绿色的碳化硅砂轮更适合刃磨硬质合金车刀。

（2）硬度。刃磨高速钢车刀和硬质合金车刀时应选软或中软的砂轮。

应根据刀具材料正确选用砂轮。刃磨高速钢车刀时，应选用粒度为46#～60#的软或中软的氧化铝砂轮；刃磨硬质合金车刀时，应选用粒度为60#～80#的软或中软的碳化硅砂轮。

2. 车刀刃磨的步骤

（1）磨主后刀面，同时磨出主偏角及主后角。

（2）磨副后刀面，同时磨出副偏角及副后角。

（3）磨前面，同时磨出前角。

（4）修磨各刀面及刀尖。

3. 刃磨车刀的姿势及方法

（1）人站立在砂轮机的侧面，以防砂轮碎裂。

（2）两手握刀的距离放开，两肘夹紧腰部。

（3）磨刀时，车刀要放在砂轮的水平中心，刀尖略向上翘3°～8°，车刀接触砂轮后应左、右方向水平移动。当车刀离开砂轮时，车刀应向上抬起，以防磨好的刀刃被砂轮碰伤。

（4）磨后刀面时，刀杆尾部向左偏过一个主偏角的角度；磨副后刀面时，刀杆尾部向右偏过一个副偏角的角度。

（5）修磨刀尖圆弧时，通常以左手握车刀前端为支点，用右手转动车刀的尾部。

拓展二　车螺纹

将工件表面车削成螺纹的方法称为车螺纹。螺纹按牙型分为三角螺纹、梯形螺纹、方牙螺纹等，如图2-22所示。其中，普通公制三角螺纹应用最广。

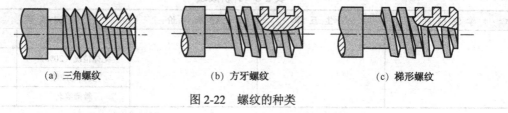

(a) 三角螺纹　　　　　(b) 方牙螺纹　　　　　(c) 梯形螺纹

图 2-22　螺纹的种类

1. 普通三角螺纹的基本牙型

普通三角螺纹的基本牙型如图2-23所示，各基本尺寸的名称如下。

决定螺纹的基本要素有以下三个。

螺距 P——沿轴线方向上相邻两牙间对应点的距离。

牙型角 α——螺纹轴向剖面内螺纹两侧面的夹角。

螺纹中径 D_2（d_2）——平螺纹理论高度 H 的一个假想圆柱体的直径。在中径处的螺纹牙厚和槽宽相等。只有内、外螺纹中径都一致时，两者才能很好地配合。

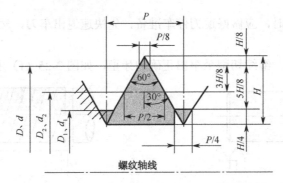

D—内螺纹大径（公称直径）；*d*—外螺纹大径（公称直径）；D_2—内螺纹中径；d_2—外螺纹中径；

D_1—内螺纹小径；d_1—外螺纹小径；*P*—螺距；*H*—原始三角形高度

图 2-23　普通三角螺纹基本牙型

2. 车削外螺纹的方法与步骤

1）准备工作

（1）安装螺纹车刀时，车刀的刀尖角等于螺纹牙型角 $\alpha=60°$，其前角 $\gamma_0=0°$ 才能保证工件螺纹的牙型角，否则牙型角将产生误差。只有粗加工或螺纹精度要求不高时，其前角可取 $\gamma_0=5°\sim20°$。安装螺纹车刀时刀尖对准工件中心，并用样板对刀，以保证刀尖角的角平分线与工件的轴线相垂直，车出的牙型角才不会偏斜，如图 2-24 所示。

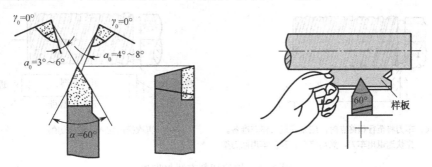

图 2-24　螺纹车刀几何角度与用样板对刀

（2）按螺纹规格车螺纹外圆，并按所需长度刻出螺纹长度终止线。先将螺纹外径车至尺寸，然后用刀尖在工件上的螺纹终止处刻一条微可见线，以它作为车螺纹的退刀标记。

（3）根据工件的螺距 *P*，查机床上的标牌，然后调整进给箱上手柄位置及配换挂轮箱齿轮的齿数以获得所需要的工件螺距。

（4）确定主轴转速。初学者应将车床主轴转速调到最低速。

2）车螺纹的方法和步骤

（1）确定车螺纹切削深度的起始位置，将中滑板刻度调到零位，开车，使刀尖轻微接触工件表面，然后迅速将中滑板刻度调至零位，以便于进刀记数。

（2）试切第一条螺旋线并检查螺距。将床鞍摇至离工件端面 8～10 牙处，横向进刀 0.05mm 左右。开车，合上开合螺母，在工件表面车出一条螺旋线，至螺纹终止线处退出车刀，开反车把车刀退到工件右端；停车，用钢尺检查螺距是否正确，如图 2-25（a）所示。

（3）用刻度盘调整背吃刀量，开车切削，如图 2-25（d）所示。螺纹的总背吃刀量 a_p 与螺距的关系按经验公式 $a_p\approx0.65P$ 计算，每次的背吃刀量约为 0.1mm。

（4）车刀将至终点时，应做好退刀停车准备，先快速退出车刀，然后开反车退出刀架，如图2-25（e）所示。

（5）再次横向进刀，继续切削至车出正确的牙型，如图2-25（f）所示。

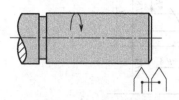

（a）开车，使车刀与工件轻微接触，记下刻度盘读数。向右退出车刀

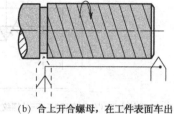

（b）合上开合螺母，在工件表面车出一条螺旋线。横向退出车刀，停车

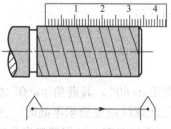

（c）开反车使车刀退到工件右端，停车。用钢尺检查螺距是否正确

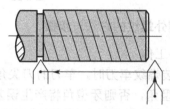

（d）利用刻度盘调整切深。开车切削、车钢料时加机油润滑

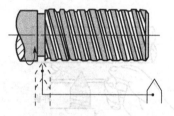

（e）车刀将至行程终点时，应做好退刀停车准备。先快速退出车刀，然后停车。开反车退回刀架

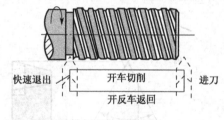

（f）再次横向切入，继续切削

图2-25　螺纹切削方法与步骤

3．螺纹车削注意事项

1）注意和消除拖板的"空行程"

2）避免"乱扣"

当第一条螺旋线车好以后，第二次进刀后车削，刀尖不在原来的螺旋线（螺旋槽）中，而是偏左或偏右，甚至车在牙顶中间，将螺纹车乱这个现象称为"乱扣"。预防乱扣的方法是采用倒顺（正反）车法车削。

3）对刀

对刀前先要安装好螺纹车刀，然后按下开合螺母，开正车（注意应该是空走刀）停车，移动中、小拖板使刀尖准确落入原来的螺旋槽中（不能移动大拖板），同时根据所在螺旋槽中的位置重新做中拖板进刀的记号，再将车刀退出，开反车，将车退至螺纹头部，再进刀。对刀时一定要注意是正车对刀。

4）借刀

借刀就是螺纹车削一定深度后，将小拖板向前或向后移动一点距离再进行车削。借刀时注意小拖板移动距离不能过大，以免将牙槽车宽，造成"乱扣"。

5）安全注意事项

（1）车螺纹前先检查好所有手柄是否处于车螺纹位置，防止盲目开车。

（2）车螺纹时要思想集中，动作迅速，反应灵敏。

（3）用高速钢车刀车螺纹时，车头转速不能太快，以免刀具磨损。

（4）要防止车刀或者刀架、拖板与卡盘、床尾相撞。

（5）旋螺母时，车刀退离工件，防止车刀将手划破，不要开车旋紧或者退出螺母。

拓展三　孔加工

车床上可以用钻头、镗刀、扩孔钻头、铰刀进行钻孔、镗孔、扩孔和铰孔。下面介绍钻孔和镗孔的方法。

1. 钻孔

利用钻头将工件钻出孔的方法称为钻孔。钻孔的公差等级为 IT10 以下，表面粗糙度为 12.5μm，多用于粗加工孔。在车床上钻孔如图 2-26 所示，工件装夹在卡盘上，钻头安装在尾架套筒锥孔内。钻孔前先车平端面并车出一个中心坑或先用中心钻钻中心孔作为引导。钻孔时，摇动尾架手轮使钻头缓慢进给，注意经常退出钻头排屑。钻孔进给不能过猛，以免折断钻头。钻钢料时应加切削液。

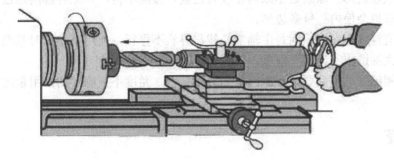

图 2-26　在车床上钻孔

钻孔注意事项如下。

（1）起钻时进给量要小，待钻头头部全部进入工件后，才能正常钻削。

（2）钻钢件时，应加冷却液，防止因钻头发热而退火。

（3）钻小孔或钻较深孔时，由于铁屑不易排出，必须经常退出排屑，否则会因铁屑堵塞而使钻头"咬死"或折断。

（4）钻小孔时，车头转速应选择快些，钻头的直径越大，钻速应相应更慢。

（5）当钻头将要钻通工件时，由于钻头横刃首先钻出，因此轴向阻力大减，这时进给速度必须减慢，否则钻头容易被工件卡死，造成锥柄在床尾套筒内打滑而损坏锥柄和锥孔。

2. 镗孔

在车床上对工件的孔进行车削的方法称为镗孔（又称车孔），镗孔可以做粗加工，也可以做精加工。镗孔分为镗通孔和镗不通孔，如图 2-27 所示。镗通孔基本上与车外圆相同，只是进刀和退刀方向相反。粗镗和精镗内孔时也要进行试切和试测，其方法与车外圆相同。注意通孔镗刀的主偏角为 45°～75°，不通孔镗刀主偏角要大于 90°。

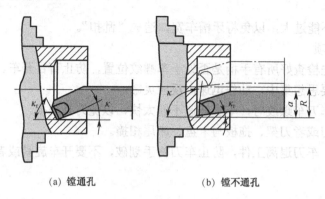

(a) 镗通孔   (b) 镗不通孔

图 2-27 镗孔

3. 车内孔时的质量分析

1）尺寸精度达不到要求

（1）孔径大于要求尺寸：原因是镗孔刀安装不正确，刀尖不锋利，小拖板下面转盘基准线未对准 "0" 线，孔偏斜、跳动，测量不及时。

（2）孔径小于要求尺寸：原因是刀杆细造成 "让刀" 现象，塞规磨损或选择不当，铰刀磨损及车削温度过高。

2）几何精度达不到要求

（1）内孔成多边形：原因是车床齿轮咬合过紧，接触不良，车床各部间隙过大造成的，薄壁工件装夹变形也会使内孔呈多边形。

（2）内孔有锥度存在：原因是主轴中心线与导轨不平行，使用小拖板时基准线不对，切削量过大或刀杆太细造成 "让刀" 现象。

（3）表面粗糙度达不到要求：原因是刀刃不锋利，角度不正确，切削用量选择不当，冷却液不充分。

拓展四 滚花

花纹有直纹和网纹两种，滚花刀也分直纹滚花刀和网纹滚花刀，如图 2-28 所示。滚花是用滚花刀来挤压工件，使其表面产生塑性变形而形成花纹。滚花的径向挤压力很大，因此加工时，工件的转速要低些。要充分供给冷却润滑液，以免研坏滚花刀和防止细屑滞塞在滚花刀内而产生乱纹。

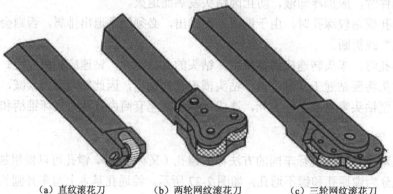

（a）直纹滚花刀   （b）两轮网纹滚花刀   （c）三轮网纹滚花刀

图 2-28 滚花刀

拓展五　车床附件及其使用方法

1. 用四爪卡盘安装工件

四爪卡盘的外形如图 2-29（a）所示。它的 4 个爪通过 4 个螺杆独立移动。它的特点是能装夹形状比较复杂的非回转体，如方形、长方形等，而且夹紧力大。由于其装夹后不能自动定心，所以装夹效率较低，装夹时必须用划线盘或百分表找正，使工件回转中心与车床主轴中心对齐，如图 2-29（b）所示为用百分表找正外圆的示意图。

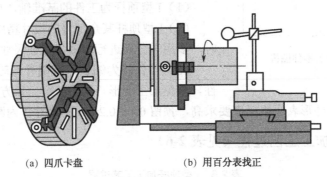

(a) 四爪卡盘　　　　　　　　(b) 用百分表找正

图 2-29　四爪卡盘装夹工件

2. 用顶尖安装工件

对同轴度要求比较高且需要调头加工的轴类工件，常用双顶尖装夹工件，如图 2-30 所示，其前顶尖为普通顶尖，装在主轴孔内，并随主轴一起转动，后顶尖为活顶尖，装在尾架套筒内。工件利用中心孔被顶在前、后顶尖之间，并通过拨盘和卡箍随主轴一起转动。

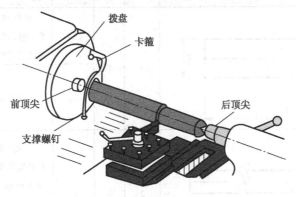

图 2-30　用顶尖安装工件

用顶尖安装工件应注意以下几点。

（1）卡箍上的支撑螺钉不能支撑得太紧，以防工件变形。

（2）由于靠卡箍传递扭矩，所以车削工件的切削用量要小。

（3）钻两端中心孔时，要先用车刀把端面车平，再用中心钻钻中心孔。

（4）安装拨盘和工件时，首先要擦净拨盘的内螺纹和主轴端的外螺纹，把拨盘拧在主轴上，再把轴的一端装在卡箍上。最后在双顶尖中间安装工件。

任务 2　Ⅰ型顶杆的车削

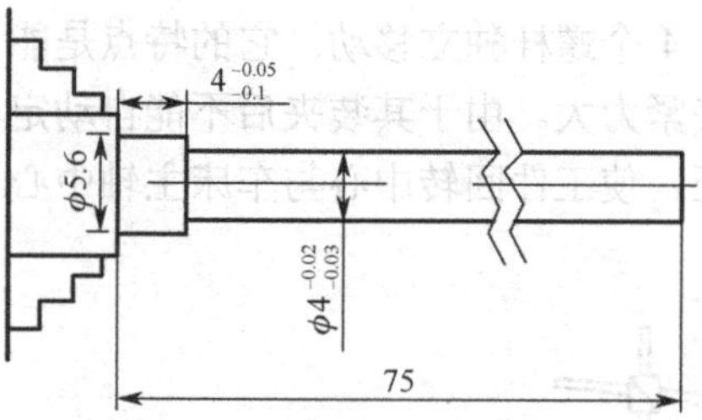

图 2-31　Ⅰ型顶杆的零件图样

一、Ⅰ型顶杆的车削

Ⅰ型顶杆的零件图样如图 2-31 所示。

二、工艺及图样分析

（1）Ⅰ型顶杆为工件的基准轴，加工精度要求高。

（2）Ⅰ型顶杆其余部分的尺寸精度要求比较高，加工时，多用千分尺进行检测，保证尺寸要求。

（3）工件较为细长，车削外形时，为保证工件的刚性，避免加工变形，采用一夹一顶方式装夹。

（4）Ⅰ型顶杆的外形表面粗糙度要求高，预留 0.1～0.2mm 的尺寸作为磨削余量。

三、Ⅰ型顶杆加工工艺过程（见表 2-6）

表 2-6　Ⅰ型顶杆加工工艺过程

加工工艺卡片		产品名称		产品数量		2
图　号		零件名称	Ⅰ型顶杆	第　页	共	页
材料种类	锻打钢	材料牌号	模具钢	毛坯尺寸		ϕ8mm×78mm
加工简图		工序	工种	工步	加工内容	刀具	量具
		1	车	（1）	三爪卡盘装夹工件，粗、精车端面至辅助工具的外圆边处	90°车刀	卡尺
				（2）	钻中心孔 ϕ4mm	ϕ4mm中心钻	
		2	车	（1）	一夹一顶，工件伸出长度为80mm，粗车 ϕ5.6mm、长度为75mm，ϕ4mm、长度为71mm，各留0.1mm精车余量	90°车刀	卡尺
		3	车	（1）	以 ϕ4mm外圆的右端面，定位71mm和75mm的长度至要求尺寸	端面车刀	卡尺

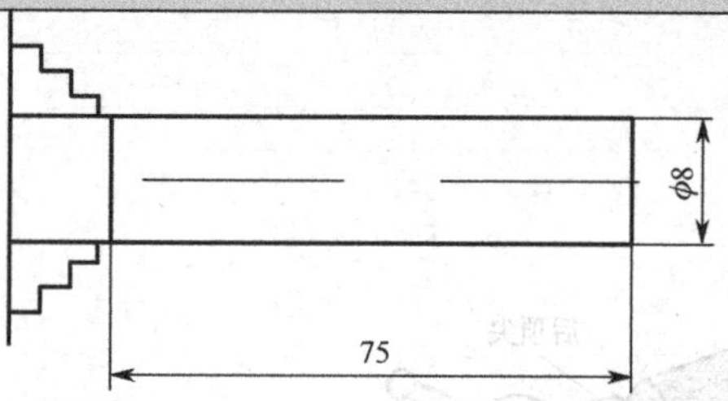

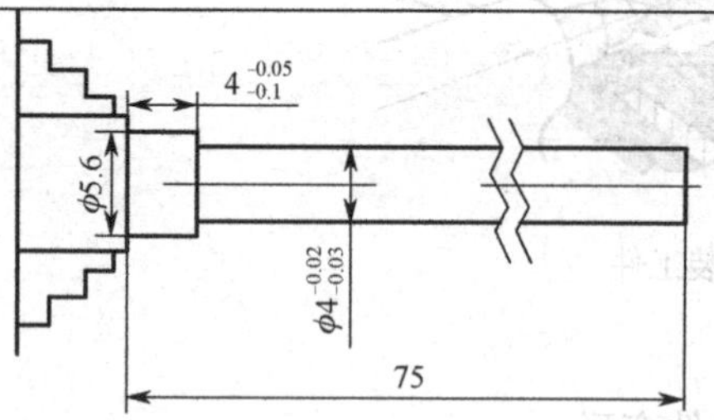

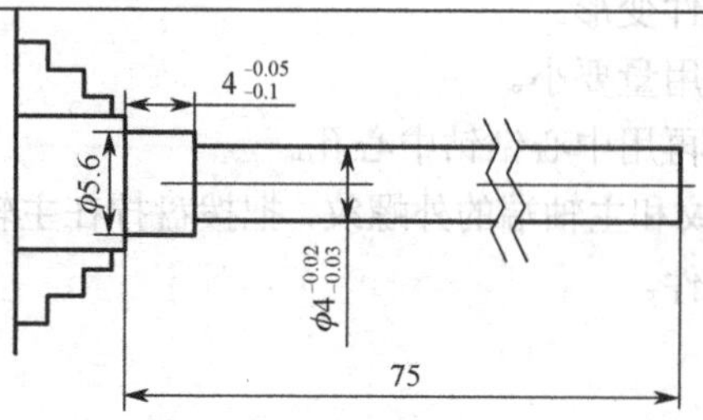

续表

加工工艺卡片		产品名称			产品数量	2
图　号		零件名称	Ⅰ型顶杆		第　页	共　页
材料种类	锻打钢	材料牌号	模具钢	毛坯尺寸	φ8mm×78mm	
加工简图		工序	工种	工步	加工内容	刀具	量具

加工简图	工序	工种	工步	加工内容	刀具	量具
$\phi 5.6$　$4^{-0.05}_{-0.1}$　$\phi 4^{-0.02}_{-0.03}$　75	4	车	(1)	以ϕ4mm 外圆的右端面，定位75mm 的长度进行切断	切断车刀	卡尺

课后练习

一、选择题

1. 精车时，保证表面粗糙度要求的主要措施是：采用较小的（　　）、副偏角或刀尖磨有小圆弧，这些措施可使 Ra 数值减小。

　　A．主偏角　　　　B．卡盘　　　　　C．切削速度

2. （　　）是形成车床切削速度与工件新的表面运动，是车削的最基本运动，也是消耗功率最多的切削运动。

　　A．主运动　　　　B．进给运动　　　C．不加切削液

3. （　　）不能自动定心，用其装夹工件时，为了使定位基面的轴线对准主轴旋转中心线，必须进行找正。

　　A．三爪卡盘　　　B．四爪卡盘　　　C．花盘

4. 轴类零件是机器中常见的零件，一般由圆柱面、台阶、端面、沟槽、圆锥面和（　　）组成。

　　A．内孔　　　　　B．曲面　　　　　C．间隙

5. 普通螺纹是我国应用得最广泛的一种三角螺纹，牙型角为（　　）。

　　A．30°　　　　　B．60°

二、判断题

1. 用两顶尖装夹工件精度高，能选用较大的切削用量，车较重的工件时可以采用两顶尖装夹。　　　　　　　　　　　　　　　　　　　　　　　　　　　　　（　　）

2. 切削液应浇注在过渡表面、切屑和前刀面接触的区域，因为此处产生的热量最多，最需要冷却润滑。　　　　　　　　　　　　　　　　　　　　　　　　　　　　（　　）

3. 在车削形状不规则或形状复杂的工件时，三爪、四爪卡盘或顶尖都无法装夹，必须用花盘进行装夹。　　　　　　　　　　　　　　　　　　　　　　　　　　　　（　　）

4. 切削用量是衡量切削运动大小的参数。它包括切削速度、主轴转速与背吃刀量（切削深度）三要素。　　　　　　　　　　　　　　　　　　　　　　　　　　　（　　）

三、简答题

1. 根据 C6132 卧式车床的外形图说明车床由哪些主要部件组成，其主要功能是什么。

2. C6132 卧式车床型号中各个字母和数字的含义是什么？C6136 和 C6140 卧式车床的含义呢？

3. C6132 卧式车床主轴转速和进给量是如何调整的？

4. 试绘简图说明车床加工的范围是什么。

5. 主轴转速是否就是切削速度？当主轴转速提高时，刀架移动加快，是否意味着进给量增大？

6. 什么叫切削速度、进给量和背吃刀量？其选择原则是什么？

7. 车削加工的尺寸公差等级可达几级？表面粗糙度 Ra 值各为多少？

8. 粗车和精车的要求是什么？刀具角度的选用有何不同？切削用量的选择有何不同？

9. 切削液有什么作用？如何选用？

10. 车床常用的工件装夹方法有哪些？各适用于安装哪些形状的工件？

普通磨削——动模底板
（MJ-01-01）的加工实训

磨削加工是用磨料来切除材料的加工方法。随着科学技术的进步，磨削加工已发展成为多种形式的加工工艺。磨削是用高速旋转的砂轮作为切削工具，对工件进行切削加工。经过磨削的工件，可获得较高的精度和较低的表面粗糙度值。磨削广泛地用于各类机器制造中的精细加工。

 知识目标

（1）熟练掌握磨床的结构及基本操作。
（2）熟悉磨床的加工方法及范围，了解磨工基本工艺。
（3）掌握一般模具零件的磨削加工方法。

 技能目标

（1）会磨床开、关机操作。
（2）会根据技术要求选用砂轮。
（3）会磨床夹具和工件安装操作。
（4）会磨床分中、对刀操作。
（5）会选用合适的磨削方法，并选择切削液。
（6）会对磨床加工零件进行质量检验。

 素质目标

（1）培养学生的实训安全意识。
（2）培养学生勤于动手、做事认真的良好习惯。
（3）培养学生谦虚、细心的工作态度。
（4）培养学生良好的职业道德。

 考工要求

完成本单元学习内容，达到国家模具制造工中级水平。

单元任务

加工如图 3-1 所示的动模底板，经过铣床加工后，通过磨削加工动模底板，以达到表面粗糙度的要求。

任务1 平面磨床操作

任务布置

（1）磨床的操作方式。
（2）平面磨削。

相关理论

知识一 平面磨床的组成

按照平面磨床磨头和工作台的结构特点，可将平面磨床分为五种类型，即卧轴矩台平面磨床、卧轴圆台平面磨床、立轴矩台平面磨床、立轴圆台平面磨床及双端面磨床等。其中，最为常用的是卧轴矩台平面磨床，图 3-2 所示为卧轴矩台平面中比较常见的一种机床——M7120A型平面磨床，它由床身、工作台、立柱、磨头等部件组成。

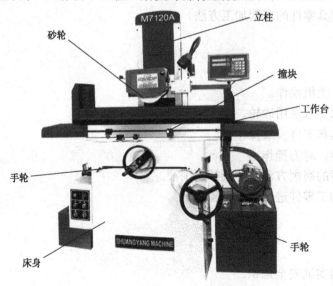

图 3-2　M7120A 型平面磨床

1. 床身

床身为箱形铸件，上面有 V 形导轨及平面导轨；工作台安装在导轨上。床身前侧装有工作台手动机构、垂直进给机构、液压操纵板及电器按钮板。液压操纵板用以控制机床的机械与液压的传动；电器按钮板装有液压泵启动按钮、砂轮变速启动开关、电磁吸盘工作状态开关及总停开关，并装有退磁插座。在床身后部的平面上，装有立柱及垂直进刀机构和减速器。

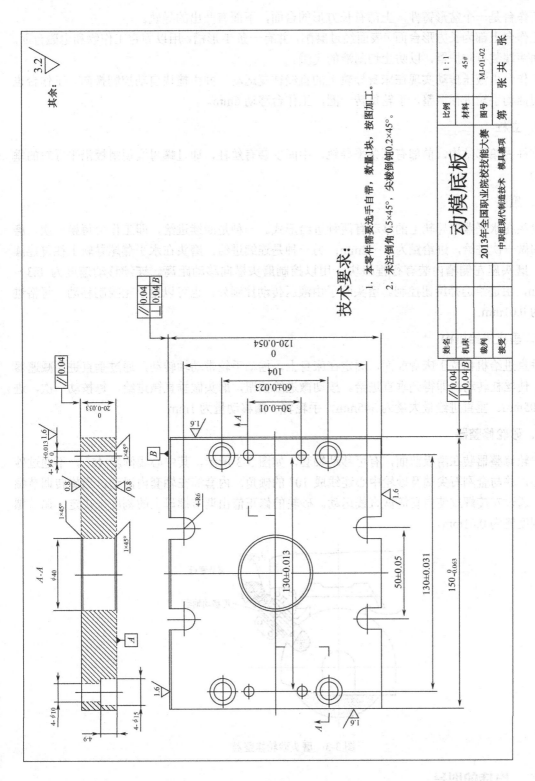

图 3-1 动模底板

技术要求:

1. 本零件需要选手自带，数量1块，按图加工。
2. 未注倒角 0.5×45°，尖棱倒钝0.2×45°。

动模底板

		比例	1:1	
		材料	45#	
		图号	MJ-01-02	
		第 张 共 张

2013年全国职业院校技能大赛
中职组现代制造技术 模具塞项

姓名		
机床		
裁判		
接受		

其余: 3.2▽

2. 工作台

工作台是一个盆形铸件，上部有长方形的台面，下面有凸出的导轨。

工作台上部为长方形台面，表面经过磨削，并有一条 T 形槽，用以固定工作物和电磁台面。在台面两端装有防护罩，以防止切削液的飞溅。

工作台由液压传动实现在床身导轨上的直线往复运动，并由撞块自动控制换向。工作台也可利用摇动手轮进行调整，手轮每转一圈，工作台移动 6mm。

3. 立柱

立柱为箱形结构，前部有两条平导轨，中间安装有丝杠，通过螺母实现滑板沿平导轨的垂直运动。

4. 磨头

磨头在水平燕尾导轨上的移动有两种进给形式。一种是断续进给，即工作台每换一次，磨头横向做一次进给，进给量为 1~2mm；另一种是连续进给，磨头在水平燕尾导轨上往复连续移动。磨头座左侧槽内装有行程撞块，用以控制磨头横向移动距离。连续移动速度为 0.3~3m/min，由进给选择旋钮控制。磨头除了由液压传动控制外，也可以用手轮控制移动，每格进给量为 0.01mm。

5. 垂直进给机构

垂直进给机构位于床身前面，固定在床身上。摇动手轮带动轴转动，通过垂直进给减速器齿轮，使丝杠转动，即得到垂直进给。按动微进给按钮，磨头做垂直微进给，每按动一次，进给 0.005mm。垂直进给最大量为 345mm，手轮转一圈移动量为 1mm。

6. 砂轮修整器

砂轮修整器装在滑板前面，有可移动轴套，如图 3-3 所示，其中心线倾斜 45°，不通过砂轮中心，并与金刚石尖端及砂轮中心连线成 10° 的倾角。内套筒在轴套内滑动，当旋转调节螺母时，通过左旋螺纹使内套筒做直线运动。砂轮的修正值由调节螺母上的刻度来决定，调节螺母每刻度值为 0.01mm。

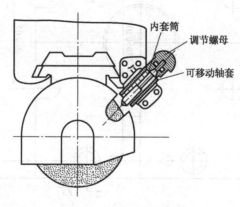

内套筒
调节螺母
可移动轴套

图 3-3 磨头砂轮修整器

知识二　磨床的型号

我国将磨床品种分为三大类。一般磨床为第一类，用大写汉语拼音字母"M"表示，读作

"磨"；第二类为超精加工磨床、抛光磨床、砂带抛光机等，用"2M"表示；轴承套圈、滚子、钢球、叶片磨床等为第三类，用"3M"表示。齿轮磨床和螺纹磨床则分别用"Y"和"S"表示，读作"牙"和"丝"。

型号还指明机床主要规格参数。一般以机床上加工的最大工件尺寸或工作台面宽度（或直径）的 1/10 表示；曲轴磨床则表示最大回转直径的 1/10；无心磨床则表示基本参数本身，如M1080 表示最大磨床直径为 ϕ80mm）。

磨床的通用特性和结构特性代号位于型号第二位（见表 3-1），如型号 MB1432A 中的 B 表示半自动万能外圆磨床。

表 3-1　常用机床通用特性代号

通用特性	高精度	精密	自动	半自动	数控	仿形	加工中心（自动换刀）	轻型	数显	简式或经济型	高速
代号	G	M	Z	B	K	F	H	Q	X	J	S
读音	高	密	自	半	控	仿	换	轻	显	简	速

机床结构性能的重大改进用顺序 A、B、C……表示，加于型号的末尾。

目前，我国工厂中使用的一部分老机床型号用三位数表示，例如，M131W 表示最大磨削直径为 ϕ315mm 的万能外圆磨床。又如，M7475B、MGB1432D 的字母与数字的含义如下：

"M"为"磨"字汉语拼音的第一个字母，直接读音为"磨"。

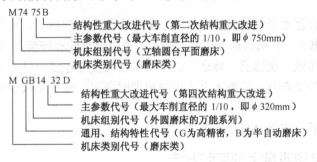

M 74 75 B
└─ 结构性重大改进代号（第二次结构重大改进）
└─ 主参数代号（最大车削直径的 1/10，即 ϕ 750mm）
└─ 机床组别代号（立轴圆台平面磨床）
└─ 机床类别代号（磨床类）

M GB14 32 D
└─ 结构性重大改进代号（第四次结构重大改进）
└─ 主参数代号（最大车削直径的 1/10，即 ϕ 320mm）
└─ 机床组别代号（外圆磨床的万能系列）
└─ 通用、结构特性代号（G为高精密，B为半自动磨床）
└─ 机床类别代号（磨床类）

知识三　电磁吸盘的使用

一、在使用电磁吸盘时的注意事项

（1）关掉电磁吸盘的电源后，有时工件不容易取下，这是因为工件和电磁吸盘上仍会保留一部分磁性（剩磁），这时要将开关转到退磁位置，多次改变线圈中的电流方向，把剩磁去掉，工件就容易取下。

（2）从电磁吸盘上取底面积较大的工件时，由于剩磁及光滑表面间黏附力较大，不容易取下，这时可根据工件形状用木棒或铜棒将工件扳松后再取下，切不可用力硬拖工件，以防工作台面与工件表面拉毛损伤，如图 3-4 所示。

（3）装夹工件时，工件定位表面盖住绝缘磁层条数应尽可能多，以便充分利用磁性吸力。小而薄的工件应放在绝缘磁层中间，如图 3-5（a）所示，要避免放成如图 3-5（b）所示的位置，并在其左、

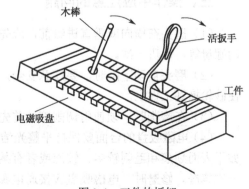

图 3-4　工件的拆卸

右放置挡板，以防止工件松动，如图 3-5（c）所示。

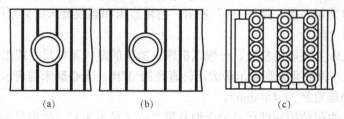

图 3-5　小工件的装夹

装夹高度较高而定位面积较小的工件时，应在工件的四周放上面积较大的挡板，其高度略低于工件，这样就可避免因吸力不够而造成工件翻倒，如图 3-6 所示。

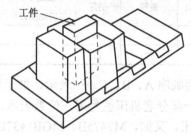

图 3-6　狭高工件的装夹

（4）电磁吸盘台面要经常保持平整光洁，如果台面上出现拉毛，可用三角油石或细砂纸修光，再用金相砂纸抛光。如果台面使用时间较长，表面上划纹和细麻点较多，或者有某些变形，可以对电磁吸盘台面做一次修磨。修磨时，电磁吸盘应接通电源，使它处于工作状态。磨削量和进刀量要小，冷却要充分，待磨光至无火花出现时即可，应尽量减少修磨次数，以延长其使用寿命。

（5）工作结束后，应将吸盘台面擦净。

二、工件在电磁吸盘上的装卸方法

（1）将工件基准面擦干净，修去表面毛刺，然后将基准面放到电磁吸盘上。

（2）转动充退磁选择按钮开关至"通磁"位置，使工件被吸住。

（3）工件加工完毕，将充退磁选择按钮开关拨至"退磁"位置，退去工件的剩磁，然后取下工件。

三、操作中应注意的问题

（1）磨头在横向或垂直进给前，应先按动磨头润滑按钮，以润滑立柱导轨、磨头导轨、滚动螺母等，每班一次。

（2）磨头自动下降时，要注意安全，不要在砂轮与工件很近时才松开按钮，以免由于惯性使砂轮撞到工件上。

（3）在磨削时，须使用切削液，首先使切削泵工作，然后调节喷嘴以喷出切削液。

（4）电磁吸盘的台面要保持平整光洁，发现有划伤现象时，应及时用油石或金相砂纸修去。如果表面划痕和毛刺较多、较深或者有某些变形，影响工件的加工精度，可对电磁吸盘台面做一次修磨。修磨时，电磁吸盘应接通电源，使它处于工作状态。每次修磨量应尽可能小，磨粗即可以延长电磁吸盘的使用寿命。

知识四 砂轮的安装、拆卸、修整

一、砂轮材质的一般选择原则

（1）工件材料为碳素结构钢或优质碳素结构钢时，砂轮材质选用棕刚玉。

（2）工件材料为淬火钢、低合金钢、合金结构钢、高速工具钢、铬轴承钢时，砂轮材质选用白刚玉。

（3）工件材料为硬质合金时，砂轮材质可选用人造金刚石或绿碳化硅。

（4）工件材料为铸铁、黄铜时，砂轮材质可选用黑碳化硅。

（5）刃磨高速工具钢及模具制造时，砂轮材质可选用立方氮化硼。

磨料的选择见表 3-2。

表 3-2 磨料的选择

磨料名称	代号	特点	适用范围
棕刚玉	A	有足够硬度，韧性大，价格便宜	磨削碳素钢等，特别适合磨未淬硬钢、调质钢及粗磨
白刚玉	WA	比棕刚玉硬而脆，自锐性好，磨削力和磨削热较小，价格比棕刚玉高	磨削淬硬钢、高速钢、高碳钢、螺纹、齿轮、薄壁薄片零件及刃磨刀具等
铬刚玉	PA	硬度与白刚玉相似而韧性较好	磨削合金钢、高速钢、锰钢等高强度材料及粗糙度要求低的工序，也适用于成型磨削和刃磨刀具等
单晶刚玉	SA	硬度和韧性都比白刚玉高	磨削不锈钢和高钒高速钢等硬度高、韧性大的材料
微晶刚玉	MA	强度高、韧性和自锐性好	磨削不锈钢、轴承钢和特种球磨铸铁等
黑碳化硅	C	硬度比白刚玉高，但脆性大	磨削铸铁、黄铜、软青铜及橡胶、塑料等非金属材料
绿碳化硅	GC	硬度和黑碳化硅相近，而脆性更大	磨削硬质合金、光学玻璃等
金刚石	SD	硬度最高，磨削性能好，价格昂贵	磨削硬质合金、光学玻璃等高硬度材料
立方氮化硼	DL	性能与金刚石相近，磨难磨钢材性能比金刚石好	磨削钛合金、高速工具钢等高硬度材料

二、粒度的选择

应按工件表面粗糙度和加工精度来选择粒度，见表 3-3。

表 3-3 粒度的选择

粒度代号	适用范围	工件表面粗糙度 Ra/μm
40#～60#	一般磨削	2.5～1.25
60#～80#	半精磨或精磨	0.63～0.2
100#～240#	精密磨削	0.16～0.1
240#～W20#	超精密磨削	0.08～0.012
W14#～W10#	超精密、镜面磨削	0.04～0.008

三、硬度的选择

砂轮硬度是衡量砂轮自锐性的重要指标之一。磨削硬材料时，磨粒容易变钝，应选用软砂轮；反之，宜选用硬砂轮。磨削软而韧的材料时，砂轮容易堵塞，应选用较软的砂轮。具体情况如下。

（1）磨削韧性大的有色金属工件、刃磨硬度高的刀具、磨削薄壁件及易堵塞砂轮的材料时，应选用较软的砂轮；镜面磨削应选择超软砂轮。

（2）工件材料相同，对于纵向磨削与切入磨削，周边磨削与端面磨削，外圆磨削与内圆、平面磨削，湿磨与干磨，精磨与粗磨，断续表面磨削与连续表面磨削等，前者均要选用比后者较硬的砂轮。

（3）高速、高精度磨削，钢坯荒磨，工件去毛刺等，应选择较硬的砂轮。

（4）磨削时，对于自动进给砂轮与手动进给砂轮、树脂结合剂砂轮与陶瓷结合剂砂轮，前者的硬度比后者均要高些。

（5）结合剂的选择：结合剂直接影响到砂轮的强度和硬度。结合剂的选择见表 3-4。

表 3-4　结合剂的选择

结合剂名称	代　号	适　用　范　围
陶瓷结合剂	V	适用于内外圆、无心、平面、螺纹与成型磨削，以及刃磨、研磨与超精磨等；适用于对碳钢、合金钢、不锈钢、铸铁、有色金属及玻璃陶瓷等材料进行加工
菱苦土结合剂	Mg	适于磨削热传导性差的材料及砂轮与工件接触面较大的工件，还广泛用于石材加工和磨米
树脂结合剂	B	适用于荒磨、切断和自由磨削，如磨钢锭、打磨铸、锻件毛刺等
橡胶结合剂	R	适用于制造无心磨导轮、精磨、抛光砂轮、超薄型切割用片状砂轮及轴承精加工砂轮

四、砂轮的安装和拆卸

1. 砂轮的安装

M7120D 型平面磨床选用直径 250mm 的平形砂轮，安装与拆卸砂轮均采用专用的套筒扳手，如图 3-7 所示。

砂轮安装步骤如下。

（1）擦干净磨头架主轴锥体外圆和砂轮法兰盘锥孔。

（2）将已装好砂轮并经过静平衡的砂轮卡盘装到主轴上，用力推紧。

（3）装上专用垫圈，将紧固螺母旋到主轴上（左旋）。

（4）用专用套筒扳手（六角套筒）部分套到紧固螺母上，用榔头逆时针方向敲紧，使砂轮紧固在机床主轴上，如图 3-8 所示。

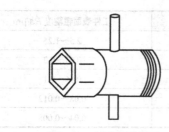

图 3-7　专用套筒扳手

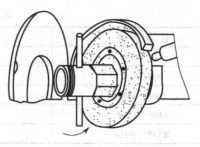

图 3-8　用专用扳手紧固砂轮

（5）关上砂轮罩壳门，进行砂轮修整。

2．砂轮的拆卸

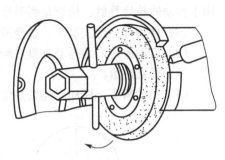

（1）打开砂轮罩壳门，用专用套筒扳手（六角套筒）部分套到机床主轴紧固螺母上，用榔头顺时针方向（砂轮旋转方向）敲击扳手，卸下紧固螺母和垫圈。

（2）将专用套筒扳手外螺纹部分按砂轮旋转方向旋到砂轮法兰盘螺孔内，并拧紧，如图 3-9 所示。

（3）用榔头敲击扳手，使砂轮连同法兰盘从机床主轴上卸下来。

图 3-9　用专用套筒扳手拆卸砂轮

五、砂轮的修整

1．用滑板体上的砂轮修整器修整砂轮

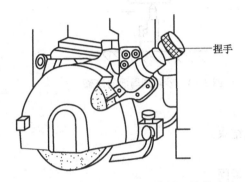

捏手

图 3-10　用滑板体上的砂轮修整器修整砂轮

M7130G/F 型平面磨床在滑板体上装有固定的砂轮修整器，移动磨头，即可对砂轮进行修整。其优点是使用方便，金刚石不用经常拆卸；缺点是修整精度低，如图 3-10 所示。

砂轮的修整步骤如下。

（1）在砂轮修整器上安装金刚石，并紧固。

（2）移动磨头，使金刚石在砂轮宽度范围内。

（3）启动砂轮，旋转砂轮修整器捏手，使套筒在轴套内滑动，金刚石向砂轮圆周面进给。

（4）当金刚石接触砂轮圆周面后，停止修整器进给。

（5）换向修整时，将磨头换向手柄拉出或推进，使磨头换向移动，并旋转砂轮修整器捏手，按修整要求进给。粗修整每次进给 0.02～0.03mm，精修整每次进给 0.005～0.01mm。

（6）修整结束，将磨头快速连续退至台面边缘，使金刚石退离修整位置。

2．在电磁吸盘上用修整器修整砂轮

图 3-11 所示为在吸盘上使用的台面砂轮修整器。其优点是既能修整砂轮外圆，又能修整砂轮端面，而且修整精度较高。缺点是使用不方便，每次修整后要从台面上取下来。由于工件高度与修整器高度一般有一定差距，所以每次修整辅助时间较长。

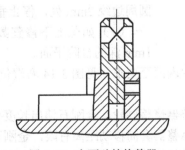

图 3-11　台面砂轮修整器

1）砂轮圆周面上的修整步骤

（1）将金刚石装入砂轮修整器内，并用螺钉紧固。

（2）砂轮修整器安放在电磁吸盘台面上，电磁吸盘工作状态选择开关拨到"吸着"位置，用手拉动砂轮修整器，检查是否吸牢。

（3）移动工作台及磨头，使金刚石处于图3-12所示的位置。

（4）启动砂轮，并摇动垂直进给手轮，使砂轮圆周逐渐接近金刚石，当砂轮与金刚石接触后，停止垂直进给。

（5）移动磨头，做横向连续进给，使金刚石在整个圆周面上进行修整，如图3-13所示。

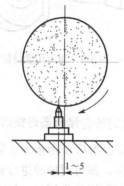

图3-12　金刚石修整位置

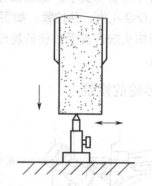

图3-13　砂轮圆周面的修整

（6）修整至要求后，磨头快速连续退出。

（7）将电磁吸盘退磁，取下砂轮修整器，修整砂轮结束。

2）砂轮端面的修整步骤

（1）将金刚石从侧面装入砂轮修整器内，并用螺钉紧固。

（2）将砂轮修整器安放在电磁吸盘台面上，通磁吸住。

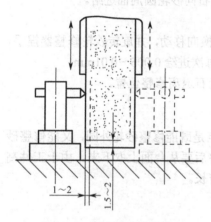

图3-14　砂轮端面的修整

（3）移动工作台及磨头，使金刚石处于图3-14所示左端的位置。

（4）启动砂轮并摇动磨头横向进给手轮，使砂轮端面接近金刚石，当砂轮端面与金刚石接触后，磨头停止横向进给。

（5）摇动磨头垂直进给手轮，使砂轮垂直连续下降；当金刚石接近砂轮法兰盘时，停止垂直进给。

（6）磨头做横向进给，进给量为0.02～0.03mm；再摇动垂直进给手轮，使砂轮垂直连续上升，在金刚石离砂轮圆周边缘2mm处，停止垂直进给。

（7）如此上下修整数次，在砂轮端面上修出一个约1mm深的台阶平面。

（8）用同样方法修整砂轮内端面至要求（见图3-14右端位置）。

3）操作中应注意的问题

（1）用滑板体上的砂轮修整器修整砂轮，金刚石伸出长度要适中，太长会碰到砂轮端面，无法进行修整；太短由于砂轮修整器套筒移动距离有限，金刚石无法接触砂轮。

（2）在电磁吸盘台面上用砂轮修整器修整圆周面时，金刚石与砂轮中心有一定偏移量，在修整砂轮时，工作台不能移动，否则，金刚石吃进砂轮太深，容易损坏金刚石和砂轮。

（3）在用金刚石修整砂轮端面时，一般采用手动垂直进给，不宜采用自动垂直进给，因为自动垂直进给速度较快，较难控制换向距离，容易进给过头。手动进给时也要注意换向距离，不要使砂轮修整器撞到法兰盘上，也不要升过头将端面凸台修去。

（4）在修整砂轮时，工作台启动调速手柄应转到"停止"位置，不要转到"卸负"位置，否则无法进行修整。

（5）在修整砂轮端面时，砂轮内凹平面不宜修得太宽或太窄。太宽了，磨削时会造成工件发热烧伤，且平面度也较差；太窄了，砂轮端面切削平面，磨损速度快，影响磨削效率。

（6）在用台面砂轮修整器修整砂轮时，应先检查一下修整器是否吸牢，可用手拉一下修整器，检查无误后再进行修整。

知识五 平面磨削的方法

一、平面磨削的常用方法

以卧轴矩台平面磨床为例，平面磨削的常用方法有以下几种。

1. 横向磨削法

横向磨削法是最常用的一种磨削方法，如图 3-15 所示。磨削时，当工作台纵向行程终了时，砂轮主轴做一次横向进给。这时砂轮所磨削的金属层厚度就是实际背吃刀量，磨削宽度等于横向进给量。将工作台上第一层金属磨去后，砂轮重新做垂向进给，直至切除全部余量为止，这种方法称为横向磨削法。

横向磨削法因其磨削接触面积小，发热较小，排屑、冷却条件好，砂轮不易堵塞，工件变形小，因而容易保证工件的加工质量。但生产效率较低，砂轮磨损不均匀，磨削时须注意磨削用量和砂轮的正确选择。

1）磨削用量的选择

一般粗磨时，横向进给量可选择（0.1～0.4）B/双行程（B 为砂轮宽）；垂直进给量可选择 0.015～0.03mm；精磨时，横向进给量可选择（0.05～0.1）B/双行程，垂直进给量为 0.005～0.01mm。

2）砂轮的选择

一般用平形砂轮，陶瓷结合剂。由于平面磨削时砂轮与工件的接触弧比圆磨削大，所以砂轮的硬度应比外圆磨削时稍低些，粒度更大些。

2. 深度磨削法

深度磨削法又称切入磨削法，如图 7-21 所示。它是基于横向磨削法，其磨削特点是：纵向进给速度低，砂轮通过数次垂向进给，将工件大部分或全部余量磨去，然后停止砂轮垂直进给，磨头做手动横向微量进给，直至把工件整个表面的余量全部磨去，如图 3-16（a）所示。磨削时，也可通过分段磨削，把工件整个表面余量全部磨去，如图 3-16（b）所示。

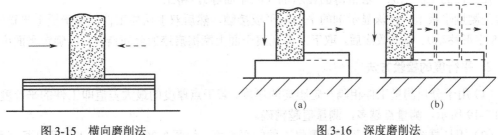

(a)　　　　(b)

图 3-15 横向磨削法　　　　图 3-16 深度磨削法

为了减小工件表面粗糙度值，用深度磨削法磨削时，可留少量精磨余量，一般为 0.05mm 左右，然后改用横向磨削法将余量磨去。此方法能提高生产效率，因为粗磨时的垂向进给量和横向进给量都较大，缩短了机动时间。一般适用于功率大、刚度好的磨床磨削较大型工件，磨削时须注意装夹稳固，且供应充足的切削液冷却。

3．台阶磨削法

它是根据工件磨削余量的大小，将砂轮修整成阶梯形，使其在一次垂向进给中磨去全部余量，如图 3-17 所示。砂轮的台阶数目按磨削余量的大小确定，用于粗磨的各阶梯长度和深度相

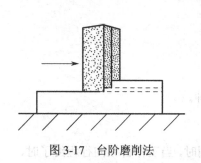

同，其长度和一般不大于砂轮宽度的 1/2，每个阶梯的深度为 0.05mm 左右，砂轮的精磨台阶（即最后一个台阶）的深度等于精磨余量（0.02～0.04mm）。用台阶磨削法加工时，由于磨削用量较大，为了保证工件质量和提高砂轮的使用寿命，横向进给应缓慢一些。

台阶磨削法生产效率较高，但修整砂轮比较麻烦，且机床须具有较高的刚度，所以在应用上受到一定的限制。

图 3-17　台阶磨削法

二、平面磨削基准面的选择原则

平面磨削基准面的选择准确与否将直接影响工件的加工精度，具体选择原则如下。

（1）在一般情况下，应选择表面粗糙度较小的面作为基准面。

（2）在磨大小不等的平面时，应选择大面为基准，这样装夹稳固，并有利于磨去较少余量达到平行度要求。

（3）在平行面有形位公差要求时，应选择工件形位公差较小的面或者有利于达到形位公差要求的面作为基准面。

（4）根据工件的技术要求和前道工序的加工情况来选择基准面。

三、平行面工件的精度检验

1．平面度的检验方法

1）透光法

即用样板平尺测量，一般选用刀刃式尺（又叫直刃尺）测量平面度，如图 3-18 所示。检验时，将平尺垂直放在被测平面上，刃口朝下，对着光源，观看刃口与平面之间缝隙的透光情况，以判断平面的平面度误差。

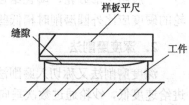

图 3-18　用透光法检验平面度

2）着色法

在工件的平面上涂一层很薄的显示剂（红印油等），将工件放到测量平板上，使涂显示剂的平面与平板接触，然后双手扶住工件，在平板上平稳地移动（呈 8 字形移动）。移动数次后，取下工件观察平面上摩擦痕迹的分布情况，以确定平面度误差。

2．平行度的检验方法

（1）用千分尺测量工件相隔一定距离的厚度，若干点厚度的最大差值即工件的平行度误差，如图 3-19 所示。测量点越多，测量值越精确。

（2）用杠杆式百分表在平板上测量工件的平行度，如图 3-20 所示。将工件和杠杆式百分表

架放在测量平板上，调整表杆，使杠杆式百分表的表头接触工件平面（约压缩 0.1mm），然后移动表架，使百分表的表头在工件平面上均匀地移动，则百分表的读数变动量就是工件的平行度误差。测量小型工件时，也可采用表架不动、工件移动的方法。

 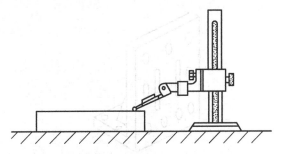

图 3-19　用千分尺测量工件平行度　　　图 3-20　用杠杆式百分表在平板上测量工件平行度

知识六　垂直面的磨削

垂直面是指两表面成 90°的平面。工件在装夹时要保证相邻两平面的垂直度要求。

一、垂直面的磨削

1. 用精密平口钳装夹磨削垂直平面

1）精密平口钳的结构

精密平口钳主要由底座、固定钳口、活动钳口、传动螺杆、捏手等组成，如图 3-21 所示。将固定钳口与底座制成一体，其各个侧面与底面互相垂直，钳口的夹紧面也与底面、侧面垂直。活动钳口可在燕尾轨上前、后移动，把工件夹紧在钳口中。

2）用精密平口钳装夹磨削垂直平面

将工件装夹在精密平口钳上，先磨好一个平面，再将平口钳翻转 90°磨另一个平面，如图 3-22 所示。

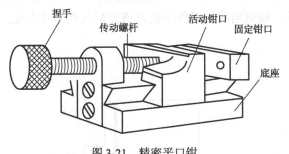 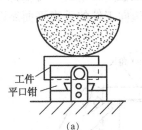 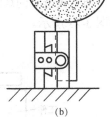

图 3-21　精密平口钳　　　　图 3-22　用精密平口钳装夹磨削垂直平面

2. 用精密角铁装夹磨削垂直平面

1）精密角铁的结构

精密角铁由两个相互垂直的工作平面组成，它们之间的垂直偏差一般在 0.005mm 之内。角铁的工作平面上有若干大小形状不同的通孔或槽，以便于装夹工件，如图 3-23 所示。

2）用精密角铁装夹磨削垂直平面

以工件的精加工过的定位基准面贴紧在角铁的垂直面上，用百分表找正后，用压板螺钉夹紧，然后进行磨削，如图 3-24 所示。

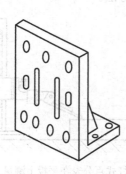

图 3-23　精密角铁

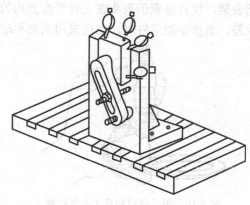

图 3-24　用精密角铁装夹并找正工件

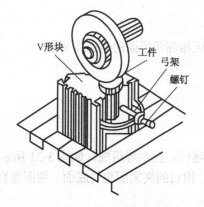

图 3-25　用精密 V 形块装夹磨削垂直面

3. 用精密 V 形块装夹

磨削圆柱形工件端面，可用精密 V 形块装夹。此法可保证端面对圆柱轴线的垂直度公差，适用于加工较大的圆柱端面工件，如图 3-25 所示。

二、垂直面工件的精度检验

1. 用 90°角尺测量垂直度

测量小型工件的垂直度时，可直接把 90°角尺的两个尺边接触工件的垂直平面。测量时，先使一个尺边贴紧工件一个平面，然后移动 90°角尺，使另一尺边逐渐靠近工件的另一平面，根据透光情况判断垂直度，如图 3-26 所示。

当工件尺寸较大或重量较重时，可以把工件与 90°角尺放在平板上测量，90°角尺垂直放置，与平板垂直的尺边向工件的垂直平面靠近，根据角尺与工件平面的透光情况判断垂直度，如图 3-27 所示。

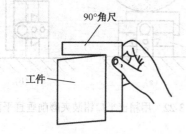

图 3-26　用 90°角尺检验工件垂直度

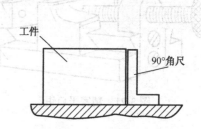

图 3-27　在平板上检验工件垂直度

2. 用 90°圆柱角尺与塞尺测量垂直度

1）圆柱角尺的结构与精度要求

90°圆柱角尺是表面光滑的圆柱体。圆柱体直径与长度之比一般为 1：4；圆柱体的两端平面内凹，使 90°圆柱角尺以约 10mm 宽度的圆环面与平板接触，以提高 90°圆柱角尺的测量稳定性，如图 3-28 所示。

90°圆柱角尺的精度要求很高，表面粗糙度小于 0.1μm，圆柱的平行度误差小于 0.002mm，与端面的垂直度误差小于 0.002mm。

2）测量方法

把工件与 90°圆柱角尺放到平板上，使工件贴紧 90°圆柱角尺，观察透光位置和缝隙大小，选择合适的塞尺塞空隙，如图 3-29 所示。先选尺寸较小的塞尺塞进空隙内，然后逐挡加大尺寸塞进空隙，直至塞尺塞不进空隙为止，则塞尺标注尺寸即为工件的垂直度误差值。

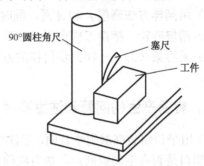

图 3-28　90°圆柱角尺　　　　　图 3-29　用 90°圆柱角尺与塞尺测量垂直度

3．用百分表及测量圆柱棒测量垂直度

测量时，将工件放到平板上，并向圆柱棒靠平，百分表表头测到工件最高点；读出数值后，工件转向 180°，将另一平面靠平圆柱棒，读出数值。两个数值差的 1/2 即为工件的垂直度误差值（测量时，要扣除工件本身平行度的误差值，如图 3-30 所示）。

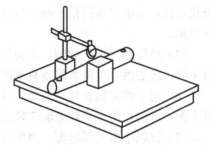

图 3-30　用百分表及测量圆柱棒测量垂直度

三、六面体的磨削实例

如图 3-31 所示为六面体工件，材料为 HT200，平行度要求、垂直度要求均为 0.01mm，尺寸公差要求为 ±0.01mm，表面粗糙度要求为 0.8μm。

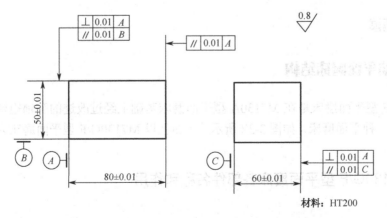

图 3-31　六面体的磨削

六面体的磨削步骤如下。

（1）修整砂轮。

（2）将工作台面擦净，去除工件毛刺，检查磨削余量。

（3）以 B 面为基准，粗磨其对应面 B'，留 0.1mm 左右的精磨量。

（4）翻身装夹，以 B' 为基准，粗磨 B 面，留精磨余量 0.1mm 左右，保证两平面的平行度误差在 0.01mm 以内。

（5）用精密平口钳装夹工件，钳口夹紧 A 和 A' 面进行装夹，用百分表找正 B 和 B' 面与工作台平行，把平口钳转过 90°，磨出 C 和 C' 面，直到达到垂直度要求，两面保留 0.1mm 的精磨余量。

（6）用同样方法磨削 A 和 A' 面，同时保留 0.1mm 的精磨余量。

（7）精修砂轮，擦净工作台面，去除工件毛刺。

（8）采用第（3）～（6）步同样的方法进行精磨，保证平行度、垂直度要求，磨至尺寸要求即可。

四、容易产生的问题和注意事项

（1）用平口钳装夹磨削垂直面，要注意平口钳本身精度的误差，使用前应检查平口钳底面、侧面和钳口是否有毛刺或硬点，如有应除去后才能使用。

（2）用精密角铁装夹磨削垂直平面时，工件的重量和体积不能大于角铁的重量和体积。角铁上的定位高度应与工件厚度基本一致，压板在压紧工件时受力要均匀，装夹要稳固。工件在未找正前，压板应压得松一些，以便于校正，但也不能太松，否则校正时工件容易从角铁上脱落下来。

（3）磨削顺序不能颠倒，六面体工件磨削时，一般先磨厚度最小的平行面、厚度较大的垂直平面，最后磨厚度最大的垂直平面，以保证磨削精度效率。

（4）对于没有倒角的六面体工件，在两平行面经过磨削后，要及时除去毛刺再磨其他垂直平面，以防止由于毛刺影响工件的垂直度和平行度。

（5）在以小面为基准面、磨削厚度最大的平行面时，要注意安全。工件在吸盘台面上装夹位置应与工作台纵向平行，不能横过来装夹。工件被吸附的高度小于纵向方位两侧高度的 1/2，应列为易翻倒工件。在工件的前面（磨削力方向）应加一块挡铁，挡铁的高度不得小于工件高度的 2/3，挡铁与台面的接触面积要大。

 知识拓展

拓展一　自动平面磨床结构

M7130G/F 型平面磨床是在 M7130A 型平面磨床基础上经过改进的卧轴矩台平面磨床，也是较为常用的一种平面磨床，如图 3-32 所示。下面就以 M7130G/F 型平面磨床为例介绍平面磨床的基本操作。

一、M7130G/F 型平面磨床各部件名称和作用

1. 床身

床身为箱形铸件，上面有 V 形导轨及水平导轨；工作台安装在导轨上。床身前侧的液压操纵箱上安装有垂直进给机构、液压操纵板等，用以控制机床的机械与液压传动。电器按钮板上有电器控制按钮。

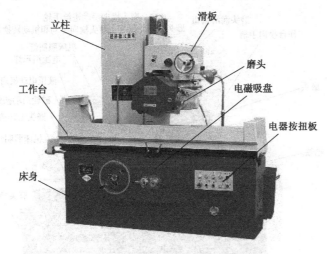

图 3-32　M7130G/F 型平面磨床

2．工作台

工作台是一个盆形铸件，上部有长方形台面，下部有凸出的导轨。工作台上部台面经过磨削，并有一条 T 形槽，用以固定工作物和电磁吸盘。在台面四周装有防护罩，以防止切削液飞溅。

3．磨头

磨头在壳体前部，装有两套短三块油膜滑动轴承和控制轴向窜动的两套球面止推轴承，主轴尾部装有电动机转子，电动机定子固定在壳体上。磨头有两种水平进给形式：一种是断续进给，即工作台换向一次，砂轮磨头横向做一次断续进给，进给量为 1～12mm；另一种是连续进给，磨头在水平面燕尾导轨上往复连续移动，连续移动速度为 0.3～3m/min，由进给选择旋钮控制。磨头除了可液压传动外，还可手动进给。

4．滑板

滑板有两组相互垂直的导轨，一组为垂直矩形导轨，用以沿立柱做垂直移动；另一组为水平燕尾导轨，用以做磨头横向移动。

5．立柱

立柱为一箱形体，前部有两条矩形导轨，丝杠安装在中间，通过螺母使滑板沿矩形导轨做垂直移动。

6．电器按钮板

电器按钮板主要用于安装各种电器按钮，通过操作按钮，来控制机床各项进给运动。

7．液压操纵箱

液压操纵箱主要用于控制机床的液压传动。

二、平面磨床的调整和操纵

M7130G/F 型平面磨床操纵示意图如图 3-33 所示。

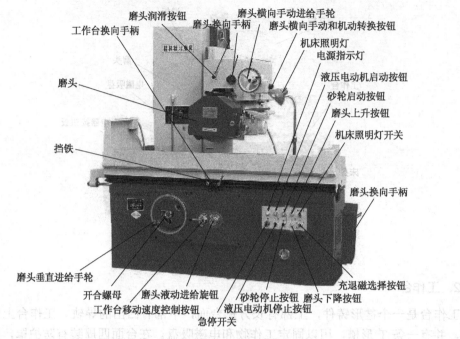

图 3-33　M7130G/F 型平面磨床操纵示意图

1．工作台的操作和调整

（1）旋开急停按钮。

（2）按动液压启动按钮，启动液压泵。

（3）调整工作台，行程挡铁位于两端位置。

（4）在液压泵工作数分钟后，扳动工作台启动调速手柄，向顺时针方向转动，使工作台从慢到快进行运动。

（5）扳动工作台换向手柄，使工作台往复换向 2～3 次，检查动作是否正常，然后使工作台自动换向运动。

（6）扳动工作台启动调速手柄，向逆时针方向转动，使工作台从快到慢直至停止运动。

2．磨头的操纵和调整

1）磨头的横向液动进给

（1）向左转动磨头液动进给旋钮，使磨头从慢到快做连续进给；调节磨头左侧槽内挡铁的位置，使磨头在电磁吸盘台面横向全程范围内往复移动，如图 3-34 所示。

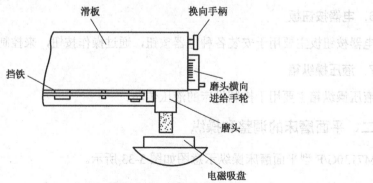

图 3-34　磨头的横向进给

（2）向右转动旋钮，使磨头在工作台纵向运动换向时做横向断续进给，进给量可在1～12mm范围调节。磨头断续或连续进给需要换向时，可操纵换向手柄，换向手柄向外拉出，磨头向外进给；换向手柄向里推进，磨头向里进给。

2）磨头的横向手动进给

当用砂轮端面进行横向进给磨削时，砂轮须停止横向液动进给。操作时，应将磨头液动进给旋钮旋至中间停止位置；再旋出磨头横向手动和机动转换按钮（注：机动进给时须合上按钮），然后手摇磨头横向手动进给手轮，使磨头做横向进给，顺时针方向摇动手轮，磨头向外移动；逆时针方向摇动手轮，磨头向里移动。手轮每格进给量为 0.01mm。

3）磨头的垂直自动升降

磨头垂直自动升降是由电器控制的，操纵时，先把开合螺母向外拉出，使操纵箱内齿轮脱开，然后按动磨头上升按钮，滑板沿导体移动，带动磨头垂直上升，按动磨头下降按钮，滑板向下移动，磨头垂直下降；松开按钮，磨头就停止升降。磨头的自动升降一般用于磨削前的预调整，以减轻劳动强度，提高生产效率。

4）磨头的垂直手动进给

磨头的进给是通过摇动垂直进给手轮来完成的。操纵时，把开合螺母向里推紧，使操纵箱内齿轮啮合；摇动磨头垂直进给手轮，磨头垂直上下移动。手轮顺时针方向摇动一圈，磨头就下降 1mm；每格进给量为 0.005mm。

3．砂轮的启动

为了保证砂轮主轴使用的安全，在启动砂轮前，必须启动润滑泵，使砂轮主轴得到充分润滑。M7130G/F 型平面磨床油箱采用水银限位开关来延迟砂轮启动的时间，保证了砂轮启动的安全。

操作时，在润滑泵启动约 3min 后，水银开关被顶起，线路接通。按动砂轮启动按钮，使砂轮运转；磨削结束后，按动砂轮停止按钮，砂轮停止运转。润滑泵不启动砂轮是无法启动的。

拓展二 砂轮工作特性

砂轮是一种特殊的刀具，它由磨料和结合剂以适当的比例混合成型后，再经过压制、干燥、烧结而成。磨粒、结合剂、空隙是构成砂轮结构的三要素，如图 3-35 所示。

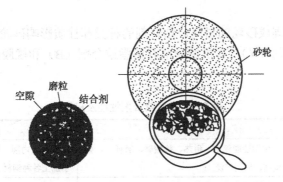

图 3-35 砂轮结构

砂轮的工作特性主要由磨料、粒度、结合剂、硬度、组织、形状和尺寸、强度七个要素来表示。

一、磨料

磨料是构成砂轮的主要材料，在磨削时须经过强烈的摩擦、挤压和高温作用，因此磨料要具有很高的硬度、一定的韧性、一定的强度和稳定性。

磨料分天然和人造磨料两大类。天然磨料含杂质较多，且价格昂贵，很少采用。目前用的主要是人造磨料，分为刚玉类、碳化硅类、超硬类三大类。

1. 刚玉类磨料

刚玉类磨料的主要成分是氧化铝（Al_2O_3），它由铝矾土等原料在高温电炉中熔炼而成，具有极高的硬度。按氧化铝含量及渗入物不同，刚玉大致分为棕刚玉、白刚玉、铬刚玉、微晶刚玉、单晶刚玉五种。

2. 碳化硅类磨料

碳化硅磨料的主要成分是碳化硅（SiC），它由硅石和焦炭在高温电炉中熔炼而成。其硬度的脆性比氧化铝更高，磨粒更锋利。碳化硅可分为绿色碳化硅和黑色碳化硅两种。

3. 超硬类磨料

超硬类磨料是近年来发展起来的新型磨料，是利用超高压、超高温技术制成的，是目前已知物质中最硬的材料，其刃口非常锋利，有极好的切削性能。目前我国能制造的超硬类磨料有人造金刚石、立方氮化硼两种。

二、粒度

粒度是表示磨粒尺寸大小的参数，粒度号越大，表示磨料颗粒越小。国家标准 GB/T 2477—1994《磨料粒度及其组成》规定，粒度用 41 个粒度代号表示。粒度代号有两种测定法：筛网法和显微镜测定法。

颗粒尺寸大于 50pin 的磨粒用筛网法测定。粒度用所能通过每 25.4mm（1in）长度上的筛网眼数表示。例如，60 号粒度是指它可以通过每英寸长度上有 60 个网眼的筛网。当磨粒尺寸小于 40pin 时，磨粒呈微糯状，要用显微镜测定法测定。粒度用 W 表示微粉，阿拉伯数字表示用显微镜测定的微粒实际宽度尺寸，例如，W40 表示微粉宽度尺寸为 40～28pin。

三、结合剂

结合剂是将磨粒黏固成砂轮的材料。结合剂的种类和性质影响砂轮的硬度和强度。常用的无机结合剂是陶瓷结合剂（V），有机结合剂有树脂结合剂（B）和橡胶结合剂（R），具体性能见表 3-5。

表 3-5 常用结合剂性能及应用

名 称 代 号	性 能	应 用 范 围
陶瓷结合剂 V	化学性能稳定、耐热、抗酸碱，磨耗小，强度高，应用广泛	适用于内圆、外圆、无心、平面等磨削。适于加工各种钢材、铸铁、有色金属、陶瓷等
树脂结合剂 B	结合强度高，具有一定弹性，自锐性好，抛光性较好，不耐酸碱	适于切割、自由磨削，如薄片砂轮、高速、低粗糙度磨削
橡胶结合剂 R	强度高，比树脂结合剂更富弹性，磨料易脱落；缺点：耐热性差，不耐酸碱	适于精磨、镜面磨削砂轮，轴承、叶片等抛光砂轮，无心磨导轮等

四、硬度

砂轮硬度是指结合剂黏结磨粒的牢固程度，也表示磨粒在磨削力的作用下从砂轮表面上脱落的难易程度。磨粒不易脱落的砂轮称为硬砂轮；反之，则称为软砂轮。砂轮硬度影响砂轮的自锐性，砂轮硬度代号见表 3-6。

表 3-6　砂轮硬度代号

硬度	硬度由软→硬																	
代号	A	B	C	D	E	F	G	H	J	K	L	M	N	P	Q	R	S	T	Y

五、组织

砂轮组织是表示砂轮内部结构松紧程度的参数，与磨粒、结合剂、空隙三者的体积比例有关。砂轮组织的代号是以磨料占砂轮体积比例来划分的，砂轮所含磨料比例越大，组织越紧密，组织号越小；反之，空隙越大，砂轮组织越疏松，组织号越大，如图 3-36 所示。砂轮组织共分15 个组织号，以 0 号为基准，以后磨粒体积每减小 2%，组织号增加一号，依次类推，见表 3-7。

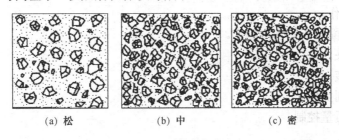

|　　(a) 松　　　　　　　(b) 中　　　　　　　(c) 密|

图 3-36　砂轮的组织

表 3-7　不同组织号砂轮磨粒占砂轮体积比例

组　织　号	0	1	2	3	4	5	6	7	8	9	10	11	12	13	14
磨粒占砂轮体积比例(%)	62	60	58	56	54	52	50	48	46	44	42	40	38	36	34

六、形状和尺寸

砂轮有不同的形状和尺寸，适用于不同的磨削加工，这里就不过多介绍了。

七、强度

高速旋转时，砂轮上任一部分都受到很大的离心力作用，砂轮如果没有足够的回转强度就会爆裂而引起严重事故。因此，砂轮的最大工作线速度必须标注在砂轮上。一般砂轮最高工作线速度为 35m/s。

八、砂轮的代号标记

根据 GB/T 2485—1997《普通磨具砂轮技术条件》规定，砂轮各特性参数以代号形式表示，其书写顺序是：砂轮形状、尺寸、磨料、粒度、硬度、组织、结合剂、最高工作线速度。

砂轮的标记方法示例如下。

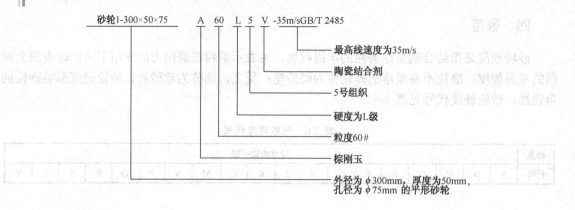

砂轮1-300×50×75　A　60　L　5　V -35m/sGB/T 2485

- 最高线速度为35m/s
- 陶瓷结合剂
- 5号组织
- 硬度为L级
- 粒度60#
- 棕刚玉
- 外径为 φ300mm，厚度为50mm，孔径为 φ75mm 的平形砂轮

 技能训练

一、实训目的及要求

（1）培养学生严谨的工作作风和安全意识。

（2）培养学生的责任心和团队精神。

（3）能安全操作。

（4）会手摇平面磨床的基本操作。

① 零件的装夹。

② 砂轮的安装。

③ 平面的磨削操作。

④ 平面磨削质量控制。

二、实训设备与器材（见表3-8）

表3-8　实训设备与器材

项　目	名　称	规　格	数　量
设备	手摇磨床	M7120A	8～10 台
刀具	配套砂轮		8～10 件
工具	电磁吸盘		8～10 台
量具	游标卡尺	0～150mm	8～10 把
量具	千分尺	25～50mm	8～10 把
备料	45#钢	180.2mm×100.2mm×50.2mm	8～10 块
其他	毛刷、扳手等	配套	一批

三、实训内容与步骤

1. 平面磨床的基本操作方法

1）操作前准备工作和检查

（1）班前检查所使用的设备、工具和作业现场，保证安全可靠。

（2）开动机床前应检查磨床的机械、液压和电气等传动系统是否正常，砂轮、挡铁、砂轮罩壳等是否坚固，防护装置是否齐全。启动砂轮时，人不应正对砂轮站立。

2）磨削前检查

（1）检查砂轮是否锋利，如砂轮表面粘有一些黑色的金属就应该用金刚笔进行修整。

（2）用金刚笔修整砂轮时，要让金刚笔与砂轮接触的点偏向砂轮轴心的左边 3～5mm，这样才能确保修整砂轮时的安全。

（3）砂轮应经过 2min 空运转实验，确定砂轮运转正常才能开始磨削。

3）平面磨削工作

（1）把要磨削的工件表面用砂布、废砂轮等简单地磨去毛刺等工作表面不平的东西，作为基准面放到磁力台上。

（2）打开磁力开关，把工件牢牢地吸在磁力台上，并用手推、拉检查是否吸牢。

（3）操纵横向和纵向手柄，使工件调整在砂轮的下方。

（4）摇动垂直升降手柄，使砂轮的外轮廓靠近工件 2～3mm 的位置，并移动工作台，确认没有碰擦工件。

（5）启动磨头，使砂轮旋转，摇动左右移动手柄，使工作台即工件运动。同时，缓慢摇动垂直升降手柄，让砂轮逐渐接近工件。当看到火花时，立即停止砂轮垂直下降。

（6）摇动前后移动手柄，使工件与砂轮错开；然后垂直进给 5 小格（即 0.025mm），每次垂直进给最多 5 小格，也可根据磨床砂轮罩上的说明进给。

（7）工作台向左右摇动进行磨削，当工件移动至左边或右边时，操作纵向手柄进行纵向进刀。

（8）当要磨垂直面、斜面、圆弧或其他异形面时，要使用精密平口钳、R 修整器、正弦磁力台等机床附件。

2．工艺准备

1）阅读分析图样

图 3-37 为垫块，材料为 45#钢，热处理淬火硬度为 40～45HRC，尺寸为（50±0.01）mm 和（100±0.01）mm，平行度公差为 0.015 mm，B 面的平面度公差为 0.01mm，磨削表面粗糙度为 0.8μm。

技术要求：
材料45钢，热处理淬硬40～45HRC。

图 3-37　垫块

2）磨削工艺

采用横向磨削法，考虑到工件的尺寸精度和平行度要求较高，应划分粗、精磨，分配好两面的磨削余量，并选择合适的磨削用量。平面磨削基准面的选择准确与否将直接影响工件的加工精度，其选择原则如下。

（1）在一般情况下，应选择表面粗糙度值较小的面为基准面。

（2）在磨大小不等的平行面时，应选择大面为基准，这样装夹稳固并有利于磨去较少余量达到平行度公差要求。

（3）在平行面有形位公差要求时，应选择工件形位公差较小的面或者有利于达到形位公差的面为基准面。

（4）根据工件的技术要求和前道工序的加工情况来选择基准面。

（5）工件的定位夹紧用电磁吸盘装夹，装夹前要将吸盘台面和工件的毛刺、氧化层清除干净。

（6）选择砂轮平面磨削应采用硬度软、粒度粗、组织疏松的砂轮。所选砂轮的特性为WAF46K5V 的平形砂轮。

（7）选择在 M7120A 型卧轴矩台平面磨床上进行磨削操作。

3．工件磨削步骤及注意事项

（1）修整砂轮。

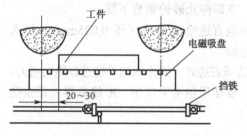

图 3-38　工作台行程距离的调整

（2）检查磨削余量。批量加工时，可先将毛坯尺寸粗略测量一下，按尺寸大小分类，并按序排列在台面上。

（3）擦净电磁吸盘台面，清除工件毛刺、氧化皮。

（4）将工件装夹在电磁吸盘上，接通电源。

（5）启动液压泵，移动工作台台程挡铁位置，调整工作台行程距离，使砂轮越出工件表面 20mm 左右，如图 3-38 所示。

（6）先磨尺寸为 50mm 的两平面。降低磨头高度，使砂轮接近工件表面，然后启动砂轮，做垂向进给，先从工件尺寸较大处进刀，用横向磨削法粗磨 B 面，磨出即可。

（7）翻身装夹，装夹前清除毛刺。

（8）粗磨另一平面，留 0.06～0.08mm 精磨余量，保证平行度误差不大于 0.015 mm。

（9）精修整砂轮。

（10）精磨平面，表面粗糙度值在 0.8μm 以内，保证另一面精磨余量为 0.04～0.06mm。

（11）翻身装夹，装夹前清除毛刺。

（12）精磨另一平面。保证厚度尺寸为（50+0.01）mm，平行度误差不大于 0.015 mm，表面粗糙度值在 0.8μm 以内。

（13）重复上述步骤，磨削尺寸为 100mm 的两面至图样要求。

4．注意事项

（1）工件装夹时，应将定位面擦干净，以免脏物影响工件的平行度，划伤工件表面。

（2）用滑板体砂轮修整器修整砂轮时，砂轮应离开工件表面，不能在磨削状态下修整砂轮。在工作台上用砂轮修整器修整砂轮时，要注意修整器高度的误差，在修整前及修整后均要及时调整磨头高度。工件装夹时，要留出砂轮修整器的安装位置，便于修整与装卸。

（3）磨削薄片工件时，要注意弯曲变形，砂轮要保持锋利，切削液要充分，磨削深度要小，工作台纵向进给速度可调整得快一些。在磨削过程中，要多次翻转工件，并采用垫纸等方法来减小工件平面度误差。

（4）在磨削平行面时，砂轮横向进给应选择断续进给，不宜选择连续进给，砂轮在工件边缘越出砂轮宽度的 1/2 距离时应立即换向，不能在砂轮全部越出工件平面后换向，以避免产生塌角。

（5）批量生产时，毛坯工件的留磨余量须经过预测、分挡、分组后再进行加工。这样，可避免因工件的高度不一，使砂轮吃刀量太大而碎裂。

（6）当遇到不容易取下的工件时，可用木棒、铜棒或扳手在合适的位置将工件扳松，然后取下工件；切不可直接用力将工件从台面上硬拉下来，以免拉毛工件表面与工作台面。

 实训考核与评价

一、考核检验

平面磨床操作的考核见表 3-9。

表 3-9　平面磨床操作的考核

项　目	序　号	考核内容及要求	检验结果	得　分	备　注
手摇平面磨床开机的操作流程	1	检查机床状态的电源电压是否符合要求，接线是否正确，按下急停按钮			
	2	机床开关上电			
	3	检查风扇电动机运转和面板上的指示灯是否正常			
手摇平面磨床的操作流程及注意事项	4	检查砂轮是否安装正确			
	5	工件是否安装正确			
	6	对刀操作是否正确			
手摇平面磨床关机的操作流程	7	操作杆回位			
	8	先断开主轴电源，后断开机床电源			
	9	清洁和保养机床			

二、收获反思（见表 3-10）

表 3-10　收获反思

类　型	内　容
掌握知识	
掌握技能	
收获体会	
解决的问题	
学生签名	

三、评价成绩（见表 3-11）

表 3-11　评价成绩

学 生 自 评	学 生 互 评	综 合 评 价	实 训 成 绩	
			技能考核（80%）	
			纪律情况（20%）	
			实训总成绩	
			教师签名	

任务2 动模底板的精磨加工

1. 图样和技术要求分析

如图 3-1 所示为六面体动模底板，材料为 45#钢，上、下表面的粗糙度为 0.8μm，前、后、左、右 4 个面的粗糙度为 1.6μm。动模底板的基准面为 A 面，上表面与 A 面的平行度公差为 0.04mm。第二个基准面为 B 面，B 面与 A 面的垂直度公差为 0.04mm，与前表面的平行度公差为 0.04mm。右表面与左表面的平行度公差为 0.04mm，与 B 面的垂直度公差为 0.04mm。动模底板的高度为 $20_{-0.033}^{0}$ mm，长度为 $150_{-0.063}^{0}$ mm，宽度为 $120_{-0.054}^{0}$ mm，需要通过磨削来保证。

根据工件材料和加工技术要求，进行如下选择和分析。

（1）砂轮的选择：所选砂轮特性为 C36MV 的平形砂轮，修整砂轮用金刚石笔。

（2）装夹方法：用电磁吸盘装夹。在平行面磨好后，准备磨削垂直面时，应清除毛刺，以保证定位精度，在磨削前、后、左、右平面时，由于高度较高，要放置挡铁，以保证磨削的安全。

（3）磨削方法：采用横向磨削法，由于工件尺寸精度和位置精度有较高的要求，须反复装夹与找正，还要划分粗、精加工。

（4）切削液的选择：选用乳化切削液，由于 45#钢磨削易与切削液混合成糊状，所以切削液流量要大，以利排屑和散热。

2. 操作步骤

在 M7120A 型卧轴矩台平面磨床上进行磨削操作。

（1）操作前检查、准备。

① 擦净电磁吸盘台面，清除工件毛刺、氧化皮，检查磨削加工余量。

② 工件以 A 面为基准，装夹在电磁吸盘上。

③ 修整砂轮。

④ 调整工件台行程挡铁位置。

（2）粗磨上表面，留 0.08～0.10mm 精磨余量，表面粗糙度为 0.8μm。

（3）翻身装夹，装夹前清除毛刺。

（4）粗磨 A 面，留 0.08～0.10mm 精磨余量，保证平行度误差不大于 0.04mm，表面粗糙度为 0.8μm。

（5）清除工件毛刺。

（6）以 B 面为基准，装夹在电磁吸盘上。

（7）用百分表找正 A 面与工作台纵向运动方向平行。即将百分表架底座吸附于砂轮架上，百分表量头压入工件，手摇工作台纵向移动，观察百分表指针摆动情况，在 A 面全长的误差不大于 0.005mm,找正后用精密挡铁紧贴。

（8）粗磨前表面，留 0.08～0.10mm 精磨余量，表面粗糙度为 1.6μm。

（9）翻身装夹，装夹前清除毛刺。粗磨 B 面，留 0.08～0.10mm 精磨余量，保证平行度误差不大于 0.04mm，对 A 面的垂直度误差不大于 0.04mm，表面粗糙度为 1.6μm。

（10）清除工件毛刺，粗磨左表面，留 0.08～0.10mm 余量，表面粗糙度为 1.6μm。

（11）清除毛刺，翻身装夹，仍以 A 面紧贴挡铁。

（12）粗磨右表面，留 0.08～0.10mm 精磨余量，保证平行度误差不大于 0.04mm，对 A、B

面的垂直度误差不大于 0.01mm，表面粗糙度为 1.6μm。

（13）精修整砂轮。

（14）擦净电磁吸盘工作台面，清除工件毛刺。

（15）装夹 A 面，装夹时找正 C 面或 B 面，方法同步骤（7）。

（16）精磨与 A 面相对的上表面，表面粗糙度为 0.8μm，并保证 A 面有磨削余量。

（17）翻身，去毛刺，装夹，找正。

（18）精磨 A 面，磨至 $20_{-0.033}^{0}$ mm，保证平行度误差不大于 0.04mm，表面粗糙度为 0.8μm。

（19）去毛刺。装夹 B 面，找正 A 面。

（20）精磨与 B 面相对的前表面，表面粗糙度为 1.6μm，并保证 B 面有磨削余量。

（21）翻身，去毛刺，装夹，找正。

（22）精磨 B 面，磨至 $120_{-0.054}^{0}$ mm，表面粗糙度为 1.6μm，保证平行度误差不大于 0.04mm。

（23）去毛刺，装夹右表面，找正 B 面或 A 面。

（24）精磨左表面，表面粗糙度为 1.6μm，并保证右表面有磨削余量。

（25）翻身，去毛刺，装夹，找正。

（26）精磨右表面，磨至尺寸 $150_{-0.063}^{0}$ mm，表面粗糙度为 1.6μm，保证平行度、垂直度误差不大于 0.04mm。

3．平面的精度检验

平面工件的精度检验包括尺寸精度、形状精度和位置精度三种。尺寸精度可用游标卡尺、内/外径千分尺、量块等通用长度量具直接测量，而形状、位置精度的检验则可有多种方法。

1）直线误差的检验

平面工件通常只在两个相交平面（平面和平面或斜面）的棱边或指定的直线段有直线度的要求，其误差可用百分表检测，方法如下。

将工件底面放在磨床工作台面或电磁吸盘上，把百分表架磁性底盘吸附在砂轮架上，用百分表找正与所测棱边或直线段平行的平面。将百分表的测量头顶在所测棱边或直线段上，然后移动工件（随工作台移动），得出百分表读数的变动量。再将百分表测量头水平方向顶住所测棱边或直线段，移动工件，得出百分表读数的变动量。由于直线度的公差带是一个圆柱，这两个方向测得的变动量就是直线度误差。

2）平面度误差的检验

平面度误差的检测一般有以下几种方法。

（1）涂色法检验平面度。在工件的平面上涂上一层极薄的显示剂（红丹粉或蓝油）。然后将工件放在精密平板上，前、后、左、右平稳地移动几下，再取下工件仔细地观察摩擦痕迹分布情况，就可以确定工件平面度的误差大小。

（2）用透光法检验平面度。工件的平面度也可以用样板平尺测量，样板平尺有刀刃式、宽面式和楔式等几种，其中以刀刃式最为准确，应用最广，这种尺又称直刃尺，如图 3-39 所示。

测量时将样板平尺刃口放在被检验平面上并且对着光源，观察刃口与工件平面之间缝隙透光是否均匀。若各处都不透光，表明工件平面度误差很小；若有个别段透光，则可凭操作者的经验，估计出平面度误差。

（3）用千分表检验平面度。如图 3-40 所示，在精密平板上用三只千斤顶顶住工件，并且用千分表把工件表面 A、B、C、D 四点调制高度相等，误差不大于 0.005mm。然后再用千分表测量整个平面，其读数的变动量就是平面度误差值。测量时，平板与千分表底座要清洁，移动千分表时要平稳。这种方法测量精度较高，而且可以得到平面度误差值，但测量时须有一定的技能。

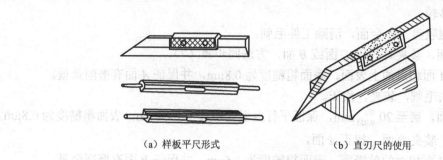

(a) 样板平尺形式　　　　　　　　　(b) 直刃尺的使用

图 3-39　样板平尺

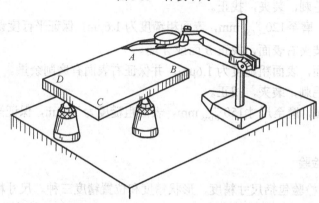

图 3-40　用千分表检验平面度

3）平行度误差的检验

工件两平面之间的平行度误差可以用下面两种方法检验。

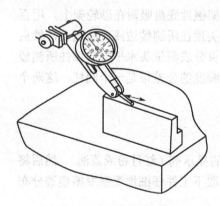

图 3-41　工件平行度测量

（1）用外径千分尺（或杠杆千分尺）测量。在工件上用外径千分尺测量相隔一定距离的工件厚度，测出几点厚度值，其差值即为平面的平行度误差值。

（2）用千分尺（或百分表）测量。将工件和千分表支架都放在平板上，把千分表的测量头顶在平面上，然后移动工件，让工件整个平面均匀通过千分表测量头，其读数的差值即为工件平行度的误差值，如图 3-41 所示。测量时，应将工件、平板擦拭平净，以免拉毛工件平面或影响平行度误差测量的准确性。

4）垂直度误差的检验

工件平面间垂直度误差的检验有以下几种方法。

（1）用角尺测量。检验小型工件两平面的垂直度误差时，可以把角尺的两个尺边接触工件的垂直平面。测量时，可以把角尺的一个尺边贴紧工件一个面，然后移动角尺，让另一个尺边逐渐接近并靠上工件另一个面，根据透光情况来判断垂直度误差，如图 3-42 所示。

工件尺寸较大时，可以将工件和角尺放在平板上，角尺的一边紧靠在工件的垂直平面上，根据尺边与工件表面的透光情况判断垂直度误差。

（2）用圆柱角尺测量。在实际生产中，广泛采用圆柱角尺测量工件的垂直度误差，如图 3-43 所示。

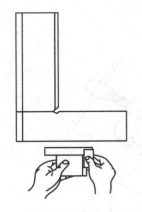

图 3-42　用直角尺检验垂直度误差

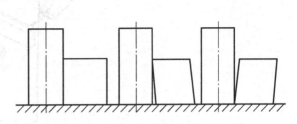

图 3-43　用圆柱角尺检验垂直度误差

将圆柱角尺放在精密平板上，被测量工件慢慢向圆柱角尺的素线靠拢，根据透光情况判断垂直度误差。这种测量法，基本上清除了由于测量不当而产生的误差。由于一般角度尺的高度都要超过工件高度一至几倍，因而测量精度高，测量也方便。

（3）用百分表（或千分表）测量。为了确定工件垂直度误差的具体数据，可采用百分表（或千分表）测量，如图 3-44（a）所示。测量时，应事先将工件的平行度误差测量好，将工件的平面轻轻向圆柱测量棒靠紧，此时，可从百分表上读出数值。将工件转动 180°，将另一平面也轻轻靠上圆柱量棒，从百分表上可读出数值（工件转向测量时，要保证百分表、圆柱的位置固定不变）。两个读数差值的 1/2 即为测量平面的垂直度误差，如图 3-44（b）所示。

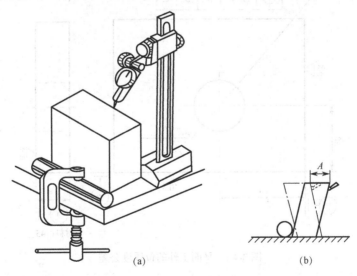

(a)　　　　　　　　　　(b)

图 3-44　用百分表检验垂直度误差

两平面的垂直度误差也可以用百分表和精密角铁在平板上进行检验。测量时，将工件的一面紧贴精密角铁的垂直平面上，然后使百分表测量头沿着工件的一边向另一边移动，百分表测量在全长两点上的读数差，就等于工件在该距离上的垂直度误差值，如图 3-45 所示。

检验垂直度误差时，应注意清除工件的毛刺，擦拭测量平板及有关测量工具，以免影响测量精度。

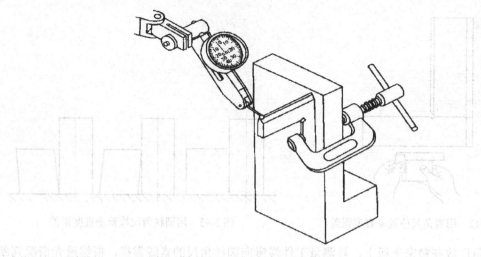

图 3-45　用精密角铁检验垂直度误差

5）位置度误差的检验

在平面工件中，工件上的某些要素（如孔德轴线）对基准平面有位置度公差的要求。而这些基准平面往往是在孔加工后进行精磨的，这就要进行位置度误差的检验。

如图 3-46 所示，$\phi20$mm 孔的轴线对基准平面 A、B、C 的位置度公差为 $\phi0.1$mm，在磨削平面时和磨削后均须检验位置度误差。

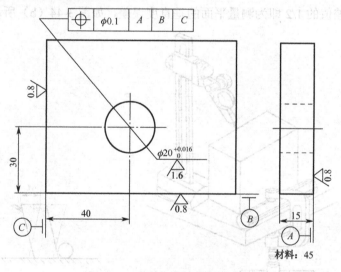

图 3-46　平面工件的位置度公差

磨削时，可先磨削 A 基准平面及对面，粗磨后留 0.10～0.14mm 精磨余量，在粗磨 B、C 两基准平面相互垂直，垂直度误差不大于 0.01mm，每面留精磨余量 0.05～0.07mm。用游标卡尺测量 $\phi20$mm 孔至 B、C 基准平面距离，先测 A 基准平面一端，再反身测 A 基准平面的对面一端，根据测量结果，进行找正后，再精磨 A 基准平面两侧及 B 基准平面和 C 基准平面。

加工后位置度误差的检验可在精密平板上进行。用一根 $\phi20$mm 孔中，根据 $\phi20$mm 孔中心至 B、C 基准平面的理论正确尺寸为 30mm 和 40mm，组成两组量块 40mm 和 50mm。测量时，将 B、C 基准平面轮流放在平板上，用百分表量头压在量块组上，调整表针至零位，再用百分表量头测量圆柱最上面素线，先测量 A 基准平面一侧，在测量 A 基准平面对面一侧，根据百分表的读数变化，可计算出位置度误差值。

4．普通磨床加工动模底板工艺过程（见表 3-12）

表 3-12　动模底板加工工艺过程

加工工艺卡片		产品名称	动模底板	产品数量	1
图　号	MJ-01-01	零件名称	动模底板	第　页	共　页
材料种类	模具钢	材料牌号	718	毛坯尺寸	150.6mm×120.6mm×20.6mm
加工简图		工序	工步	加工内容	操作要点
		1	(1)	粗磨底平面 A 面至尺寸 $20^{+03}_{+0.2}$ mm	擦净工件和工作台，将工件吸在工作台上
			(2)	精磨底平面 A 面至尺寸 $20^{+02}_{+0.1}$ mm	
		2	(1)	粗磨上表面至尺寸 20^{+01}_{0} mm	翻转工件，去毛刺，擦净工件和工作台，将工件吸在工作台上
			(2)	精磨上表面至尺寸 $20^{0}_{-0.033}$ mm，保证对 A 面的平行度公差 0.04	
		3		粗、精磨前后两个侧面，保证尺寸 $120^{0}_{-0.054}$ mm，保证前后两侧面的平行度公差为 0.04，保证对 A 面的垂直度公差为 0.04	用精密虎钳装夹工件，并对虎钳进行校正，将虎钳吸在工作台上

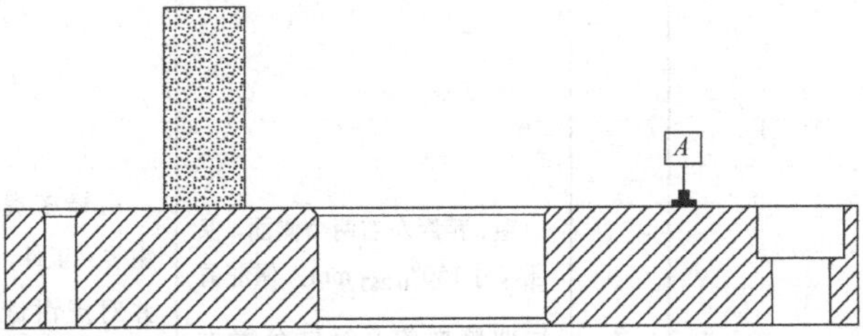

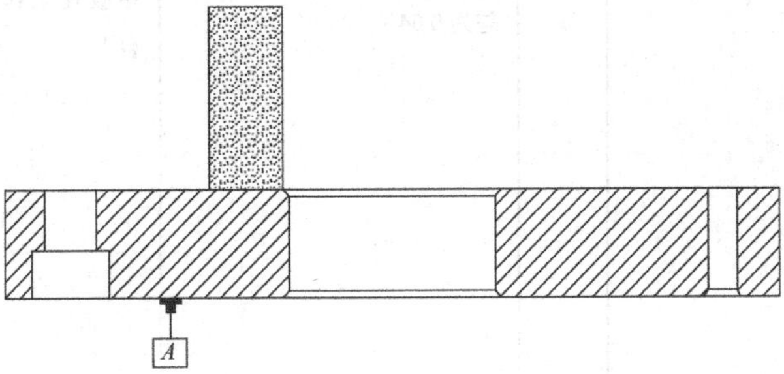

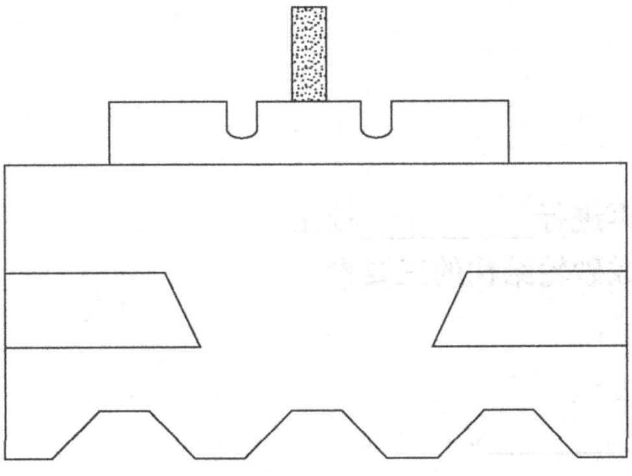

续表

加工工艺卡片			产品名称	动模底板	产品数量		1
图　号		MJ-01-01	零件名称	动模底板	第　页		共　页
材料种类		模具钢	材料牌号	718	毛坯尺寸		150.6mm×120.6mm×20.6mm
加工简图			工序	工步	加工内容		操作要点
			4		粗、精磨左右两个侧面，保证尺寸 $150_{-0.063}^{0}$ mm，保证前后两侧面的平行度公差为 0.04，保证对 B 面的垂直度公差为 0.04		用精密虎钳装夹工件，并对虎钳进行校正，将虎钳吸在工作台上

课后练习

一、填空

1. 砂轮的安装首先要进行_____，再进行_____校正。
2. 砂轮_____构成砂轮结构的三要素。
3. 机床总体结构为_____。
4. 工件床身主要分为_____。
5. 开电时，先开_____，再开_____。
6. 关电时，先关_____，再关_____。
7. 工件转速决定_____。

二、判断题

1. 机床系统主传动轴为砂轮主轴和测量架移动。　　　　　　　　　（　　）

2. 机床系统主传动轴为砂轮主轴和工件回转。 （　　）

3. 精磨时，表面粗糙度与所用的砂轮、冷却液、轧辊材质与硬度，以及适当的工艺参数有关。 （　　）

4. 磨削缺陷包括明显可视螺旋纹、震纹、亮印、白点等。 （　　）

5. 砂轮可自动进给预选和恒线速控制。 （　　）

三、选择题

1. 磨床机床油箱油温控制在（　　）
   A. 10～20℃　　　B. 20～30℃　　　C. 30～40℃　　　D. 40～50℃

2. 磨床冷却水系统包括冷却水池及（　　）
   A. 一级过滤装置　B. 二级过滤装置　C. 三级过滤装置　D. 四级过滤装置

3. 圆柱辊面磨削表面粗糙度为（　　）
   A. 0.1μm　　　　B. 0.2μm　　　　C. 0.3μm　　　　D. 0.5μm

4. 机床最大磨削直径为（　　）
   A. 1050mm　　　B. 1150mm　　　C. 1250mm　　　D. 1550mm

5. 机床最小磨削直径为（　　）
   A. 50mm　　　　B. 100mm　　　　C. 150mm　　　　D. 200mm

6. 磨床可承受最大工件质量为（　　）
   A. 20000kg　　　B. 25000kg　　　C. 30000kg　　　D. 35000kg

四、简答题

1. 选择砂轮时应考虑哪些因素？
2. 砂轮的材质有哪些？
3. 常见耦合剂有哪些？
4. 磨削的目的是什么？
5. 磨削后达到要求有哪些？

岗位四

数控车削——导柱（MJ-01-05）的加工实训

数控车床的自动化程度很高，具有高精度、高效率和高适应性的特点，是模具零件加工的主要机床，但其运行效率的高低、设备的故障率，使用寿命的长短等，在很大程度上取决于用户。正确操作数控车床能保证设备长期稳定、可靠的运行，提高加工效率和经济效益，延长机床的寿命。

 **知识目标**

（1）了解数控车床基本结构和原理、开/关机的意义、回零的原理。
（2）理解数控车床分中、对刀的作用。
（3）掌握工件坐标系和 MDI、程序编辑的作用。
（4）掌握 CAXA 数控车床 2013 软件编程的作用。
（5）掌握型芯加工工艺流程。

 技能目标

（1）会数控车床开/关机、回零等操作。
（2）会数控车床夹具和工件安装操作。
（3）会数控车床分中、对刀、工作坐标系设置的操作。
（4）会数控车床程序编辑的操作与机床的保养。
（5）会利用 CAXA 数控车床 2013 软件编制导柱的数控加工程序。
（6）会利用数控车床加工型芯。

 素质目标

（1）培养学生谦虚、细心的工作态度。
（2）培养学生勤于思考、做事认真的良好作风。
（3）培养学生责任感和事业心。
（4）培养学生良好的职业道德。

考工要求

完成本岗位学习内容，达到国家模具制造工中级水平。

岗位任务

加工如图 4-1 所示的导柱，全部利用数控车床加工。

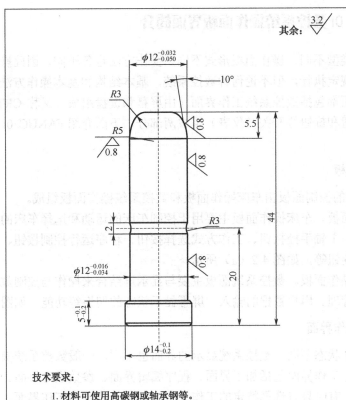

技术要求：

1. 材料可使用高碳钢或轴承钢等。
2. 淬火HRC50-53。
3. 该零件选手自带，允许自制或采购与本零件结构类似的标准件（带台阶，配合部位φ12，固定端20，安装后长度不凸出模具静模板厚）。
4. 数量：4根。

姓名			导柱	比例	2.5:1
机床				材料	T10A等工具钢
裁判			2013年全国职业院校技能大赛	图号	MJ-01-05
接收			中职组现代制造技术 模具赛项	第　张共　张	

图 4-1　导柱

任务1 FANUC 系统数控车床操作

任务布置

（1）FANUC 0i 系统数控车床加工零件的操作。

（2）FANUC 0i 系统数控车床日常保养和维护。

相关理论

知识一 FANUC 0i 数控系统操作面板界面简介

由于数控车床类型不同，操作面板形式不同，操作方法也各不同，因此操作车床应严格按照车床操作手册的规定执行，但不论何种数控系统，基本结构和基本操作方法大体一致。一般数控车床的操作界面都包括数控系统工作界面（由屏幕和键盘组成，又称 CRT/MDI 面板）和车床控制面板（按钮和旋钮等开关及仪表）组成两部分。下面介绍 FANUC 0i 系统国际通用面板。

1. 车床控制面板

FANUC 0i 系统的控制面板由车床操作面板和数控系统操作面板组成。

（1）车床操作面板。车床操作面板主要用于控制车床的运动和选择车床的工作方式，包括手动进给方向按钮、主轴手控按钮、工作方式选择按钮、程序运行控制按钮、进给倍率调节旋钮、主轴倍率调节旋钮等，如图 4-2（a）所示。

（2）数控系统操作面板。数控系统面板主要与显示屏结合来操作与控制数控系统，以完成数控程序的编辑与管理、用户数据的输入、屏幕显示状态的切换等功能，如图 4-2（b）所示。

2. 数控系统工作界面

数控系统的工作状态不同，数控系统显示的界面也不同，一般数控系统操作面板上都设置工作界面切换按钮，工作界面包括加工界面、程序编辑界面、参数设定界面、诊断界面、通信界面等。特别注意：有时只有选择特定的工作方式，并进入特定的工作界面，才能完成特定的操作。

（1）加工界面。用于显示在手动、自动、回参考点等方式机床的运行状态，包括各进给轴的坐标、主轴速度、进给速度、运行的程序段等，如图 4-3 所示。

（2）程序编辑界面。用于编辑数控程序并对数控程序文件进行相应文件的管理，包括编辑、保存、打开等功能，如图 4-4 所示。

（3）参数设定界面。用于完成对机床各种参数的设置，包括刀具参数、机床参数、用户数据、显示参数、工件坐标系设定等，如图 4-5 所示。

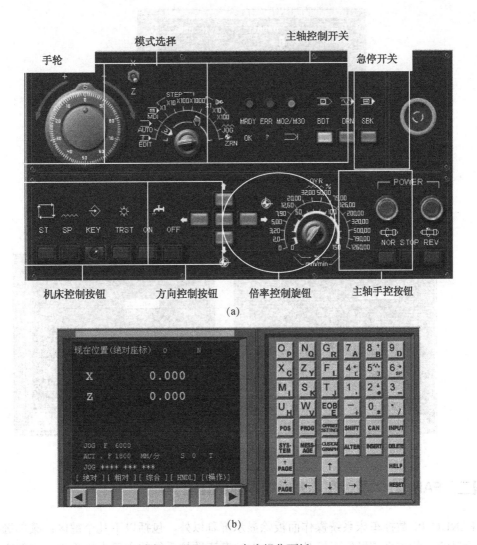

(a)

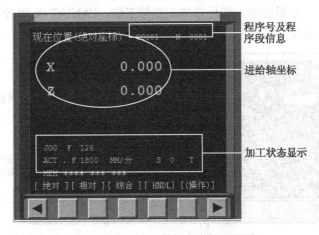

(b)

图4-2 FANUC 0i 车床操作面板

图4-3 FANUC 0i 数控车床加工界面

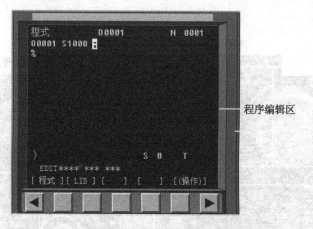

图 4-4 FANUC 0i 数控车床程序编辑界面

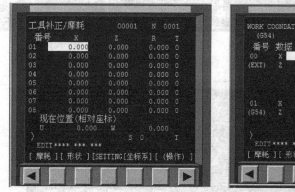 

图 4-5 FANUC 0i 数控车床参数设定界面

知识二 FANUC 0i 数控车床系统操作面板介绍

FANUC 0i 数控车床系统操作面板除显示屏幕以外，包括以下几个键区：菜单选择键、数字字母键等。数控系统操作面板是 FANUC 0i 车床数控系统的主要人机界面，主要完成操作人员对数控系统的操作、数据的输入和程序的编制等工作。FANUC 0i 数控车床系统操作面板如图 4-6 所示，主要包括以下部分。

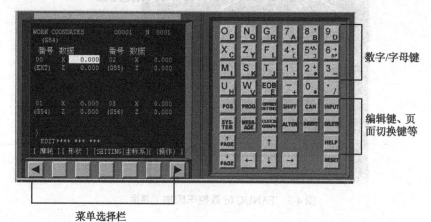

图 4-6 FANUC 0i 数控车床系统操作面板

1. 菜单选择键

数控系统在不同的工作界面下，其显示的功能菜单不尽相同，但任何界面下菜单的数量都为 5 个，即系统设置对应的 5 个菜单键，完成菜单项选择功能。若同一界面下，菜单数量超过 5 个，则可使用 ◄ 或 ► 键进行菜单翻页。

2. 数字/字母键

数字/字母键用于输入数据到输入区，系统自动判别取字母还是取数。数字/字母键通过 SHIFT 键切换输入不同的字符，如 G—R、9—D、F—L。

3. 编辑键

编辑键的名称及用途见表 4-1。

表 4-1 编辑键的名称及用途

图 示	名 称	用 途
ALERT	替换键	用输入的数据替换光标所在的数据
DELETE	删除键	删除光标所在的数据，或者删除一个程序，或者删除全部程序
INSERT	插入键	把输入区中的数据插入到当前光标之后的位置
CAN	取消键	消除输入区内的数据
EOB E	单节键	结束一行程序的输入并切换到下一行
SHIFT	上挡键	用来切换数字和字母
RESET	复位键	用于程序复位停止、取消报警等

4. 页面切换键

页面切换键的名称及说明见表 4-2。

表 4-2 页面切换键的名称及说明

图 示	名 称	说 明
POS	位置显示键	位置显示有三种方式，用翻页键选择
PROG	程序键	程序显示与编辑页面
OFFSET SETTING	偏置键	参数输入页面。按第一次进入刀具参数补偿页面，按第二次进入坐标系设置页面。进入不同的页面以后，用翻页键切换

续表

图 示	名 称	说 明
SYSTEM	系统键	机床参数设置，一般禁止改动，显示自诊断数据
MESSAGE	信息键	显示各种信息：如报警
CUSTOM GRAPH	图形显示键	刀具路径图形显示

5. 翻页键

↑ PAGE：向上翻页。

PAGE ↓：向下翻页。

6. 光标移动键

↑：向上移动光标。

↓：向下移动光标。

←：向左移动光标。

→：向右移动光标。

7. 输入键

INPUT 输入键：把输入区内的数据输入参数页面。

知识三 FANUC 0i 数控系统车床操作面板介绍

FANUC 0i 数控车床系统操作面板如图 4-7 所示。FANUC 0i 数控车床系统操作面板介绍见表 4-3。

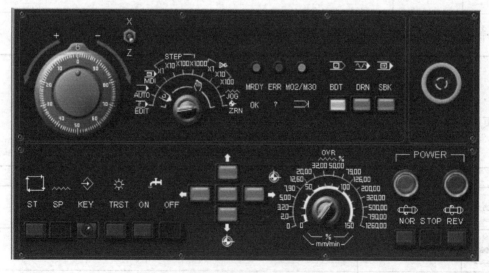

图 4-7 FANUC 0i 数控车床系统操作面板

表4-3 FANUC 0i 数控车床系统操作面板介绍

按　钮	名　称	功　能　说　明	
BDT	跳段	当此按钮按下时，程序中的"/"有效。	
DRN	空运行	进入空运行模式	
SBK	单段	将此按钮按下后，运行程序时每次执行一条数控指令	
	模式选择	ZRN	进入回零模式，机床必须首先执行回零操作，然后才可以运行
		JOG	进入手动模式，连续移动
			进入手轮模式，X1、X10、X100 分别代表移动量为 0.001mm、0.01mm、0.1mm
		STEP	进入点动模式，X1、X10、X100、X1000 分别代表移动量为 0.001mm、0.01mm、0.1mm、1.0mm
		MDI	进入 MDI 模式，手动输入指令并执行
		AUTO	进入自动加工模式
		EDIT	进入编辑模式，用于直接通过操作面板输入数控程序和编辑程序
	倍率调节	内圈数字表示进给倍率，外圈数字表示手动速度	
	超程释放	超程释放	
	紧急停止	按下急停按钮，使机床移动立即停止，并且所有的输出（如主轴的转动等）都会关闭	
	手轮	用于选择轴。鼠标左、右键单击手轮，分别逆时针、顺时针旋转手轮	
TRST	换刀	手动状态下，单击此按钮旋转刀架	
ON OFF	冷却液开关	暂不支持	
ST	循环启动	程序运行开始，系统处于自动运行或 MDI 模式时按下有效，其余模式下使用无效	
SP	进给保持	程序运行暂停，在程序运行过程中，按下此按钮运行暂停，再按循环启动从暂停的位置开始执行	

续表

按　　钮	名　　称	功 能 说 明
	机床移动	移动机床
	电源开关	单击此按钮用于打开、关闭机床总电源
	主轴控制	主轴正转、主轴停止、主轴反转

知识四　三爪卡盘装夹工件

1. 三爪卡盘介绍

三爪卡盘是利用均布在卡盘体上的活动卡爪的径向移动，把工件夹紧和定位的机床附件。卡盘一般由卡盘体、活动卡爪和卡爪驱动机构三部分组成。卡盘体直径最小为 65mm，最大可达 1500mm，中央有通孔，以便通过工件或棒料；背部有圆柱形或短锥形结构，直接或通过法兰盘与机床主轴端部相连接。卡盘通常安装在车床、外圆磨床和内圆磨床上使用，也可与各种分度装置配合，用于车床和钻床上，如图 4-8 所示。

2. 三爪卡盘工作原理

用伏打扳手旋转锥齿轮，锥齿轮带动平面矩形螺纹，然后带动三爪向心运动，因为平面矩形螺纹的螺距相等，所以三爪运动距离相等，有自动定心的作用。三爪卡盘由一个大锥齿轮、三个小锥齿轮、三个卡爪组成。三个小锥齿轮和大锥齿轮啮合，大锥齿轮的背面有平面螺纹结构，三个卡爪等分安装在平面螺纹上。当用扳手扳动小锥齿轮时，大锥齿轮便转动，它背面的平面螺纹就使三个卡爪同时向中心靠近或退出，如图 4-9 所示。

图 4-8　卡盘实物

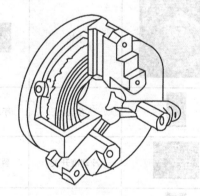
图 4-9　卡盘的结构

3. 三爪卡盘使用注意事项

（1）在安装检查或润滑夹头时，务必关掉所有电源，确保操作者安全。

（2）当主轴回转时切勿操作切换阀。在转塔头未退回到安全位置之前，切勿对卡盘进行分度，不准工件或卡爪接触转塔头。

（3）夹头的回转数应依切削条件选择适当的转速，以防止工件物飞出，勿超过容许的最高限度。只有当卡爪是按照规范设计，平衡和加工时才能够达到的最高主轴转速，重心未平衡卡爪对最大转速的影响特大，用户在设计卡爪时应充分注意。

（4）未关好安全门之前，切勿启动主轴开关，避免工件或卡爪飞出。

（5）不可超出卡盘的最大使用油压力，以免卡盘损坏或工件飞出。

（6）操作机器前请勿喝酒或服用麻醉性药物。

（7）操作机器时请勿穿戴手套或领带。

（8）拆装夹头时务必使用吊带或吊环。

（9）夹持工件时，请不要被夹到手。

（10）不可敲击夹头，以免卡爪或工件飞出。

4. 卡盘的正确保养

（1）为了确保车床卡盘长时间使用后，仍然有良好精度，润滑工作很重要。不正确或不合适润滑将导致一些问题，例如，低压时不正常功能，夹持力减弱，夹持精度不良，不正常磨损及卡住，所以必须正确润滑卡盘。

（2）每天至少打一次二硫化钼油脂（颜色为黑色），将油脂打入卡盘油嘴内直到油脂溢出夹爪面或卡盘内孔处（内孔保护套与连接螺帽处），但如果卡盘高旋转或加工使用大量水性切削油时，需要更多润滑，并依照不同情况来决定。

（3）作业终了时，务必以风枪或类似工具来清洁卡盘本体及滑道面。

（4）至少每6个月拆下卡盘分解清洗，保持夹爪滑动面干净并给予润滑，使卡盘寿命增长。但如果是切削铸铁，每2个月至少一次或多次来彻底清洁卡盘，检查各部零件有无破裂及磨损情形，严重者立刻更换新品。检查完毕后，要充分给油。

（5）针对不同工件，必须使用不同夹持方式或选择制作特殊夹具。三爪卡盘只适用于一种夹持具，勉强使用它去夹不规则或奇怪工件，会造成卡盘损坏!若卡盘压力不正常，会使卡盘处于高压力下，或机台关机后卡盘还将工件夹住，都会降低卡盘寿命。所以发现卡盘间隙过大时，必须立即更换新卡盘。

（6）使用具有防锈效果切削油，可以预防卡盘内部生锈，因为卡盘生锈会降低夹持力，而无法将工件夹紧。

知识五 机夹车刀

1. 机夹车刀结构组成

机夹可转位车刀是将可转位硬质合金刀片用机械的方法夹持在刀杆上形成的车刀，一般由刀片、刀垫、夹紧元件和刀体组成，如图4-10所示。

根据夹紧结构的不同可分为偏心式、杠杆式、楔块式，如图4-11所示。

偏心式夹紧结构利用螺钉上端的一个偏心心轴将刀片夹紧在刀杆上，该结构依靠偏心夹紧，螺钉自锁，结构简单，操作方便，但不能双边定位。当偏心量过小时，要求刀片制造的精度高，若偏心量过大时，在

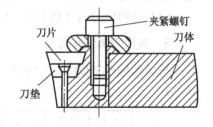

图4-10 机夹车刀结构

切削力冲击作用下刀片易松动，因此偏心式夹紧结构适于连续平稳切削的场合。

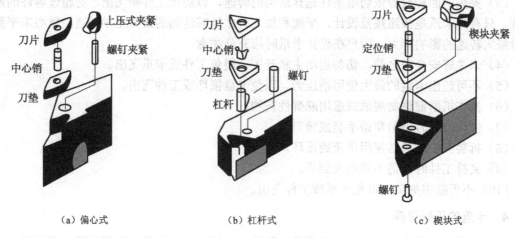

（a）偏心式　　　　　　（b）杠杆式　　　　　　（c）楔块式

图 4-11　机夹车刀夹紧机构

杠杆式夹紧结构应用杠杆原理对刀片进行夹紧。当旋动螺钉时，通过杠杆产生夹紧力，从而将刀片定位在刀槽侧面上，旋出螺钉时，刀片松开，半圆筒形弹簧片可保持刀垫位置不动。该结构特点是定位精度高、夹固牢靠、受力合理、适用方便，但工艺性较差。

楔块式夹紧结构是刀片内孔定位在刀片槽的销轴上，带有斜面的压块由压紧螺钉下压时，楔块一面靠紧刀杆上的凸台，另一面将刀片推往刀片中间孔的圆柱销上压紧刀片。该结构的特点是操作简单方便，但定位精度较低，且夹紧力与切削力相反。

不论采用何种夹紧方式，刀片在夹紧时必须满足以下条件。

（1）刀片装夹定位要符合切削力的定位夹紧原理，即切削力的合力必须作用在刀片支承面周界内。

（2）刀片周边尺寸定位要满足三点定位原理。

（3）切削力与装夹力的合力在定位基面（刀片与刀体）上所产生的摩擦力必须大于切削震动等引起的使刀片脱离定位基面的交变力。

2．可转位刀具的优点

（1）刀具刚性好，寿命高。由于刀片避免了由焊接和刃磨高温引起的缺陷，刀具几何参数完全由刀片和刀杆槽保证，切削性能稳定，经得起冲击和震动，从而提高了刀具寿命。

（2）生产效率高，定位精度高。刀片转位或更换新刀片后，刀尖位置的变化应在工件精度允许的范围内，可大大减少停机换刀等辅助时间。

（3）可转位刀具有利于推广使用涂层、陶瓷等新型刀具材料。

3．常用刀具编号含义

按国际标准 ISO1832—1985，可转位刀片的代码表示方法是由 10 位字符串组成的，其排列如下：

1——刀片的几何形状；

2——刀片主切削刃后角（法后角）；

3——刀片尺寸公差　表示刀片内接圆 d、厚度 s 及刀尖位置尺寸的精度级别；

4——刀片紧固方法及断屑槽；

5——刀片边长、切削刃长；

6——刀片厚度；

7——刀尖圆角半径；

8——切削刃状态，尖角切削刃或倒棱切削刃；

9——进刀方向或倒刃宽度；

10——各刀具公司的补充符号或倒刃角度。

1）刀片形状（见图4-12）

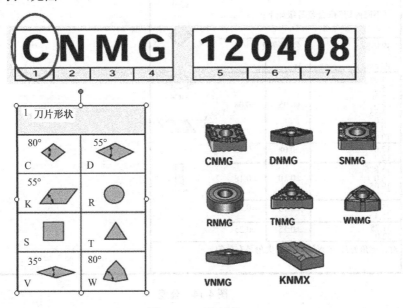

图4-12　刀片形状

2）刀片后角（见图4-13）

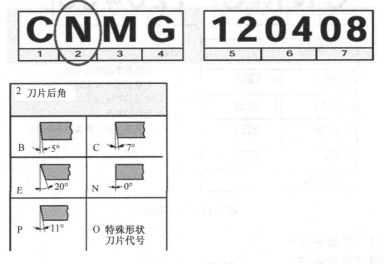

图4-13　刀片后角

3）公差（见图4-14）

3 公差（包括刀片的厚度、宽度和内切圆公差）		

等级	s	iC/iW
G		±0.025
M	±0.13	±0.05 ~ ±0.15[1]
U		±0.08 ~ ±0.25[1]

[1]不同内切圆ic公差等级如下：

内切圆 iC/mm	公差等级 M	公差等级 U
3.97 5.0 5.56 6.0 6.35 8.0 9.525 10.0	±0.05	±0.08
12.0 12.7	±0.08	±0.13
15.875 16.0 19.05 20.0	±0.10	±0.18
25.0 25.4	±0.13	±0.25
31.75 32.0	±0.15	±0.25

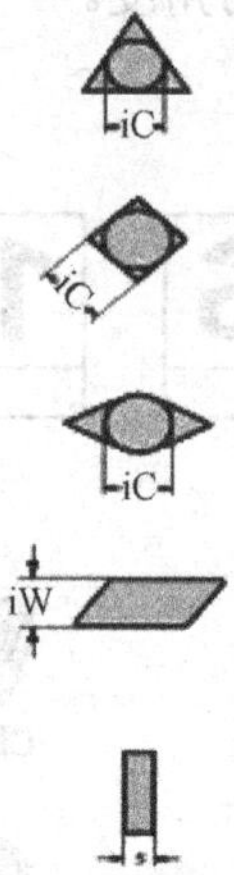

对正前角刀片，iC对锋利的刀尖角是有效的

图4-14 公差

4）刀片形式（见图4-15）

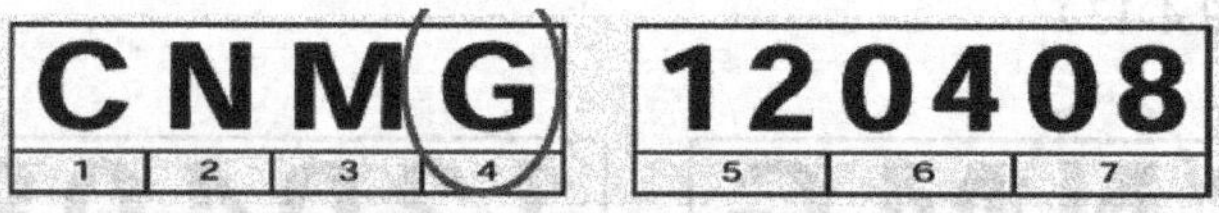

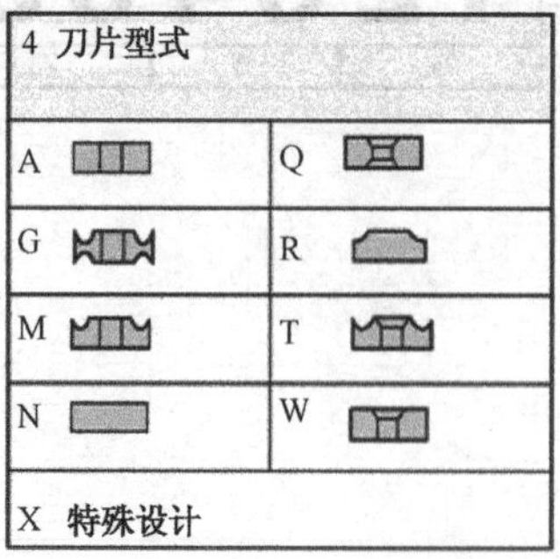

4 刀片型式		CNMG
A	Q	G——有断屑槽的双面刀片
G	R	M——有断屑槽的单面刀片
M	T	A——有孔的平面刀片
N	W	N——无孔的平面刀片
X 特殊设计		W——有孔且以螺钉夹紧的平面刀片

图4-15 刀片形式

5）刀片尺寸（见图4-16）

6）刀片厚度（见图4-17）

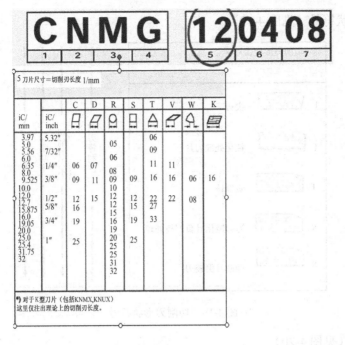

图 4-16　刀片尺寸

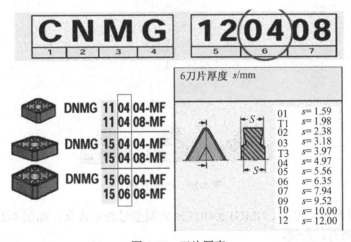

图 4-17　刀片厚度

7）刀尖圆弧半径（见图 4-18）

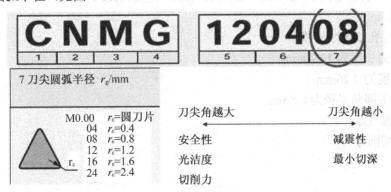

图 4-18　刀尖圆弧半径

8）切削刃形状符号（见图 4-19）

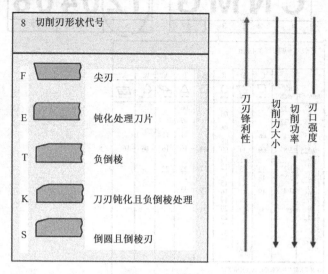

图 4-19　切削刃形状符号

9）切削方向（见图 4-20）

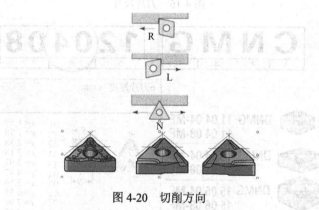

图 4-20　切削方向

例：解释车刀可转位刀片 CNMG120408EN 公制型号表示含义，如图 4-21 所示。

C——80°菱形刀片形状；

N——法后角为 0°；

M——刀尖转位尺寸为（±0.08～±0.18）mm，内接圆允差为（±0.05～±0.13）mm，厚度允差为±0.13mm；

G——圆柱孔双面断屑槽；

12——刀刃长度为 12.70mm；

04——厚度为 4.76mm；

08——刀尖圆角半径为 0.8mm；

E——倒圆刀刃；

N——无切削方向。

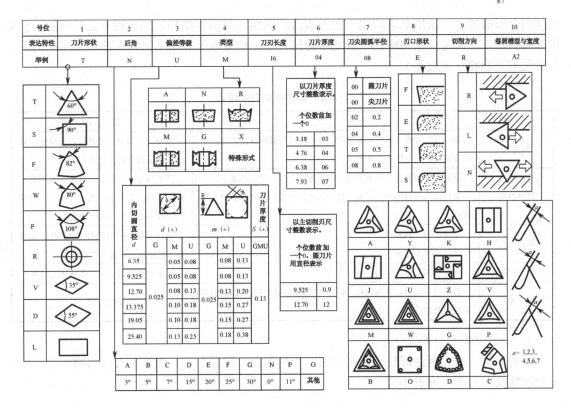

图 4-21　车刀可转位刀片 CNMG120408EN 公制型号表示含义

4．刀片形状与刀片强度的关系

刀片的形状是根据被加工件的形状和尺寸来决定的，如图 4-22 所示。刀尖的圆角半径（也叫刀尖角）越大，强度越大，切削温度会被分散，除会增加切削的法向力外，一般有利的。从经济性来说，W 形和 T 形由于可用刃数多，较为常用（仿形一般用 V 形、D 形），作为数控车床用，最应推荐的是 80° 的 C 形。C 形与 W 形和 T 形刀片相比，只是将刀片对称反转安装，故重复定位精度要高得多。

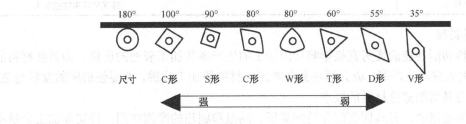

图 4-22　刀片形状与刀片强度的关系

要点：

（1）推荐采用比目前使用中的刀尖角（刀尖半径）强度更高的产品。

（2）尽可能使用通用性能强的 C 形产品，以利今后采购。

5．常用机夹车刀选择

1）可转位车刀的特点

数控车床所采用的可转位车刀，其几何参数是通过刀片结构形状和刀体上刀片槽座的方位安装组合形成的，与通用车床相比一般无本质的区别，其基本结构、功能特点是相同的。但数控车床的加工工序是自动完成的，因此对可转位车刀的要求又有别于通用车床所使用的刀具。可转位车刀的特点见表4-4。

表4-4　可转位车刀的特点

要　　求	特　　点	目　　的
精度高	采用 M 级或更高精度等级的刀片；多采用精密级的刀杆；用带微调装置的刀杆在机外预调好	保证刀片重复定位精度，方便坐标设定，保证刀尖位置精度
可靠性高	采用断屑可靠性高的断屑槽型或有断屑台和断屑器的车刀 采用结构可靠的车刀，采用复合式夹紧结构和夹紧可靠的其他结构	断屑稳定，不能有紊乱和带状切屑；适应刀架快速移动、换位及整个自动切削过程中夹紧不得有松动的要求
换刀迅速	采用车削工具系统 采用快换小刀夹	迅速更换不同形式的切削部件，完成多种切削加工，提高生产效率
刀片材料	刀片较多采用涂层刀片	满足生产节拍要求，提高加工效率
刀杆截形	刀杆较多采用正方形刀杆，但因刀架系统结构差异大，有的要采用专用刀杆	刀杆与刀架系统匹配

2）可转位车刀的种类

可转位车刀按其用途可分为外圆车刀、仿形车刀、端面车刀、内圆车刀、切槽车刀、切断车刀和螺纹车刀等，见表4-5。

表4-5　可转位车刀的种类

类　　型	主　偏　角	适　用　机　床
外圆车刀	90°、50°、60°、75°、45°	卧式车床和数控车床
仿形车刀	93°、107°、50°	仿形车床和数控车床
端面车刀	90°、45°、75°	卧式车床和数控车床
内圆车刀	45°、60°、75°、90°、91°、93°、95°、107°、50°	卧式车床和数控车床
切槽车刀		卧式车床和数控车床
切断车刀		卧式车床和数控车床
螺纹车刀		卧式车床和数控车床

3）刀具材料

刀具材料切削性能的优劣直接影响切削加工的生产率和加工表面的质量。刀具新材料的出现，往往能大大提高生产率，成为解决某些难加工材料的加工关键，并促使机床的发展与更新。

（1）对刀具切削部分材料的要求。

金属切削过程中，刀具切削部分受到高压、高温和剧烈的摩擦作用；当切削加工余量不均匀或切削断续表面时，刀具还受到冲击。为使刀具能胜任切削工作，刀具切削部分材料应具备以下切削性能。

① 高硬度和耐磨性。

刀具要从工件上切下切屑，其硬度必须大于工件的硬度。在室温下，刀具的硬度应在 60HRC 以上。刀具材料的硬度越高，其耐磨性越好。

② 足够的强度与韧性。

为使刀具能够承受切削过程中的压力和冲击，刀具材料必须具有足够的强度与韧性。

③ 高的耐热性与化学稳定性。

耐热性是指刀具材料在高温条件下仍能保持其切削性能的能力。耐热性以耐热温度表示。耐热温度是指基本上能维持刀具切削性能所允许的最高温度。耐热性越好，刀具材料允许的切削温度越高。

化学稳定性是指刀具材料在高温条件下不易与工件材料和周围介质发生化学反应的能力，包括抗氧化和抗黏结能力。化学稳定性越高，刀具磨损越慢。耐热性和化学稳定性是衡量刀具切削性能的主要指标。

刀具材料除应具有优良的切削性能外，还应具有良好的工艺性和经济性。它们包括：工具钢淬火变形要小，脱碳层要浅和淬硬性要好；高硬材料磨削性能要好；热轧成型的刀具高温塑性要好；需焊接的刀具材料焊接性能要好；所用刀具材料应尽可能是我国资源丰富、价格低廉的材料。

（2）常用刀具材料分类。

常用刀具材料有高速钢、硬质合金、陶瓷材料和超硬材料四类。

① 高速钢。

高速钢是一种含钨、钼、铬、钒等合金元素较多的合金工具钢，其碳的质量分数在 1% 左右。高速钢热处理后硬度为 62～65HRC，耐热温度为 550～600℃，抗弯强度约为 3500MPa，冲击韧度约为每平方米 0.3MJ。高速钢的强度与韧性好，能承受冲击，又易于刃磨，是目前制造钻头、铣刀、拉刀、螺纹刀具和齿轮刀具等复杂形状刀具的主要材料。高速钢刀具受耐热温度的限制，不能用于高速切削。

② 硬质合金。

硬质合金是由高硬度、高熔点的碳化钨（W（C）、碳化钛（Ti（C）、碳化钽（Ta（C）、碳化铌（NbC）粉末用钴（Co）黏结后压制、烧结而成。它的常温硬度为 88～93HRA，耐热温度为 800～1000℃，比高速钢硬、耐磨、耐热得多。因此，硬质合金刀具允许的切削速度比高速钢刀具大 5～10 倍。但它的抗弯强度只有高速钢的 1/2～1/4，冲击韧度仅为高速钢的几十分之一。硬质合金性脆，怕冲击和震动。

由于硬质合金刀具可以大大提高生产率，所以不仅绝大多数车刀、刨刀、面铣刀等采用了硬质合金，而且相当数量的钻头、铰刀、其他铣刀也采用了硬质合金。现在，就连复杂的拉刀、螺纹刀具和齿轮刀具也逐渐用硬质合金制造了。

我国目前常用的硬质合金有钨钴、钨钛钴、钨钛钽（铌）三类。

钨钴类硬质合金由 WC 和 Co 组成，代号为 YG，接近于 ISO 的 K 类，主要用于加工铸铁、有色金属等脆性材料和非金属材料。常用牌号有 YG3、YG6 和 YG8。数字表示含 Co 的百分比，其余为含 WC 的百分比。硬质合金中 Co 起黏结作用，含 Co 越多的硬质合金韧性越好，所以 YG8 适于粗加工和断续切削，YG6 适于半精加工，YG3 适于精加工和连续切削。

钨钛钴类硬质合金由 WC、TiC 和 Co 组成，代号为 YT，接近于 ISO 的 P 类。由于 TiC 比 WC 还要硬，且耐磨、耐热，但是还要脆，所以 YT 类比 YG 类硬度和耐热温度更高。不过更不耐冲击和震动。因为加工钢时塑性变形很大，切屑与刀具摩擦很剧烈，切削温度很高；但是切屑呈带状，切削较平稳，所以 YT 类硬质合金适于加工钢料。钨钛钴类硬质合金常用牌号有 YT30、YT15 和 YT5。数字表示含 TiC 的百分比。所以 YT30 适于对钢料的精加工和连续切削，YT15 适于半精加工，YT5 适于粗加工和断续切削。

钨钛钽（铌）类硬质合金由 YT 类中加入少量的 TaC 或 NbC 组成，代号为 YW，接近于 ISO 的 M 类。YW 类硬质合金的硬度、耐磨性、耐热温度、抗弯强度和冲击韧度均比 YT 类高一些，其后两项指标与 YG 类相仿。因此，YW 类既可加工钢，又可加工铸铁和有色金属，称为通用硬质合金。常用牌号有 YW1 和 YW2，前者用于半精加工和精加工，后者用于粗加工和半精加工。

现在硬质合金刀具上，常采用 TiC C、TiN、Al_2O_3 等高硬材料的涂层。涂层硬质合金刀具的寿命比不涂层的提高 2～10 倍。

③ 陶瓷材料。

陶瓷材料的硬度、耐磨性、耐热性和化学稳定性均优于硬质合金，但比硬质合金更脆，目前主要用于精加工。现用的陶瓷刀具材料有氧化铝陶瓷、金属陶瓷、氮化硅陶瓷（Si_3N_4）和 Si_3N_4—Al_2O_3 复合陶瓷四种。20 世纪 80 年代以来，陶瓷刀具迅速发展，金属陶瓷、氮化硅陶瓷和复合陶瓷的抗弯强度和冲击韧度已接近硬质合金，可用于半精加工及加切削液的粗加工。

④ 超硬材料。

人造金刚石是在高温高压下，借金属的触媒作用，由石墨转化而成。人造金刚石用于制造金刚石砂轮，以及经聚晶后制成以硬质合金为基体的复合人造金刚石刀片作为刀具使用。金刚石是自然界最硬的材料，有极高的耐磨性，刃口锋利，能切下极薄的切屑；但极脆，与铁系金属有很强的亲和力，不能用于粗加工，不能切削黑色金属。目前人造金刚石主要用于磨料，磨削硬质合金；也可用于有色金属及其合金的高速精细车削和镗削。

立方氮化硼（CBN）是在高温高压下，由六方晶体氮化硼（又称白石墨）转化为立方晶体而成。立方氮化硼具有仅次于金刚石的极高的硬度和耐磨性，耐热温度高达 1400～1500℃，与铁系金属在 1200～1300℃时还不起化学反应。但在高温时与水易起化学反应，所以一般用于干切削。立方氮化硼适于精加工淬硬钢、冷硬铸铁、高温合金、热喷涂材料、硬质合金及其他难加工材料。

4）刀片的形状

（1）刀尖角。

刀尖角的大小决定了刀片的强度。在工件结构形状和系统刚性允许的前提下，应选择尽可能大的刀尖角。通常这个角度在 35°～90° 之间。R 形圆刀片在重切削时，具有较好的稳定性，但易产生较大的径向力。

（2）刀片形状的选择。

刀片形状主要依据被加工工件的表面形状、切削方法、刀具寿命和刀片的转位次数等因素选择。

正三角形刀片可用于主偏角为 60° 或 90° 的外圆车刀、端面车刀和内孔车刀。由于此刀片刀尖角小、强度差、耐用度低，故只宜用较小的切削用量。

正方形刀片的刀尖角为 90°，比正三角形刀片的 60° 要大，因此其强度和散热性能均有所提高。这种刀片通用性较好，主要用于主偏角为 45°、60°、75° 等的外圆车刀、端面车刀和镗孔刀。

正五边形刀片的刀尖角为 108°，其强度、耐用度高、散热面积大。但切削时径向力大，只宜在加工系统刚性较好的情况下使用。

菱形刀片和圆形刀片主要用于成型表面和圆弧表面的加工，其形状及尺寸可结合加工对象参照国家标准来确定。

5）对刀片的夹紧方式的基本要求

（1）夹紧可靠，不允许刀片松动或移动。

（2）定位准确，确保定位精度和重复精度。

（3）排屑流畅，有足够的排屑空间。

（4）结构简单，操作方便，制造成本低，转位动作快。

知识六　日常保养和维护

设备的维护是保持设备处于良好工作状态、延长使用寿命、减少停工损失和维修费用、降低生产成本、保证生产质量、提高生产效率所必须进行的日常工作。对于高精度、高效率的数控车床而言，维护就更显得重要。其基本要求应做到如下几点。

（1）完整性。数控车床的零部件齐全，工具、附件、工件放置整齐，线路管道完整。

（2）洁净性。数控车床内外清洁，无黄斑、无黑污、无锈蚀；各滑动面、丝杆、齿条、齿轮等处无油污、无碰伤；各部位不漏油、不漏水、不漏气、不漏电；切削垃圾清扫干净。

（3）灵活性。为保证部件灵活性，必须按数控车床润滑标准，定时定量加油、换油；油质要符合要求；油壶、油枪、油杯、油嘴齐全；油毡、油线清洁，油标明亮，油路畅通。

（4）安全性。严格实行定人定机和交接班制度；操作者必须熟悉数控车床结构，遵守操作维护规程，合理使用，精心维护，监测异常，不出事故；各种安全防护装置齐全可靠，控制系统正常，接地良好，无事故隐患。

数控车床的日常维护保养主要项目见表4-6。

表4-6　数控车床的日常维护保养主要项目

序 号	检查周期	检查部位	检查要求
1	每天	导轨润滑	检查油标、油量，及时添加润滑油润滑泵，能定时启动打油及停止
2	每天	X轴、Y轴、Z轴及各回转轴的导轨	清除切屑及脏物，检查润滑油是否充分，导轨面有无划伤损坏
3	每天	压缩空气气源	检查气动控制系统压力，应在正常范围内
4	每天	机床进气口的空气干燥器	及时清理分水器中滤出的水分，保证自动空气干燥器工作正常
5	每天	气液转换器和增压器	检查油布高度，不够时及时补足油
6	每天	主轴润滑恒温油箱	工作正常，油量充足并调节范围
7	每天	机床液压系统	油箱、液压泵无异常噪声，压力表指示正常，管路及各接头无泄露，油面高度正常
8	每天	主轴箱液压平衡系统	平衡压力指示正常，快速移动时平衡工作正常
9	每天	数控系统的输入/输出部位	如光碟机、软驱清洁，机械结构润滑良好
10	每天	电气柜通风散热装置	电气柜冷却风扇工作正常，风道过滤网无堵塞
11	每天	各种防护装置	导轨、机床防护罩等应无松动，漏水
12	一周	电气柜进气过滤网	清洗电气柜进气过滤网
13	半年	滚珠丝杠螺母副	清洗丝杆上旧的润滑脂，涂上新油脂
14	半年	液压油路	清洗溢流阀、减压阀、过滤器、油箱，更换或过滤液压油
15	半年	主轴润滑恒温油路	清洗过滤器，更换润滑油
16	每年	检查、更换直流伺服电动机电刷	检查换向器表面，吹净碳粉，去除毛刺，更换长度过短的电刷，并应跑合过后能使用
17	每年	润滑油泵、滤网器	清理润滑油池，更换过滤器
18	不定期	导轨上镶条、压紧滚轮、丝杠	按机床说明书调整镶条
19	不定期	冷却水箱	检查液面高度，切削液太脏时要更换并清理水箱，经常清洗过滤器
20	不定期	排屑器	经常清理切屑，检查有无卡住
21	不定期	清理油池	及时取走滤油池的旧油，以免外溢
22	不定期	调整主轴驱动带松紧	按机床说明调整

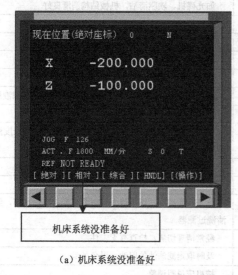

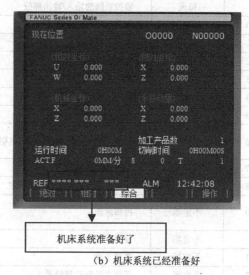

技能训练

一、实训目的及要求

（1）培养学生良好的工作作风和安全意识。

（2）培养学生的责任心和团队精神。

（3）会 FANUC 0i 系统数控车床操作流程。

（4）会 FANUC 0i 系统数控车床的保养。

二、实训设备与器材（见表 4-7）

表 4-7　实训设备与器材

项　　目	名　　称	规　　格	数　　量
设备	数控车床（配刀柄）	FANUC 0i—TC 系统	8～10 台
夹具	三爪卡盘	6 寸	1 件
刀具	外圆车刀	刀柄厚度 25	8～10 把
备料	铝棒	$\phi 60mm \times 60mm$	8～10 块
其他	毛刷、扳手、垫片等	配套	一批

三、实训内容与步骤

1. 开机与关机

第 1 步：检查机床状态是否正常、电源电压是否符合要求、接线是否正确。

第 2 步：按下急停按钮

第 3 步，依次合上总电源开关、稳压器开关和机床控制柜绿色电源开关按钮，此时机床电动机和伺服控制的指示灯变亮。

第 4 步：检查风扇电动机运行和面板指示灯是否正常。数控显示区会显示，如图 4-12 所示。

第 5 步：左旋并拔起面板右上角的"急停"按钮（有的机床需要按下），让数控系统复位而使得机床系统处于已经准备好状态，其显示如图 4-23 所示。

（a）机床系统没准备好　　　　　　　　（b）机床系统已经准备好

图 4-23　机床系统的显示

2．回零

参考点又称机械零点，是机床上的一个固定点，数控系统根据这个点的位置建立机床坐标系。参考点通常设在机床各坐标轴正向运动的极限位置或自动换刀点的位置。开机后，必须利用操作面板上的开关和按键，将刀具移动到机床的参考点。

操作步骤如下。

（1）检查操作面板上的模式选择旋钮是否指向 ZRN，若已经指向该位置，则已进入回原点模式；否则单击旋钮使系统转入回原点模式。

（2）在回原点模式下，先将 X 轴回原点，单击操作面板上的"X 正方向"按钮 ，此时 X 轴将回原点，CRT 上的机械坐标中的 X 坐标变为"0.000"。同样，再单击"Z 正方向"按钮，单击 ，Z 轴将回原点，CRT 上的机械坐标中的 Z 坐标变为"0.000"，此时 CRT 界面如图 4-23 所示。特别注意：回零操作，只看机械坐标是否回位到"0.000"。

3．安装工件

第 1 步：松开三爪卡盘，用气压清理卡盘的切屑和脏物，如图 4-24 所示。

第 2 步：松开卡盘使其有足够空间装夹工件，如图 4-25 所示。

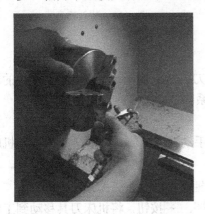
图 4-24　清洁卡盘

图 4-25　松开卡盘

第 3 步：装夹工件时均匀用力拧紧卡盘，切忌先拧紧一个螺钉然后拧另外的螺钉，如图 4-26 所示。

第 4 步：如果工件很长、直径很大，就要借助加力杆来拧紧，如图 4-27 所示。

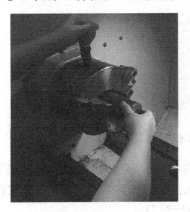
图 4-26　安装工件

图 4-27　夹紧工件

4. 安装刀具

第 1 步：松开刀架螺钉，如图 4-28 所示。

第 2 步：清洁刀架，可借助气枪或毛刷清洁，如图 4-29 所示。

第 3 步：放置车刀，注意车刀刀柄与刀架表面对齐，刀尖对齐棒料中心。

第 4 步：拧紧螺钉，至少两个螺钉。

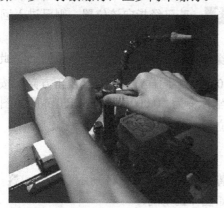 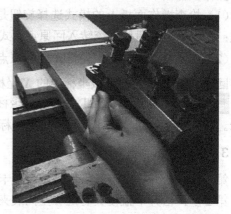

图 4-28　压装弹簧夹头　　　　　　　　　　　　　　图 4-29　装入刀具

5. 分中对刀

装夹好工件，安装好刀具后，首先要进行试切对刀。加工编程时，可以选取零件的端面为 Z 方向的零点。必须使数控机床的坐标系和工件坐标系一致。

1）Z 轴对刀

第 1 步：首先在 Z 轴方向对刀。按操作面板上的手动按钮，使其指示灯变亮，机床转入手动加工状态。

第 2 步：按操作面板上或的按钮，控制主轴转动。

第 3 步：首先利用操作面板上的 X 、 Z 按钮和 + 、 − 按钮，将机床刀具移动到工件附近的大致位置。

第 4 步：当刀具移动到工件附近的大致位置后，可以采用手动脉冲方式移动机床，按操作面板上的手动脉冲按钮或手轮，先用手动脉冲方式使刀具接近工件，再用手轮方式适当微调工件与刀具的位置即可，如图 4-30 所示。

图 4-30　手轮调整开始位置

第 5 步：在手轮方式下选择 X 轴，试切端面，如图 4-31 所示，按下 POS 按键，记下机械坐标中的 Z 坐标数据值（用 Z_1 表示），按下按键，单击"坐标系"，移动光标至工件坐标系 G54 中的 Z 处，输入 Z_1 值，单击按键即可，完成坐标对刀。

2）X轴对刀

第1步：首先在Z轴方向对刀。按操作面板上的手动按钮，使其指示灯变亮 ，机床转入手动加工状态。

第2步：按操作面板上 或 的按钮，控制主轴转动。

第3步：首先利用操作面板上的 X 、 Z 按钮和 + 、 − 按钮，将机床刀具移动到工件附近的大致位置。

第4步：用手动方式或手轮方式试切外圆，切削深度约为1mm，长度为5mm左右，将刀具移出，测量直径值（用X_1表示），如图4-32所示。

图4-31　手摇切端面

图4-32　手摇切外圆

第5步：用同样的方法将光标移动工件坐标系G54中的X处，输入X_1值，单击 ，完成X轴对刀。

6. 抄数（设置工件坐标系）

数控加工前，须在工件坐标系设定界面上，确定工件零点相对于机床零点的偏移量，并将数值存入数控系统中。确定工件坐标系与机床坐标系的关系一般由G54~G59设定，常习惯用G54设定。

1）G54~G59参数设置

将刀具得到的工件原点在机床坐标系上的坐标数据（X，Z），输入为G54工件坐标原点。

第1步：按 键，使用CRT/MDI面板，打开工件坐标系设定界面，切换屏幕界面，可以显示每个工件坐标系的工件零点偏移值。

第2步：按章节选择软体键"WORK"，显示工件坐标系设定界面。

第3步：按"PAGE"软体键，切换界面，找出所需的界面。或按MDI键盘上的数字/字母键，输入"0*"（01表示G54，02表示G55，以此类推），按软键"NO检索"，光标停留在选定的坐标参数设定区域，如图4-33。用方位键 选择所需的坐标系和坐标轴。

第4步：先设X的坐标值，如利用MDI键盘输入"30.0"，按软键"输入"。则G54中X的坐标值变为"30.0"。

第5步：再将光标移至Z的位置，如输入"100.0"，按软键"输入"，即完成了G54参数的设定。此时CRT界面如图4-33所示。

2）输入刀具直径补偿参数

FANUC 01的刀具直径补偿包括形状直径补偿和磨耗直径补偿两种。

第1步：在起始界面下，按MDI界面的 键，进入补正参数设定界面。

第2步：利用方位键 、 、 、 ，将光标移到对应刀具的"形状（D）"栏，按MDI键盘上的数字/字母键，如输入"4.000"，按软键"输入"，把输入域中的补偿值输入到指定位置。

第 3 步：按 ⌫ 键，逐字删除输入域中的字符。

注：直径补偿参数若为 4mm，在输入时须输入 "4.000"，如果只输入 "4"，则系统默认为 "0.004"。

3）输入刀具长度补偿参数

铣刀可以根据需要抬高或降低，通过在数控程序中调用长度补偿实现。长度补偿参数在刀具表中按需要输入。FANUC 0i 的刀具长度补偿包括形状长度补偿和磨耗长度补偿两种。

第 1 步：在起始界面下，按 MDI 界面的 ⎕ 键，进入补正参数设定界面，如图 4-34 所示。

第 2 步：用方位键 ↑、↓、←、→ 选择所需的编号，并确定需要设定的长度补偿是形状补偿还是磨耗补偿，将光标移到相应的区域。按 MDI 键盘上的数字/字母键，输入刀具长度补偿参数。按软键 "输入"，参数输入到指定区域。

按 ⌫ 键，逐字删除输入域中的字符。

图 4-33 G54 坐标参数设定

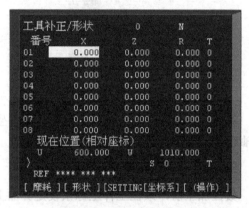

图 4-34 刀具补偿对话框

7. 编辑程序

第 1 步：单击操作面板上的编辑 ⎕，编辑状态指示灯变亮 ⎕，此时已进入编辑状态。单击 MDI 键盘上的 PROG，CRT 界面转入编辑页面。利用 MDI 键盘输入 "Ox"（x 为程序编号，但不可以与已有程序编号重复），按 INSERT 键，CRT 界面上显示一个空程序，可以通过 MDI 键盘开始程序输入。输入一段代码后，按 INSERT 键，输入域中的内容显示在 CRT 界面上，用回车换行键 EOB 结束一行的输入后换行。

第 2 步：手动输入如下程序。

```
O0001
G54 G0 Z100
M3 S2000
M8
G0 X-70 Y-50
G1 Z90 F500
X100
Y10
X-100
G0 Z100
M30
```

第 3 步：编辑修改，删除程序。

（1）移动光标。按 ↑PAGE 和 ↓PAGE 键用于翻页，按方位键 ↑、↓、←、→ 移动光标。

（2）插入字符。先将光标移到所需位置，单击 MDI 键盘上的数字/字母键，将代码输入到输入域中，按 INSERT 键，把输入域的内容插入光标所在代码后面；按 CAN 键用于删除输入域中的数据。

（3）删除字符。先将光标移到所需删除字符的位置，按 DELETE 键，删除光标所在的代码。

（4）查找。输入需要搜索的字母或代码；按 ↓ 键，开始在当前数控程序中光标所在位置后搜索。代码可以是一个字母或一个完整的代码，如"N0010"，"M"等。如果此数控程序中有所搜索的代码，则光标停留在找到的代码处；如果此数控程序中光标所在位置后没有所搜索的代码，则光标停留在原处。

（5）替换。先将光标移到所需替换字符的位置，将替换成的字符通过 MDI 键盘输入输入域中，按 ALTER 键，把输入域的内容替代光标所在的代码。

第 4 步：调用程序。

经过导入数控程序操作后，单击 MDI 键盘上的 PROG 键，CRT 界面转入编辑页面。利用 MDI 键盘输入"Ox"（x 为数控程序目录中显示的程序号），按 ↓ 键开始搜索，搜索到后，"Oxxxx"显示在屏幕首行程序编号位置，NC 程序显示在屏幕上。

8. 程序校验试加工

1）存储器运行（又称自动运行）

程序存到 CNC 存储器中，机床可以按程序指令运行，称为存储器运行方式。

第 1 步：检查机床是否回零，若未回零，先将机床回零。

第 2 步：检查"自动运行"指示灯是否亮，若未亮，按操作面板上"自动运行"按钮，使其指示灯变亮 AUTO。

第 3 步：按 PROG 键，系统显示程序屏幕界面。

第 4 步：按 POS 地址键，键入程序号的地址。

第 5 步：按操作面板上的启动循环按键 ▭，程序开始运行。同时，循环启动 LED 闪亮，当自动运行结束时，指示灯熄灭。

第 6 步：数控程序在运行过程中可根据需要暂停、停止、急停和重新运行。数控程序在运行时，按暂停键 SP，进给暂停指示灯 LED 亮，运行指示灯熄灭，程序停止执行。再按 ▭ 键，程序从暂停位置开始执行。

第 7 步：数控程序在运行时，按暂停键 SP，程序停止执行；再按 ▭ 键，程序重新从开头执行。

第 8 步：数控程序在运行时，按下急停按钮 ⬤，数控程序中断运行，继续运行时，先将急停按钮松开，再按 ▭ 按钮，余下的数控程序从中断行开始作为一个独立的程序执行。

第 9 步：自动/单段方式，按操作面板上的"单节"按钮 ▭。按操作面板上的 ▭，程序开始执行。自动/单段方式执行每一行程序，均须单击一次 ▭ 按钮。

第 10 步：单击"单节跳过"按钮 ▭，则程序运行时跳过符号"/"有效，该行成为注释行，不执行。

第 11 步：单击"选择性停止"按钮 ▭，则程序中 M01 有效。

第 12 步：可以通过主轴倍率旋钮 ▭ 和进给倍率旋钮 ▭ 来调节主轴旋转速度和移动速度。

第 13 步：程序运行过程中按下 RESET 键，自动运行将被终止，并进入复位状态。

2）计算机联机自动加工（DNC 运行）

数控系统经 RS-232 接口读入外设上的数控程序，同步进行数控加工，成为 DNC 运行。工厂中进行模具加工生产时，程序通常很大，无须存入 CNC 的存储器中，这种方式被广泛采用。

第 1 步：选用一台计算机，安装专用的程序传输软件，根据数控系统对数控程序传输的具体要求，设置传输参数。

第 2 步：通过 RS-232 串行端口，将计算机和数控系统连接起来。

第 3 步：检查机床是否回零，若未回零，先将机床回零。

第 4 步：将操作方式置于 DNC 方式。按 键，选择 DNC；运行方式。

第 5 步：在计算机上选择要传输的加工程序。

第 6 步：按下操作面板上的循环启动按键，启动自动运行，同时循环启动指示灯 LED 亮，当自动运行结束时，指示灯熄灭。

9. 关机

第 1 步：按下急停按钮。

第 2 步：关闭数控系统红色电源开关按钮。

第 3 步：依次合上机床控制柜开关、稳压器开关和总电源开关。

10. 机床保养

第 1 步：按要求摆放好刀具、量具和机床配件。

第 2 步：清理夹具、导轨、工作台和防护门上的切屑等脏物。

实训考核与评价

一、考核检验

数控车床操作的考核见表 4-8。

表 4-8　数控车床操作的考核

项　目	序　号	考核内容及要求	检验结果	得　分	备　注
数控车床开机的操作流程	1	检查机床状态的电源电压是否符合要求、接线是否正确，按下急停按钮			
	2	机床开关上电、数控系统上电			
	3	检查风扇电动机运转和面板上的指示灯是否正常			
数控车床回零的操作流程及注意事项	4	检查是否按到"回零"方式			
	5	回零坐标轴顺序，先 X 轴后 Z 轴			
	6	检查回零坐标轴的指示灯是否亮			
	7	检查机床坐标系正确应为 X_0、Z_0			
	8	回零超程的解除方法			
数控车床关机的操作流程	9	按下控制面板上的"急停"按钮断开伺服电源			
	10	先断开数控电源，后断开机床电源			
	11	清洁和保养机床			

数控加工程序的考核见表 4-9。

表4-9 数控加工程序的考核

项目	序号	考核内容及要求	检验结果	得分	备注
编辑程序	1	新建、保存程序的操作技能			
	2	编辑、修改程序的操作技能			
	3	键盘使用的熟练程度和简单程序的掌握			
校验程序	4	掌握校验程序操作流程的技能			
	5	学会看校验程序的轨迹图			
	6	判断加工程序正确性并修改			
试件加工	7	试件加工的操作技能			
	8	解决试件加工所出现的安全问题			

二、收获反思（见表 4-10）

表4-10 收获反思

类型	内容
掌握知识	
掌握技能	
收获体会	
要解决的问题	
学生签名	

三、评价成绩（见表 4-11）

表4-11 评价成绩

学生自评	学生互评	综合评价	实训成绩	
			技能考核（80%）	
			纪律情况（20%）	
			实训总成绩	
			教师签名	

任务 2　利用 CAXA 数控车床 2013 软件编程

 任务布置

选择合适的加工方式，编制如图 4-35 所示零件的数控加工程序。该零件为小批量试制件，零件材料为铝合金，材料毛坯 70mm×70mm×31mm。

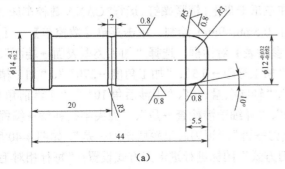

（a）　　　　　　　　　　　　　（b）

图 4-35　导柱

塑料成型模具制造综合训练

编制加工程序

1. 确定加工步骤

（1）装夹毛坯，90°外圆车刀车削端面，如图 4-36 所示。

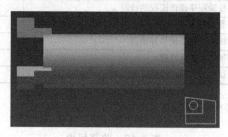

图 4-36　端面加工

（2）35°外车车刀粗精车导柱外形，如图 4-37 所示。

图 4-37　外形加工

（3）调头装夹，车端面、倒角，如图 4-38 所示。

图 4-38　调头加工

2. 编制数控加工程序

第 1 步：装夹毛坯，90°外圆车刀车削端面。

绘制尺寸 1mm×18mm 的长方形，如图 4-39 所示。

首先将工件安装在三爪卡盘上，锁紧螺钉。运行"CAXA 数控车床 2013"软件，完成长方形尺寸 0.5mm×9mm 绘制，单击菜单【数控车】→【　轮廓粗车】，弹出【粗车参数表】对话框，选择"加工类型表面→端面"、"加工方式→行切方式"、"加工行距→0.5"、"加工角度→270°"、"加工精度→0.02"、"径向余量→0"、"轴向余量→0"、"干涉后角 10°"、"干涉前角 0°"、"拐角过渡方式→尖角"、"详细干涉检查→是"、"刀尖半径补偿→编程时考虑半径补偿"、"反向走刀→否"、"退刀时沿轮廓走刀→是"，如图 4-40 所示。

然后单击"进退刀方式"图标进行进退刀方式设置："每行相对毛坯进刀方式→垂直"、"每行相对进刀表面加工方式→垂直"、"每行相对毛坯退刀方式→垂直"、"每

图 4-39　绘制方形

行相对加工表面退刀方式→垂直"，如图 4-41 所示。

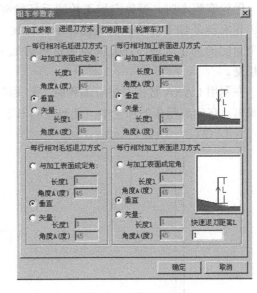

图 4-40　加工参数设置　　　　　　图 4-41　进退刀设置

切削用量的设置："进退刀时快速走刀→是"、"进给量→150"、"主轴转速→800"、"样条拟合方式→直线拟合"，如图 4-42 所示。

轮廓车刀刀具参数设置："刀具名→T1"、"刀具号→1"、"刀具补偿号→1"、"刀柄长度→40"、"刀柄宽度→15"、"刀角长度→10"、"刀尖半径 0.2"、"刀具前角→80°"、"刀具后角→10°"、"轮廓车刀→端面车刀"、"对刀点方式→刀尖尖点"、"刀具类型→普通刀具"、"刀具偏置方向→左偏"单击"确定"按钮，如图 4-43 所示。拾取进退刀点，单击右键生成切削端面轨迹，如图 4-44 所示。

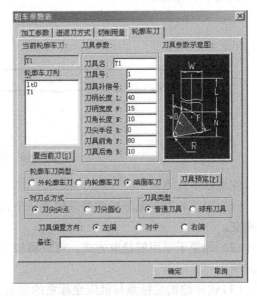

图 4-42　切削用量设置　　　　　　图 4-43　车刀参数设置

第 2 步：35°外车车刀粗车导柱外形。

此步骤用于实现对工件外轮廓表面、内轮廓表面和端面的粗车加工，用来快速清除毛坯的多余部分。

　　做轮廓粗车时，要确定加工轮廓毛坯轮廓，被加工轮廓就是加工结束后的工件表面轮廓，毛坯轮廓就是加工前毛坯的表面轮廓。被加工轮廓和毛坯轮廓两端点相连，两轮廓共同构成一个封闭的加工区域，在此区域的材料被加工去除。被加工轮廓和毛坯轮廓不能单独闭合或自相交。

　　在利用 CAXA 数控车进行编程时，无须绘制零件的完整图形，只要绘制出要加工部分的轮廓即可。在轮廓粗车的加工中，还要绘制出零件的毛坯图形。外形绘制如图 4-45 所示。

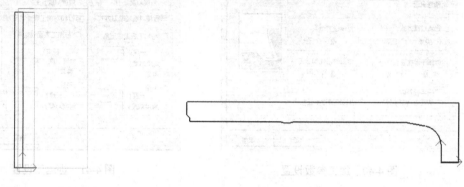

图 4-44　端面刀路　　　　　　　　　　　　　图 4-45　外形绘制

　　单击菜单【数控车】→【🖼 轮廓粗车】，弹出【粗车参数表】对话框，选择"加工类型表面→外轮廓"、"加工方式→行切方式"、"加工行距→1"、"加工角度→180°"、"加工精度→0.02"、"径向余量→0"、"轴向余量→0"、"干涉后角 10°"、"干涉前角 0°"、"拐角过渡方式→尖角"、"详细干涉检查→是"、"刀尖半径补偿→编程时考虑半径补偿"、"反向走刀→否"、"退刀时沿轮廓走刀→是"，依次选择切削加工表面轮廓、方向、工件毛坯轮廓、方向，单击右键生成加工轨迹，如图 4-46 所示。

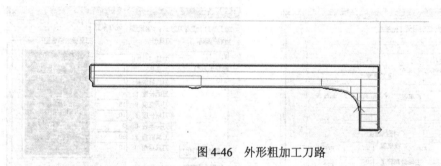

图 4-46　外形粗加工刀路

注意以下几点。

　　（1）加工轮廓与毛坯轮廓必须构成一个封闭区域，被加工轮廓和毛坯轮廓不能单独闭合或自相交。

　　（2）为便于采用链拾取方式，可以将加工轮廓与毛坯轮廓汇成相交，系统能自动求出其封闭区域。

　　（3）软件绘图坐标系与机床坐标系的关系。在软件坐标系中 X 方向代表机床的 Z 轴正方向，Y 正方向代表机床的 X 正方向。本软件用加工角度讲软件的 XY 向转换成机床的 ZX 向，如切外轮廓，刀具自右到左运动，与机床的 Z 向成 180°，切端面，刀具从上到下运动，与机床的 Z 向成-90° 或 270°，加工角度-90° 或 270°。

第 3 步：35° 外车车刀精车导柱外形。

实现对工件外轮廓表面、内轮廓表面和端面的精车加工。做轮廓精车时要确定被加工轮廓，被加工轮廓就是加工结束后的工件表面轮廓，被加工轮廓不能闭合或自相交。精加工外形如图 4-47 所示。

（1）单击轮廓精车按钮 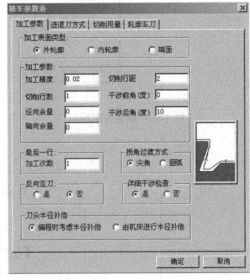，或在工具栏上单击【数控车】→【轮廓精车】命令，系统弹出对话框，如图 4-48 所示。

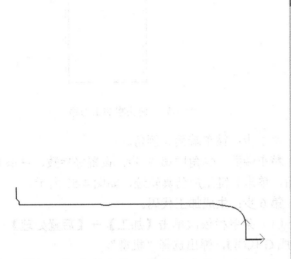

图 4-47　精加工外形

图 4-48　精加工参数设置

（2）填写加工参数表，完成后单击"确定"。

（3）根据状态栏的提示，拾取被加工的轮廓，确定进退点，系统开始计算并自动生成刀具轨迹，如图 4-49 所示。

图 4-49　精加工刀路

第 4 步：调头装夹，车端面、倒角。

调头装夹加工主要是考虑工件毛坯长度受限制，不能一次装夹加工完成，装夹过程中要注意清理卡盘铁屑，避免因装夹造成不必要的误差。根据零件绘制调头装夹加工的图形，如图 4-50 所示。

（1）单击轮廓粗车按钮 ，或在工具栏上单击【数控车】→【轮廓粗车】命令，系统弹出对话框，如图 4-48 所示。

（2）填写加工参数表，完成后单击"确定"。

（3）根据状态栏的提示，拾取被加工的轮廓，确定进退点，系统开始计算并自动生成刀具轨迹，如图 4-51 所示。

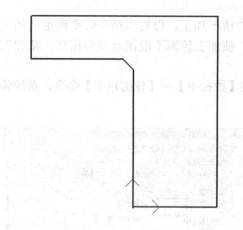

图 4-50　调头外形绘制

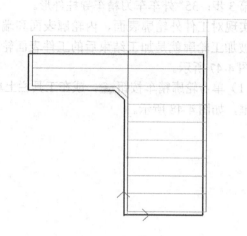

图 4-51　调头粗加工刀路

第 5 步：精车端面、倒角。

精车端面、倒角同第 2 步，设置好参数、进退刀点后，单击右键生成仿真轨迹，如图 4-52 所示。

第 6 步：生成加工代码。

（1）菜单栏依次单击【加工】→【后置处理】→【生成 G 代码】，弹出选择"机型"。

（2）单击"确定"按钮，状态栏提示"拾取刀具轨迹"，在加工管理窗口依次拾取要生成 G 代码的刀具轨迹。

（3）再单击右键结束选择，将弹出记事本，文件将显示生成的 G 代码。

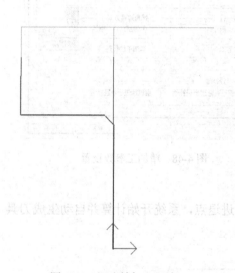

图 4-52　调头精加工刀路

任务3　顶部小芯的加工

一、顶部小芯的数控车削

顶部小芯的零件图样如图 4-53 所示。

二、工艺及图样分析

（1）顶部小芯是工件的基准轴，加工精度要求高。

（2）顶部小芯的尺寸精度要求比较高，加工时，多用千分尺或百分表进行检测，保证尺寸要求。

（3）工件较为细长，车削外形时，为保证工件的刚性，避免加工变形，采用一夹一顶方式装夹。

（4）顶部小芯的外形表面粗糙度要求高，预留 0.1～0.2mm 的尺寸作为磨削余量。

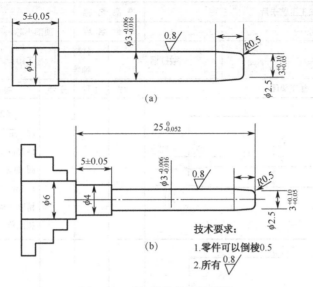

图 4-53　顶部小芯的零件图样

顶部小芯加工工艺过程见表 4-12。

表 4-12　顶部小芯加工工艺过程

加工工艺卡片		产品名称		产品数量	2
图　号		零件名称	顶部小芯	第　页	共　页
材料种类	锻打钢	材料牌号	T10	毛坯尺寸	φ6mm×35mm
加工简图		工序	工种	工步	加工内容	刀具	量具

加工简图	工序	工种	工步	加工内容	刀具	量具
![简图1]	1	数车	（1）	三爪卡盘装夹工件，粗、精车端面至辅助工具的外圆边处	90°车刀	卡尺
			（2）	钻中心孔 φ4mm	φ4mm中心钻	
![简图2]	2	数车	（1）	一夹一顶，工件伸出长度为30mm，粗车 φ6mm 长26mm、锥度、倒角。φ3mm长17mm、φ4mm长5mm、各留0.1mm精车余量	90°车刀	卡尺

续表

加工工艺卡片			产品名称			产品数量	2
图　号			零件名称	顶部小芯		第　页	共　页
材料种类		锻打钢	材料牌号	T10		毛坯尺寸	Φ6mm×35mm
加工简图	工序	工种	工步	加工内容		刀具	量具
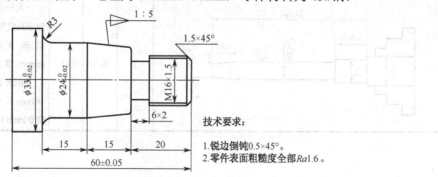	3	车	(1)	以 $\phi2.5$mm 的端面定位尺寸 $L=25$mm、$\phi4$mm 外圆的右端面定位 $L=5$mm 的尺寸要求精度要求,精车锥度和倒角		端面车刀	千分尺百分表
	4	车	(1)	以 $\phi2.5$mm 的端面,定位 25mm 的长度进行切断		切断车刀	深度千分尺

课后练习

一、简答题

1. CAXA 数控车床干涉后角和后角如何设置?

2. CAXA 数控车床毛坯大小与工件行切行距大小如何选择?

3. CAXA 数控车床切端面和外圆粗车参数设置有何不同?

二、练习题

编制图 4-54 的零件加工程序。毛坯为 $\phi40$mm×70mm,零件材料为 45#钢。

图 4-54　练习

数控铣削——左下型芯（MJ-01-08）的加工实训

数控铣床的自动化程度很高，具有高精度、高效率和高适应性的特点，是模具零件加工的主要机床，但其运行效率的高低、设备的故障率、使用寿命的长短等，在很大程度上取决于用户。正确操作数控铣床能保证设备长期稳定、可靠的运行，提高加工效率和经济效益，延长机床的寿命。

 知识目标

（1）了解数控铣床基本结构和原理，开/关机的意义，回零的原理。
（2）理解数控铣床分中、对刀的作用。
（3）掌握工件坐标系和 MDI、程序编辑的作用。
（4）掌握 CAXA 机械工程师 2013 软件编程的作用。
（5）掌握型芯加工工艺流程。

 技能目标

（1）会数控铣床开/关机、回零等操作。
（2）会数控铣床夹具和工件安装操作。
（3）会数控铣床分中、对刀、工作坐标系设置的操作。
（4）会数控铣床程序编辑的操作与机床的保养。
（5）会利用 CAXA 数控铣床 2013 软件编制零件的数控加工程序。
（6）会利用数控铣床加工型芯。

 素质目标

（1）培养学生谦虚、细心的工作态度。
（2）培养学生勤于思考、做事认真的良好作风。
（3）培养学生责任感和事业心。
（4）培养学生良好的职业道德。

 考工要求

完成本岗位学习内容，达到国家模具制造工中级水平。

岗位任务

加工图 5-1 所示的左下型芯，除了内腔面，其他全部利用数控铣床加工。

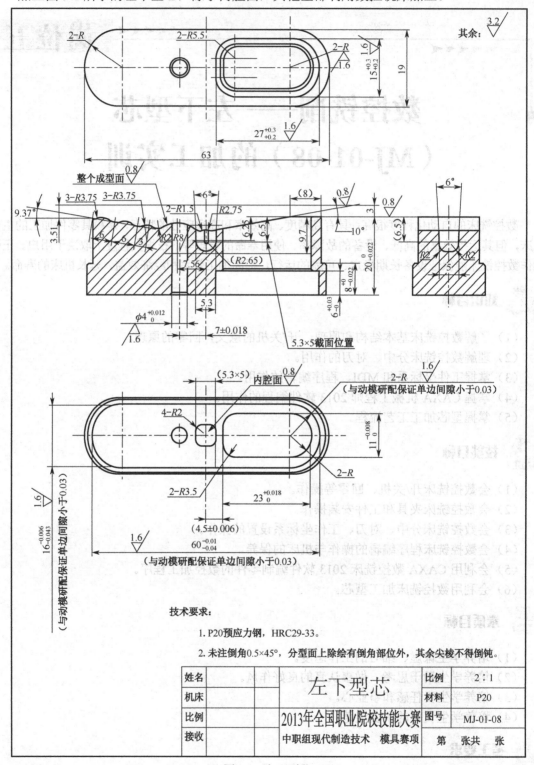

图 5-1　左下型芯

任务1 FANUC 系统数控铣床操作

任务布置

（1）FANUC 0i 系统数控铣床加工零件的操作。

（2）FANUC 0i 系统数控铣床日常保养和维护。

相关理论

知识一 FANUC 0i 系统数控铣床的操作界面

由于数控铣床类型不同，操作面板形式不同，操作方法也各不同，因此操作铣床应严格按照铣床操作手册的规定执行，但不论何种数控系统，基本结构和基本操作方法大体一致。一般数控铣床的操作界面都包括数控系统工作界面（由屏幕和键盘组成，又称 CRT/MDI 面板）和铣床控制面板（由按钮和旋钮等开关及仪表组成）两部分。下面介绍 FANUC 0i 系统国际通用面板。

1．铣床控制面板

FANUC 0i 系统的控制面板由铣床操作面板和数控系统操作面板组成。

（1）铣床操作面板。铣床操作面板主要用于控制铣床的运动和选择铣床的工作方式，包括手动进给方向按钮、主轴手控按钮、工作方式选择按钮、程序运行控制按钮、进给倍率调节旋钮、主轴倍率调节旋钮等，如图 5-2（a）所示。

（2）数控系统操作面板。数控系统面板主要与显示屏结合来操作与控制数控系统，以完成数控程序的编辑与管理、用户数据的输入、屏幕显示状态的切换等功能，如图 5-2（b）所示。

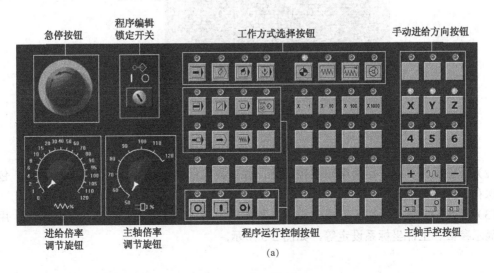

急停按钮　程序编辑锁定开关　工作方式选择按钮　手动进给方向按钮

进给倍率调节旋钮　主轴倍率调节旋钮　程序运行控制按钮　主轴手控按钮

(a)

图 5-2　铣床操作面板

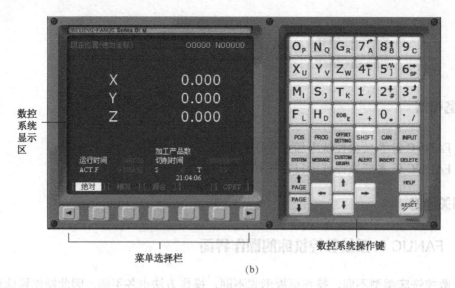

(b)

图 5-2　铣床操作面板（续）

2. 数控系统工作界面

随着数控系统工作状态的不同，数控系统显示的界面也不同，一般数控系统操作面板上都设置工作界面切换按钮，工作界面包括加工界面、程序编辑界面、参数设定界面、诊断界面、通信界面等。特别注意的是，有时只有选择特定的工作方式，并进入特定的工作界面，才能完成特定的操作。

（1）加工界面。用于显示在手动、自动、回参考点等方式的机床运行状态，包括各进给轴的坐标、主轴速度、进给速度、运行的程序段等，如图 5-3 所示。

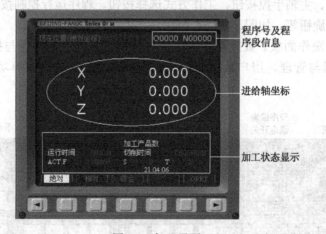

图 5-3　加工界面

（2）程序编辑界面。用于编辑数控程序，并对数控程序文件进行相应文件的管理，包括编辑、保存、打开等功能，如图 5-4 所示。

（3）参数设定界面。用于完成对机床各种参数的设置，包括刀具参数、机床参数、用户数据、显示参数、工件坐标系设定等，如图 5-5 所示。

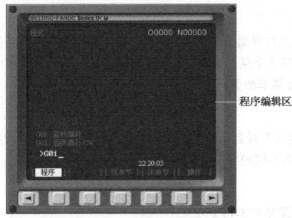

图 5-4 程序编辑界面

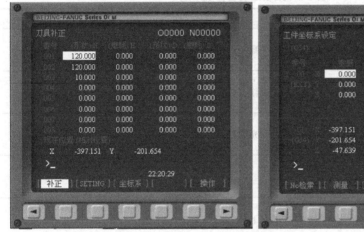

图 5-5 参数设定界面

知识二 FANUC 0i 系统数控铣床的操作面板

FANUC 0i 系统数控铣床的操作面板除显示屏幕以外，还包括以下几个键区：菜单选择键、数字/字母键等。数控系统操作面板是 FANUC 0i 系统数控铣床的主要人机界面，主要完成操作人员对数控系统的操作、数据的输入和程序的编制等工作。FANUC 0i 系统数控铣床的操作面板如图 5-6 所示，主要包括以下部分。

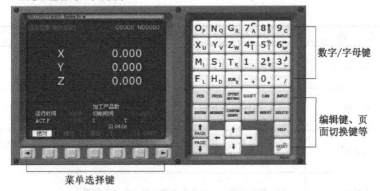

图 5-6 FANUC 0i 系统数控铣床的操作面板

1. 菜单选择键

数控系统在不同的工作界面下，其显示的功能菜单不尽相同，但任何界面下菜单的数量都为 5 个，系统设置对应的 5 个菜单键完成菜单项选择功能。若同一界面下，菜单数量超过 5 个，则可使用 ◄ 或 ► 键进行菜单翻页。

2. 数字/字母键

数字/字母键用于输入数据到输入区，系统自动判别是取字母还是取数字。字母和数字键通过 SHIFT 键切换，输入不同的字符，如 G-R、9-C、F-L。

3. 编辑键

编辑键的名称及用途见表 5-1。

表 5-1　编辑键的名称及用途

图　示	名　　称	用　　途
ALERT	替换键	用输入的数据替换光标所在的数据
DELETE	删除键	删除光标所在的数据，或者删除一个程序，或者删除全部程序
INSERT	插入键	把输入区中的数据插入到当前光标之后的位置
CAN	取消键	消除输入区内的数据
EOB E	单节键	结束一行程序的输入并切换到下一行
SHIFT	上挡键	用来切换数字和字母
RESET	复位键	用于程序复位停止、取消报警等

4. 页面切换键

页面切换键的名称及说明见表 5-2。

表 5-2　页面切换键的名称及说明

图　示	名　　称	说　　明
POS	位置显示键	位置显示有三种方式，用翻页键选择
PROG	程序键	程序显示与编辑页面
OFFSET SETTING	偏置键	参数输入页面。按第一次进入刀具参数补偿页面，按第二次进入坐标系设置页面。进入不同的页面以后，用翻页键切换
SYSTEM	系统键	机床参数设置，一般禁止改动，显示自诊断数据

续表

图 示	名 称	说 明
MESSAGE	信息键	显示各种信息，如报警
CUSTOM GRAPH	图形显示键	刀具路径图形显示

5. 翻页键

PAGE ↑：向上翻页。

PAGE ↓：向下翻页。

6. 光标移动键

↑：向上移动光标。

↓：向下移动光标。

←：向左移动光标。

→：向右移动光标。

7. 输入键

INPUT：把输入区内的数据输入参数页面。

知识三　FANUC 0i 系统数控铣床的控制面板

FANUC 0i 系统数控铣床的控制面板如图 5-7 所示。

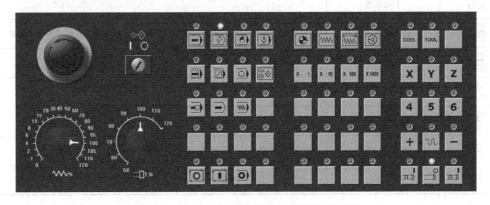

图 5-7　FANUC 0i 系统数控铣床的控制面板

1. 工作方式选择按钮

工作方式选择按钮见表 5-3。

表 5-3　工作方式选择按钮

图 示	名 称	按键名称	用 途
→	AUTO	自动加工模式	执行已在内存里的程序
◇	EDIT	程序编辑模式	用于检索、检查、编辑与新建加工程序

续表

图　示	名　　称	按键名称	用　　途
	MDI	手动数控输入	输入程序并可以执行，程序为一次性
	DNC	计算机直接运行	用 RS-232 电缆线连接 PC 和数控机床，选择程序传输加工
	REF	回参考点	回机床参考点
	JOG	手动模式	手动连续移动机床
	INC	增量（点动）进给	移动一个指定的距离
	HND	手轮模式	根据手轮的坐标、方向、进给量进行移动

2．程序运行控制按钮

程序运行控制按钮见表 5-4。

表 5-4　程序运行控制按钮

图　示	名　　称	用　　途
	单步执行	每按一次此键，执行一条程序指令
	程序段跳读	在自动方式下按此键，跳过程序开头带有"/"符号的程序
	程序停止	在自动方式下，遇有 M00 命令，程序停止
	手动示教	—
	程序重新启动	由于机床外部的种种原因自动停止，程序可以从指定的程序段重新启动
	机床锁定	机床各轴会被锁住，只能运行程序
	机床空运行	各轴以固定的速度运动
	程序运行开始	在"AUTO"和"MDI"模式时才有效，其余时间无效
	程序运行停止	在程序运行中，按下此键，程序停止运行
	程序停止	在自动方式下，遇有 M00 命令，程序停止

3．手动控制按钮

手动控制按钮见表 5-5。

表 5-5　手动控制按钮

按钮图标	名　　称	用　　途
	主轴手动控制	手动主轴正转
		手动主轴停止
		手动主轴反转

按 钮 图 标	名 称	用 途
 X	手动移动各轴	手动移动 X 轴
 Y		手动移动 Y 轴
 Z		手动移动 Z 轴
 +		手动正方向移动
 ⌇		在选择移动坐标轴后同时按下此按钮，坐标轴以机床指定的进给方式进行快速移动
 −		手动反方向移动
	进给倍率调节	调节程序运行中的进给速度，调节范围为 0～120%。例如，程序中指定的进给速度是 100mm/min，当进给倍率选定为 20%时，刀具实际的进给速度是 20mm/min，常用于改变程序中指定的进给速度，进行试切削，检查程序
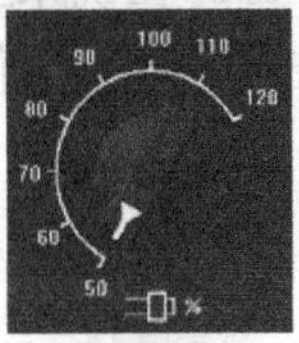	主轴倍率调节	调节主轴转速运行速度，调节范围为 50%～120%。例如，程序中指定的主轴转速是 1000mm/min，当主轴倍率选定为 50%时，刀具实际的转速是 500mm/min，常用于调整主轴转速，进行试切削，检查程序
	程序编辑锁定	置于 〇 位置，可编辑或修改程序
	紧急停止	发生意外紧急情况时的处理

知识四　用机用平口钳装夹工件

在铣床上加工中、小型工件时，一般都采用机用平口钳来装夹。平口钳是铣床上常使用的装夹工件的附具。在铣削零件的平面、阶台、斜面和铣削轴类零件的键槽等时，都可以用平口钳装夹工件。

机用平口钳俗称平口钳，常用的机用平口钳有回转式和非回转式两种，如图 5-8 所示。当回转式机用平口钳将装夹的工件回转角度时，可按回转底盘上的刻度线和平口钳体上的零位刻度线直接读出所需的角度值。非回转式机用平口钳没有下部的回转盘。回转式平口钳在使用时虽然方便，但由于多了一层结构，其高度增加，刚性较差。所以在铣削平面、垂直面和平行面时，一般都采用非回转式的机用平口钳。

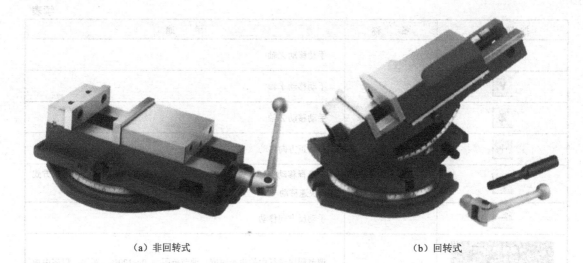

（a）非回转式   （b）回转式

图 5-8　机用平口钳

　　把机用平口钳装到工作台上时，钳口与主轴的方向应根据工件长度来决定。对于长的工件，钳口应与主轴垂直，在立式铣床上应与进给方向一致。对于短的工件，钳口与进给方向垂直较好。在粗铣和半精铣时，希望使铣削力指向固定钳口，因为固定钳口比较牢固。在铣床上铣平面时，对钳口与主轴的平行度和垂直度的要求不高，一般目测就可以。在铣削沟槽等工件时，则要求有较高的平行度或垂直度，找正方法如下。

1. 用百分表或划针来找正

　　用百分表找正的步骤是：先把带有百分表的弯杆用固定环压紧在刀轴上，或者用磁性表座将百分表吸附在悬梁（横梁）导轨或垂直导轨上，并使平口钳的固定钳口接触百分表测量头（简称测头或触头）；然后移动纵向或横向工作台，并调整平口钳位置，使百分表上指针的摆差在允许范围内，如图 5-9 所示；对钳口方向的准确度要求不很高时，也可用划针或大头针来代替百分表找正。

2. 用定位键定位安装

　　加工一般的工件时，将平口钳底座上的定位键放入工作台中央 T 形槽内，双手推动钳体，使两块定位键的同一侧面靠在工作台中央 T 形槽的一侧面上，然后固定钳座，再用钳体上的刻线与底座上的刻线相配合，转动钳体，使固定钳口平面与铣床主轴轴心线平行或垂直，也可以调整成所需要的角度。

3. 工件在平口钳上的装夹

　　（1）毛坯件的装夹。装夹毛坯件时，应选一个大而平整的毛坯面作为粗铣的基准面，将这个面靠在固定钳口面上。在钳口和工件毛坯面间垫铜皮，防止损伤钳口。夹紧工件后，用画针盘找正毛坯的上平面与工作台基本平行，如图 5-10 所示。

　　（2）已加工表面工件的装夹。装夹已粗加工的工件时，选择一个较大的粗加工面作为基准，将这个基准面靠在平口钳的固定钳口或钳体导轨面上进行装夹。

　　工件的基准面靠向固定钳口时，可在活动钳口和工件之间放置一个圆钢，通过圆钢使工件夹紧，这样能保证工件的基准面与固定钳口平面很好地贴合。圆钢放置时，要与钳口的上平面平行，其高度应在钳口夹持工件部分高度的中间或稍微偏上一点，如图 5-11 所示。

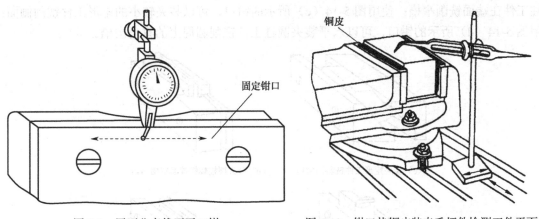

图 5-9　用百分表找正平口钳　　　　　图 5-10　钳口垫铜皮装夹毛坯件检测工件平面

（3）斜面工件在机用平口钳内的安装。两个平面不平行的工件若用普通平口钳直接夹紧，必定会产生只夹紧大端，小端夹不牢的现象，因此可在钳口内加一对弧形垫铁，如图 5-12 所示。

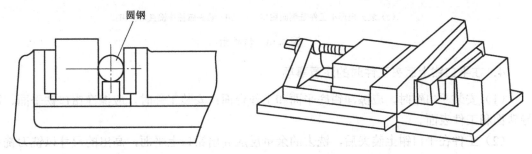

图 5-11　用圆钢夹持工件　　　　　图 5-12　在平口钳内装夹斜面工件

　　工件的基准面靠向钳体导轨面上时，应在钳体导轨面和工件平面之间垫平行垫铁，夹紧工件后，用锤子轻击工件上面，同时用手移动垫铁，垫铁不松动时，工件平面即与钳体导轨面贴合好，如图 5-13 所示，选择的平行垫铁尺寸要适当，平行度误差要小。用锤子敲击工件时，用力大小要适当，与夹紧力大小相适应，敲击的位置可从已贴合好的部位开始，逐渐移向没有贴合好的部位。敲击时不可连续用力猛击，应克服垫铁和钳体反作用力的影响，使工件、平行垫铁、钳体导轨面贴合好。

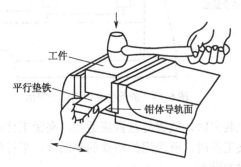

图 5-13　用平行垫铁装夹工件

　　（4）特殊工件的安装。用机用平口钳装夹不同形状的工件时，可设计几种特殊的钳口，只要更换不同形式的钳口，即可适应各种不同形状的工件，以扩大机用平口钳的使用范围。使用图 5-14 所示的钳口，可以装夹矩形工件铣削斜面；使用图 5-14（b）所示的钳口，可竖直装夹圆柱工件在端面铣削窄槽；使用图 5-14（c）所示的钳口，可以装夹较小的矩形工件铣削侧面；使用图 5-14（d）所示的钳口，可以水平装夹圆柱工件铣削圆周上的直角沟槽。

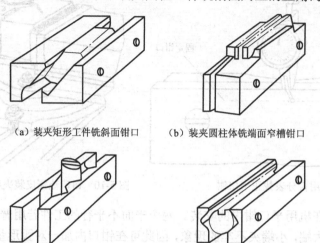

（a）装夹矩形工件铣斜面钳口　　　（b）装夹圆柱体铣端面窄槽钳口

（c）装夹矩形小工件铣侧面钳口　　　（d）装夹圆柱体铣直角槽钳口

图 5-14　特殊钳口

4．在平口钳上装夹工件时的注意事项

（1）安装平口钳时，应擦净钳底平面和工作台面；安装工件时，应擦净钳口铁平面、钳体导轨面和工件表面。

（2）工件在平口钳上装夹后，铣去的余量层应高出钳口上平面，高出的尺寸以铣刀铣不着钳口的上平面为宜，如图 5-15 所示。

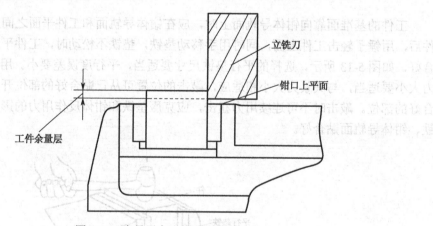

立铣刀

钳口上平面

工件余量层

图 5-15　余量层高出钳口上平面

（3）工件在平口钳上装夹时，放置的位置应适当，夹紧工件后钳口受力应均匀。

（4）用平行垫铁装夹工件时，所选用的垫铁的平面度、平行度、相邻表面垂直度应符合要求。垫铁表面要具有一定的硬度。

知识五　安装直柄立铣刀

直柄铣刀的直径一般为 3～20mm，常用弹簧夹头套筒安装。

用弹簧夹头安装直柄立铣刀时，装夹直柄铣刀的弹簧夹头如图 5-16 和图 5-17 所示，常用的有 NT 锥度和 R8（立式摇臂万能铣床）两种标准锥度。图 5-16 所示为套装弹簧夹头，图 5-17 所示为整体式 R8 锥度弹簧夹头（摇臂万能数控铣床大多采用此种）。

（a）NT 锥度　　　　　　　　　　　　　　（b）R8 锥度

图 5-16　套装弹簧夹头

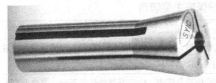

图 5-17　整体式 R8 锥度弹簧夹头

图 5-18 为 NT 锥度结构图，夹头由锥柄、弹簧夹头和螺母三部分组成。锥柄的外锥度为 7：24，与主轴内锥相配，内锥与弹簧夹头相配。弹簧夹头的形式很多，夹头外圈上有三条弹性槽（或多条），锁紧时，三槽合拢，内孔收缩，将直柄铣刀柄部夹紧。螺母结构简单，仅起锁紧作用。由于弹簧夹头精度较高，同轴度好，因此应用比较广泛。

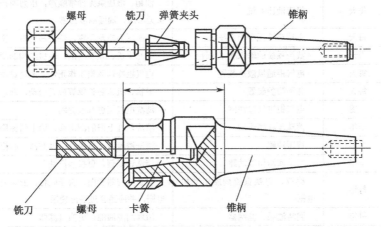

图 5-18　NT 锥度结构图

安装直柄铣刀时，选用与铣刀柄部直径相同的弹簧夹头，将套筒内外锥、弹簧夹头、铣刀柄部及螺母内锥（或装夹阶台面）擦干净，然后将弹簧夹头装入套筒内，旋好螺母，一起装入主轴固紧，最后安装刀具，用扳手锁紧螺母，将铣刀紧固在刀轴上。

知识六 日常保养和维护

设备的维护是保持设备处于良好工作状态、延长使用寿命、减少停工损失和维修费用、降低生产成本、保证生产质量、提高生产效率所必须进行的日常工作。对于高精度、高效率的数控铣床而言，维护就更显得重要。其基本要求应做到如下几点。

（1）完整性。数控铣床的零部件齐全，工具、附件、工件放置整齐。线路管道完整。

（2）洁净性。数控铣床内外清洁，无黄斑、无黑污、无锈蚀；各滑动面、丝杠、齿条、齿轮等处无油污、无碰伤；各部位不漏油、不漏水、不漏气、不漏电；切削垃圾清扫干净。

（3）灵活性。为保证部件灵活性，必须按数控铣床润滑标准，定时定量加油、换油；油质要符合要求；油壶、油枪、油杯、油嘴齐全；油毡、油线清洁，油标明亮，油路畅通。

（4）安全性。严格实行定人定机和交接班制度；操作者必须熟悉数控铣床结构，遵守操作维护规程，合理使用，精心维护，监测异常，不出事故；各种安全防护装置齐全可靠，控制系统正常，接地良好，无事故隐患。

数控铣床的日常维护保养主要项目见表 5-6。

表 5-6 数控铣床的日常维护保养主要项目

序 号	检查周期	检查部位	检查要求
1	每天	导轨润滑	检查油标、油量，及时添加润滑油，润滑泵能定时启动打油及停止
2	每天	X 轴、Y 轴、Z 轴及各回转轴的导轨	清除切屑及脏物，检查润滑油是否充分，导轨面有无划伤损坏
3	每天	压缩空气气源	检查气动控制系统压力，应在正常范围内
4	每天	机床进气口的空气干燥器	及时清理分水器中滤出的水分，保证自动空气干燥器工作正常
5	每天	气液转换器和增压器	检查油面高度，不够时及时补足油
6	每天	主轴润滑恒温油箱	工作正常，油量充足并调节范围
7	每天	机床液压系统	油箱、液压泵无异常噪声，压力表指示正常，管路及各接头无泄漏，油面高度正常
8	每天	主轴箱液压平衡系统	平衡压力指示正常，快速移动时平衡工作正常
9	每天	数控系统的输入/输出部位	如光碟机、软驱清洁，机械结构润滑良好
10	每天	电气柜通风散热装置	电气柜冷却风扇工作正常，风道过滤网无堵塞
11	每天	各种防护装置	导轨、机床防护罩等应无松动、漏水
12	一周	电气柜进气过滤网	清洗电气柜进气过滤网
13	半年	滚珠丝杠螺母副	清洗丝杠上旧的润滑脂，涂上新油脂
14	半年	液压油路	清洗溢流阀、减压阀、过滤器、油箱，更换或过滤液压油
15	半年	主轴润滑恒温油路	清洗过滤器，更换润滑油
16	每年	检查、更换直流伺服电动机电刷	检查换向器表面，吹净碳粉，去除毛刺，更换长度过短的电刷，并应跑合过后能使用
17	每年	润滑油泵、滤网器	清理润滑油池，更换过滤器
18	不定期	导轨上镶条、压紧滚轮、丝杠	按机床说明书调整镶条
19	不定期	冷却水箱	检查液面高度，切削液太脏时要更换并清理水箱，经常清洗过滤器
20	不定期	排屑器	经常清理切屑，检查有无卡住
21	不定期	清理油池	及时取走滤油池的旧油，以免外溢
22	不定期	调整主轴驱动带松紧	按机床说明调整

技能训练

一、实训目的及要求

（1）培养学生良好的工作作风和安全意识。
（2）培养学生的责任心和团队精神。
（3）会 FANUC 0i 系统数控铣床操作流程。
（4）会 FANUC 0i 系统数控铣床的保养。

二、实训设备与器材（见表 5-7）

表 5-7　实训设备与器材

项　目	名　称	规　格	数　量
设备	数控铣床（配刀柄）	FANUC 0i—TC 系统	8～10 台
夹具	机用平口钳	6in	8～10 台
刀具	立铣刀	$\phi 12$ mm	8～10 把
备料	硬铝型材	60mm×60mm×30mm	8～10 块
其他	毛刷、扳手、平行板等	配套	一批

三、实训内容与步骤

1．开机与关机

第 1 步：检查机床状态是否正常、电源电压是否符合要求、接线是否正确。

第 2 步：按下急停按钮。

第 3 步，依次合上总电源开关、稳压器开关和机床控制柜绿色电源开关按钮，此时机床电动机和伺服控制的指示灯变亮。

第 4 步：检查风扇电动机运行和面板指示灯是否正常。数控显示区会显示，如图 5-19 所示。

第 5 步：左旋并拔起面板右上角的"急停"按钮，有的机床需要按下，让数控系统复位而使得机床系统处于已经准备好状态，其显示如图 5-20 所示。

机床系统没准备好

图 5-19　机床系统没准备好显示

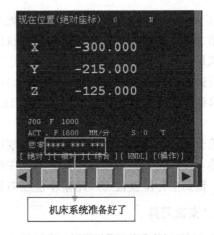

机床系统准备好了

图 5-20　机床系统已经准备好显示

2. 回零

参考点又称机械零点，是机床上的一个固定点，数控系统根据这个点的位置建立机床坐标系。参考点通常设在机床各坐标轴正向运动的极限位置或自动换刀点的位置。开机后，必须利用操作面板上的开关和按键，将刀具移动到机床的参考点。操作步骤如下。

（1）检查操作面板上回零点指示灯是否亮![icon]，若指示灯亮，则已进入回零点模式；若指示灯不亮，则按![icon]按钮，转入回零点模式。

（2）为改变移动速度按下快速移动倍率选择开关![icon]F0 25 50 100，可改变快速移动的速度。

（3）在回零点模式下，先将 Z 轴回原点（避免主轴在回零过程中与工作台上台钳或夹具发生干涉碰撞）。按操作面板上的![icon]Z按钮，使 Z 轴方向移动指示灯闪烁![icon]，按![icon]+按钮，此时 Z 轴将回零点，Z 轴回零点灯变亮![icon]，CRT 上 Z 坐标变为"0.000"。

（4）重复上述（2）和（3）的步骤，再分别按 X 轴、Y 轴轴方向移动按钮![icon]X、![icon]Y，使指示灯闪烁，按![icon]+按钮，此时 X 轴、Y 轴将回原点，指示灯![icon]X 和![icon]Y 变亮。此时 CRT 界面如图 5-21 所示。

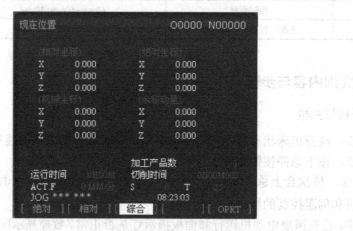

图 5-21　回零点后的 CRT 界面

3. 安装工件

第 1 步：松开机用平口钳，清理钳处的切屑和脏物。

第 2 步：将机用平口钳安装到数控铣床工作台，用百分表找正机用平口钳。用百分表找正的步骤是：先把带有百分表的弯杆用固定环压紧在刀轴上，或者用磁性表座将百分表吸附在悬梁（横梁）导轨或垂直导轨上，并使平口钳的固定钳口接触百分表测量头（简称测头或触头）；然后移动纵向或横向工作台，并调整平口钳位置使百分表上指针的摆差在允许范围内，如图 5-9 所示。

第 3 步：紧靠钳口竖立安放好两块规格一样的平行垫板，如图 5-22 所示。

第 4 步：将工件平放在平口钳口的中间位置，边用铜棒轻轻敲打工件上表面边用扳手锁平口钳，直到平行垫板被工件压紧不能左右移动为止，用力锁紧平口钳即可，如图 5-23 所示。

4. 安装刀具

第 1 步：清理刀具和刀柄，将弹簧夹头卡入固定圆螺母内，如图 5-24 所示。

第 2 步：将刀具的刀柄插入弹簧夹套孔内，刀刃工作部分全部伸出，并根据加工深度适当调整伸出部分的长度，如图 5-25 所示。

图 5-22　放置平行垫板

图 5-23　夹紧工件

图 5-24　压装弹簧夹头

图 5-25　装入刀具

第 3 步：用扳手锁紧铣刀，如图 5-26 所示。

第 4 步：按操作面板上的"手动"按钮，使其指示灯亮 。机床进入手动加工模式。

第 5 步：清洁刀柄锥面和主轴锥孔，左手握住刀柄，将刀柄的键槽对准主轴端面键，垂直伸入主轴内，如图 5-27 所示；同时右手按住主轴换刀按钮，直到刀柄锥面与主轴锥孔完全贴合后，松开按钮，刀柄即被自动夹紧，确认夹紧后方可松手。

图 5-26　锁紧铣刀

图 5-27　装入刀柄锥孔

第6步：刀柄装上后，用手转动主轴检查刀柄是否装夹正确、是否夹紧，如图5-28所示。

图5-28　检查刀柄是否装夹正确

5. 分中对刀

装夹好工件，安装好刀具后，首先要进行试切对刀。加工编程时，定位一般四面分中，可以选取零件的顶面为Z方向的零点。必须使数控机床的坐标系和编程的坐标系一致。

1）X轴、Y轴对刀

第1步：首先在X轴方向对刀。按操作面板上的手动按钮，使其指示灯变亮 🔲，机床转入手动加工状态。

第2步：按操作面板上 🔲 或 🔲 的按钮，控制主轴转动。

第3步：首先利用操作面板上的 X 、 Y 、 Z 按钮和 + 、 — 按钮，将机床刀具移动到工件附近的大致位置。

第4步：当刀具移动到工件附近的大致位置后，可以采用手动脉冲方式移动机床，按操作面板上的手动脉冲按钮 🔲 或 🔲，使手动脉冲指示灯变亮 🔲，采用手动脉冲方式精确移动机床，将手轮对应轴旋钮 🔲 置于"X"挡，调节手轮进给速度旋钮 🔲，旋转手轮 🔲，精确移动零件，直到刀具开始切削到工件边沿为止。

第5步：按MDI键盘上的 🔲，使CRT界面上显示坐标值。对X轴清零。升高刀具，移至工件的另外一边。同样，将手轮对应轴旋钮置于"X"挡，调节手轮进给速度旋钮，旋转手轮精确移动零件，直到刀具开始切削到工件边沿为止。记下此时CRT界面中的X坐标，此为刀具中心的X坐标，记为X_1，将刀具直径记为X_2，则工件上表面中心的坐标$X = (X_1 + X_2)/2$，结果记为X。

第6步：Y轴方向对刀采用相同的方法。得到工件中心的Y坐标，结果记为Y。

2）Z轴对刀

第1步：按操作面板上 🔲 或 🔲 的按钮，控制主轴转动。

第2步：首先利用操作面板上的 X 、 Y 、 Z 按钮和 + 、 — 按钮，将机床刀具移动到工件附近的大致位置。

第3步：按操作面板上的 Z 和 — ，直到刀具开始切削到工件的上表面为止，记下此时Z的坐标值，记为Z。此Z值即为工件表面一点处Z的坐标值。

通过对刀得到的坐标值（X，Y，Z）即为工作坐标系原点在机床坐标系中的坐标值。

6．抄数（设置工件坐标系）

数控加工前，须在工件坐标系设定界面上确定工件零点相对于机床零点的偏移量，并将数值存入数控系统中。确定工件与机床坐标系的关系有两种方法，一种是通过 G54～G59 设定，另一种是通过 G92 设定。

1）G54～G59 参数设置

将刀具得到的工件原点在机床坐标系上的坐标数据（X，Y，Z），输入为 G54 工件坐标原点。

第 1 步：按 [OFFSET SETTING] 键，使用 CRT/MDI 面板，打开工件坐标系设定界面，切换屏幕界面，可以显示每个工件坐标系的工件零点偏移值。

第 2 步：按章节选择软体键"WORK"，显示工件坐标系设定界面。

第 3 步：按"PAGE"软体键，切换界面，找出所需的界面。或按 MDI 键盘上的数字/字母键，输入"0*"（01 表示 G54、02 表示 G55、以此类推），按软键"No 检索"，光标停留在选定的坐标参数设定区域，如图 5-29 所示（设定 G54）。用方位键 ↑、↓、←、→ 选择所需的坐标系和坐标轴。

第 4 步：先设 X 的坐标值，如利用 MDI 键盘输入"-500.0"，按软键"输入"，则 G54 中 X 的坐标值变为"-500.0"。

第 5 步：用方位键 ↓，将光标移至 Y 的位置，如输入"-415.00"，按软键"INPUT"。

第 6 步：再将光标移至 Z 的位置，如输入"-404.0"，按软键"输入"，即完成了 G54 参数的设定。此时 CRT 界面如图 5-29 所示。

2）G92 参数设定

通过对刀得到的 X、Y、Z 值即为工件坐标系 G92 的原点值。如果程序是使用工件坐标 G92，则每次更换工件都要重新对刀。因为 G92 的坐标原点与对刀时的刀位点密切相关，不同的刀位点将会得到不同坐标原点的 G92 坐标系。故推荐使用工件坐标系 G54～G59。

3）输入刀具直径补偿参数

FANUC 0i 系统的刀具直径补偿包括形状直径补偿和磨耗直径补偿两种。

第 1 步：在起始界面下，按 MDI 界面的 [OFFSET SETTING] 键，进入补正参数设定界面。

第 2 步：利用方位键 ↑、↓、←、→ 将光标移到对应刀具的"形状（D）"栏，按 MDI 键盘上的数字/字母键，如输入"4.000"，按软键"输入"，把输入域中的补偿值输入所指定的位置，如图 5-30 所示，此时已将选择的刀具半径 4mm 输入。

第 3 步：按 [CAN] 键逐字删除输入域中的字符。

注：直径补偿参数若为 4mm，在输入时须输入"4.000"，如果只输入"4"则系统默认为"0.004"。

4）输入刀具长度补偿参数

铣刀可以根据需要抬高或降低，通过在数控程序中调用长度补偿实现。长度补偿参数在刀具表中按需要输入。FANUC 0i 系统的刀具长度补偿包括形状长度补偿和磨耗长度补偿两种。

第 1 步：在起始界面下，按 MDI 界面的 [OFFSET SETTING] 键，进入补正参数设定界面，如图 5-30 所示。

第 2 步：用方位键 ↑、↓、←、→ 选择所需的编号，并确定需要设定的长度补偿是形状补偿还是磨耗补偿，将光标移到相应的区域。按 MDI 键盘上的数字/字母键，输入刀具长度补偿参数。按软键"输入"，参数输入指定区域。

按 [CAN] 键逐字删除输入域中的字符。

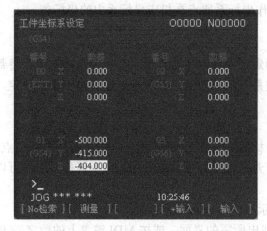

图 5-29　G54 坐标参数设定

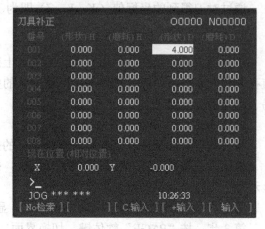

图 5-30　刀具补偿对话框

7. 编辑程序

第 1 步：单击操作面板上的编辑键 ⬚，编辑状态指示灯变亮 ⬚，此时已进入编辑状态。单击 MDI 键盘上的 PROG 键，CRT 界面转入编辑页面。利用 MDI 键盘输入"Ox"（x 为程序编号，但不可以与已有程序编号重复）按 INSERT 键，CRT 界面上显示一个空程序，可以通过 MDI 键盘开始程序输入。输入一段代码后，按 INSERT 键输入域中的内容显示在 CRT 界面上，用回车换行键 EOB E，结束一行的输入后换行。

第 2 步：手动输入如下程序。

```
O0001
G54 G0 Z100
M3 S2000
M8
G0 X-70 Y-50
G1 Z90 F500
X100
Y10
X-100
G0 Z100
M30
```

第 3 步：编辑修改，删除程序。

（1）移动光标。按 PAGE↑ 和 PAGE↓ 键用于翻页，按方位键 ↑、↓、←、→ 移动光标。

（2）插入字符。先将光标移到所需位置，单击 MDI 键盘上的数字/字母键，将代码输入输入域中，按 INSERT 键，把输入域的内容插入光标所在代码后面；按 CAN 键用于删除输入域中的数据。

（3）删除字符。先将光标移到所需删除字符的位置，按 DELETE 键，删除光标所在的代码。

（4）查找。输入需要搜索的字母或代码；按 ↓ 键，开始在当前数控程序中光标所在位置后搜索。代码可以是一个字母或一个完整的代码，如"N0010"、"M"等。如果此数控程序中有所搜索的代码，则光标停留在找到的代码处；如果此数控程序中光标所在位置后没有所搜索的代码，则光标停留在原处。

（5）替换。先将光标移到所需替换字符的位置，将替换成的字符通过 MDI 键盘输入输入域中，按 [ALTER] 键，把输入域的内容替代光标所在的代码。

第 4 步：调用程序。

经过导入数控程序操作后，单击 MDI 键盘上的 [PROG] 键，CRT 界面转入编辑页面。利用 MDI 键盘输入"Ox"（x 为数控程序目录中显示的程序号），按 ↓ 键开始搜索，搜索到后，"Oxxxx"显示在屏幕首行程序编号位置，NC 程序显示在屏幕上。

8．程序校验试加工

1）存储器运行（又称自动运行）

程序存到 CNC 存储器中，机床可以按程序指令运行，称为存储器运行方式。

第 1 步：检查机床是否回零，若未回零，先将机床回零。

第 2 步：检查"自动运行"指示灯是否亮，若未亮，按操作面板上"自动运行"按钮，使其指示灯变亮 [➡]。

第 3 步：按 [PROG] 键，系统显示程序屏幕界面。

第 4 步：按 [POS] 地址键，键入程序号的地址。

第 5 步：按操作面板上的启动循环按键 [▯]，程序开始运行。同时，循环启动 LED 闪亮，当自动运行结束时，指示灯熄灭。

第 6 步：数控程序在运行过程中可根据需要暂停、停止、急停和重新运行。数控程序在运行时，按暂停键 [▯]，进给暂停指示灯 LED 亮，运行指示灯熄灭，程序停止执行。再按 [▯] 键，程序从暂停位置开始执行。

第 7 步：数控程序在运行时，按暂停键 [◑]，程序停止执行；再按 [▯] 键，程序重新从开头执行。

第 8 步：数控程序在运行时，按下急停按钮 [●]，数控程序中断运行，继续运行时，先将急停按钮松开，再按 [▯] 键，余下的数控程序从中断行开始作为一个独立的程序执行。

第 9 步：自动/单段方式，按操作面板上的"单节"按钮 [▤]。按操作面板上的 [▯] 键，程序开始执行。自动/单段方式执行每一行程序，均单击一次 [▯] 键。

第 10 步：单击"单节跳过"按钮 [▱]，则程序运行时跳过符号"/"有效，该行成为注释行，不执行。

第 11 步：单击"选择性停止"按钮 [◓]，则程序中 M01 有效。

第 12 步：可以通过主轴倍率旋钮 [■] 和进给倍率旋钮 [●] 来调节主轴旋转的速度和移动的速度。

第 13 步：程序运行过程中按下 [RESET] 键，自动运行将被终止，并进入复位状态。

2）计算机联机自动加工（DNC 运行）

数控系统经 RS-232 接口读入外设上的数控程序，同步进行数控加工，成为 DNC 运行。工厂中进行模具加工生产时，程序通常很大，无须存入 CNC 的存储器中，广泛采用这种方式。

第 1 步：选用一台计算机，安装专用的程序传输软件，根据数控系统对数控程序传输的具体要求，设置传输参数。

第 2 步：通过 RS-232 串行端口，将计算机和数控系统连接起来。

第 3 步：检查机床是否回零，若未回零，先将机床回零。

第 4 步：将操作方式置于 DNC 方式。按 [⬇] 键，选择 DNC 运行方式。

第 5 步：在计算机上选择要传输的加工程序。

第 6 步：按下操作面板上的循环启动按键 █，启动自动运行，同时循环启动指示灯 LED 亮，当自动运行结束时，指示灯熄灭。

9．关机

第 1 步：按下急停按钮 ●。

第 2 步：关闭数控系统红色电源开关按钮 ██。

第 3 步：依次合上机床控制柜开关、稳压器开关和总电源开关。

10．机床保养

第 1 步：按要求摆放好刀具、量具和机床配件。

第 2 步：清理夹具、导轨、工作台和防护门上的切屑等脏物。

实训考核与评价

一、考核检验

数控铣床操作的考核见表 5-8。

表 5-8　数控铣床操作的考核

项　　目	序　　号	考核内容及要求	检验结果	得　分	备　注
数控铣床开机的操作流程	1	检查机床状态的电源电压是否符合要求、接线是否正确，按下急停按钮			
	2	机床开关上电、数控系统上电			
	3	检查风扇电动机运转和面板上的指示灯是否正常			
数控铣床回参考点的操作流程及注意事项	4	检查是否按到"回零"方式			
	5	回零坐标轴顺序，先 Z 轴后 X 轴、Y 轴			
	6	检查回零坐标轴的指示灯是否亮			
	7	检查机床坐标系正确应为 X_0、Y_0、Z_0			
	8	回零超程的解除方法			
数控铣床关机的操作流程	9	按下控制面板上的"急停"按钮断开伺服电源			
	10	先断开数控电源，后断开机床电源			
	11	清洁和保养机床			

数控加工程序的考核见表 5-9。

表 5-9　数控加工程序的考核

项　　目	序　　号	考核内容及要求	检验结果	得　分	备　注
编辑程序	1	新建、保存程序的操作技能			
	2	编辑、修改程序的操作技能			
	3	键盘使用的熟练程度和简单程序的掌握			
校验程序	4	掌握校验程序操作流程的技能			
	5	学会看校验程序的轨迹图			
	6	判断加工程序正确性并修改			
试件加工	7	试件加工的操作技能			
	8	解决试件加工所出现的安全问题			

二、收获反思（见表 5-10）

表 5-10　收获反思

类　　型	内　　容
掌握知识	
掌握技能	
收获体会	
解决的问题	
学生签名	

三、评价成绩（见表 5-11）

表 5-11　评价成绩

学 生 自 评	学 生 互 评	综 合 评 价	实 训 成 绩	
			技能考核（80%）	
			纪律情况（20%）	
			实训总成绩	
			教师签名	

 **知识拓展**

拓展 1　数控加工刀具

数控刀具选择和切削用量确定是数控加工工艺中的重要一环，它不仅影响数控机床的加工效率，而且直接影响加工质量。数控加工的刀具选择和切削用量确定是在人机交互状态下完成的，这与普通机床加工形成鲜明的对比，同时也要求编程人员必须掌握刀具选择和切削用量确定的基本原则，在编程时充分考虑数控加工特点，能够正确选择刀具及切削用量。

一、数控刀具要求

在数控机床中，其产品质量和劳动生产率在很大程度上受到切削刀具的制约。虽然大多数车刀和铣刀等都与普通加工所采用的刀具基本相同，但对一些难度较大的零件，其刀具切削部分的几何参数，须处理后才能满足加工要求。

此外，以下几点列出了对选择数控刀具的要求。

（1）刀具要有较高的切削效率，以满足数控机床的高效率加工需求。日本 UHS10 型数控铣床的主轴转速高达 100 000r/min，进给速度达 5m/min。这就对刀具提出了相应的要求。

（2）数控铣床能兼作粗精铣削，粗铣时，要选强度高、使用寿命长的刀具，以满足粗铣时大吃刀量、大进给量的要求。

（3）精加工时，要选有较高精度和重复定位精度、使用寿命长的刀具，以保证加工精度的要求。

（4）为实现刀具尺寸的预调和快速换刀，减少换刀时间和方便对刀，应尽可能采用机夹刀和机夹刀片。夹紧刀片的方式要选择得比较合理，刀片最好选涂层硬质合金刀片。

（5）刀具在切削过程中不断磨损，会造成加工尺寸的变化，使被加工零件的尺寸精度和表面精度下降，数控刀具要有较长的使用寿命，具有在线监控及尺寸补偿系统。

（6）能及时有效地实现断屑及排屑，保证数控机床顺利、安全地切削加工。

（7）刀具系列化、标准化，有利于编程和刀具管理。

二、数控刀具材料

刀具的选择是根据零件材料种类、硬度，以及加工表面粗糙度要求和加工余量等已知条件来决定刀片的几何结构（如刀尖圆角）、进给量、切削速度和刀片牌号等。

数控刀具材料有高速钢、硬质合金、陶瓷、立方碳化硼和聚晶金刚石。高速钢分为 W 系列高速钢和 Mo 系列高速钢，硬质分为钨钴类、钨钛钴类和钨钛钽（铌）钴类，陶瓷分为纯氧化铝类（白色陶瓷）和 TiC 添加类（黑色陶瓷）。一般工厂使用最多的就是高速钢（白钢刀）和硬质合金刀具，与其他几类刀具相比，价格相对比较便宜。

常用刀具材料的性能比较见表 5-12。

表 5-12　常用刀具材料的性能比较

刀 具 材 料	切 削 速 度	耐 磨 性	硬　　度	硬度随温度变化
高速钢	最低	最差	最低	最大
硬质合金	低	差	低	大
陶瓷刀片	中	中	中	中
金刚石	高	好	高	小

1. 高速钢刀具

如图 5-31 所示，有公制或英制，这种刀最常用，刀刃锋利，适宜加工铜公或硬度较低的工件，如 45#钢等。加工模具材料时也常用，这种刀是数控加工最常用的刀具，价格便宜，易买，但易磨损，易损耗，进口的高速钢刀具含有 Co、Mn 等合金，较耐用，精度也高，如 LBK、YG 等。

2. 硬质合金刀具

刀具是用合金材料制成，硬而脆，耐高温，主要用于加工硬度较高的工件，如前模、后模、镶件、行位或斜顶等。硬质合金刀具耐高温，要在较高转速下加工，否则容易崩刀，而且加工效率和质量比高速钢刀具好，是目前数控加工中使用最多的刀具材料。

3. 舍弃式刀粒

如图 5-32 所示，这种刀因刀粒是可以更换的，而刀粒是合金材料做成的，刀粒通常又有涂层，耐用，价格也便宜，加工钢料最好用这种刀。刀粒有菱形、圆形、方形。菱形刀粒只能用两个角，而圆形刀粒一圈都可以用，当然更耐用一些，常用的有 $\phi25R5$、$\phi12R0.4$、$\phi30R5$、$\phi32R5$、$\phi32R6$、$\phi32R0.8$、$\phi16R0.6$、$\phi20R0.6$、$\phi25R0.8$、$\phi30R0.8$ 等。还有一种半圆刀粒，即球形刀粒用于曲面精加工时很好用，常用的有 $R5$、$R6$、$R8$、$R10$、$R12.5$ 等。

图 5-31　高速钢立铣刀

图 5-32　舍弃式刀粒

常用刀具材料的性能比较见表 5-13。

表 5-13　常用刀具材料的加工性能比较

加工的材料 刀具种类	铜　铝	钢　料	烧焊，淬火
高速钢刀具	好	一般	不
合金刀具	好	好	好
舍弃式刀粒	一般	好	好

三、常用数控刀具的形状

1. 平底刀

平底刀又称平刀或端铣刀，如图 5-33（a）所示，主要用于粗加工、平面精加工、外形精加工和清角加工。一般粗加工选择 2 刃刀、3 刃刀，精加工选择 4 刃刀。编程轨迹选刀心。

2. 圆鼻刀

圆鼻刀又称牛鼻刀，如图 5-33（b）所示，主要用于粗加工、平面精加工和外形的精加工，常加工硬度较高的材料，如 718、738 和 S136 等。常用圆鼻刀的刀角半径为 0.2～1mm。编程轨迹可选刀心或圆弧中心。

3. 球头刀

球头刀又称球刀或 R 刀，如图 5-33（c）所示，按刀刃数可分为 2 刃、4 刃。主要用于曲面光刀或流道加工，不对平面粗加工或精加工。编程轨迹可选刀尖或刀心。

4. 飞刀

如图 5-33（d）所示，主要用于大面积的粗加工、平面精加工和陡峭面精加工等。常用飞刀有 ϕ30R5、ϕ20R4、ϕ16R0.8/R0.4 和 ϕ12R0.4。

5．T形刀

形状似 T 形而命名，用于加工行位槽。编程轨迹选刀心。

6．螺纹刀（又称粗加工刀）

这种刀专用于粗加工，刀侧锋上有波浪纹，易排铁屑，粗加工刀一般比标准尺寸大，直径英制 3/4 刀，其刀锋直径通常有直径 19.3mm。

7．锥度刀

锥度可选 0.5°～10°，主要适用于工件小角度锥面的刀具成型加工。半精加工选择 2 刃刀；精加工选择 4 刃刀。编程轨迹选择刀心。

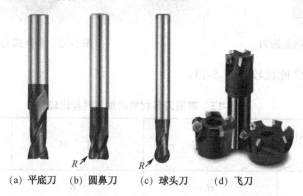

(a) 平底刀　　(b) 圆鼻刀　　(c) 球头刀　　(d) 飞刀

图 5-33　数控刀具的形状

四、数控刀具选择

刀具的选择是数控加工工艺中重要内容之一。选择刀具通常要考虑机床的加工性能、工序内容和工件材料等因素。选取刀具时，要使刀具的尺寸和形状相适应。

1．考虑的主要因素

（1）被加工工件的材料和性能，如金属、非金属，其硬度、刚度、塑性、韧性及耐磨性等。

（2）加工工艺类别，如车削、钻削、铣削、镗削或粗加工、半精加工、精加工和超精加工等。

（3）加工工件信息，如工件几何形状、加工余量、零件的技术指标。

（4）刀具能承受的切削用量，主要包括切削用量三要素——主轴转速、切削速度与切削深度。

2．选择原则

（1）根据被加工零件的表面形状选择刀具：若零件表面较平坦，可使用平底刀或飞刀进行加工；若零件表面凹凸不平，应使用球头刀进行加工，以免切伤工件。

（2）根据从大到小的原则选择刀具：刀具直径越大，所能切削到的毛坯材料范围越广，加工效率越高。

（3）根据曲面曲率大小选择刀具：通常针对圆角或拐角位置的加工，圆角位越小选用的刀具直径越小，且通常圆角位的加工选用球头刀。

（4）根据粗、精加工选择刀具：粗加工时强调获得最快的开粗过程，则刀具的选用偏向于大直径的平底刀或飞刀。精加工强调获得好的表面质量，此时应选用相应小直径的平底刀、飞刀或球头刀。

（5）加工钢料，尽量选镶合金刀粒的刀把，刚性好，耐磨，吃刀量大，加工效率高，也比较经济，是加工钢料的第一选择。

（6）根据加工种类选择刀具：粗加工要用平头刀或牛鼻刀（最好使用镶合金刀粒的刀把），不允许用 R 刀，曲面精加工则尽量用球头刀，使用平底刀精加工曲面的效果不好。

各种不同类型刀具的加工范围如图 5-34 所示。

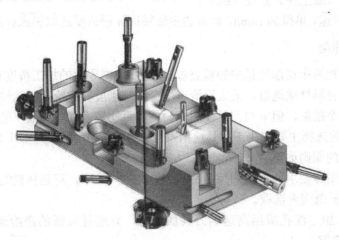

图 5-34　不同类型刀具的加工范围

3．刀具直径和长度选择

（1）大大件尽量使用大直径的刀具，以提高刀具的加工效率和刚性。刀大则刚性大，不易断，加工质量有保证。

（2）曲面精加工和清角加工时，要根据参考曲面凹陷和拐角处的最小半径值选择刀具。粗加工先采用大直径刀具，以提高效率，再采用小直径刀具进行二次粗加工，二次粗加工的目的是清除上一步粗加工的残余料。

（3）在保证刀具刚性的前提下，刀具装夹长度依曲面形状和深度来确定，一般比加工范围高出 2mm，防止出现刀具与工件相互干涉。

（4）选择小直径刀具要注意切削刃（刃长）长度。直径小于 6mm 时，刀具切削刃的直径与刀柄直径不一致，一般刀柄直径为 6mm，切削刃与刀柄之间形成锥形过渡，加工区域狭窄、深度较大时，可能出现刀柄与工件干涉。

五、确定切削用量

数控编程时，编程人员必须确定每道工序的切削用量，并以指令的形式写入程序中。切削用量包括主轴转速、背吃刀量及进给速度等。对于不同的加工方法，要选用不同的切削用量。切削用量的选择原则是：保证零件加工精度和表面粗糙度，充分发挥刀具切削性能，保证合理的刀具使用寿命，并充分发挥机床的性能，最大限度提高生产率，降低成本。

合理选择切削用量的原则：粗加工时，一般以提高生产率为主，但也应考虑经济性和加工成本；半精加工和精加工时，应在保证加工质量的前提下，兼顾切削效率、经济性和加工成本。具体数值应根据机床说明书、切削用量手册，并结合经验而定。

1．确定主轴转速

主轴转速应根据允许的切削速度和工件（或刀具）直径来选择。主轴转速 n（r/min）由切削速度 v（m/min）来选定。

$$n = 1000v / \pi d \quad (\text{r/min})$$

式中　v——切削速度，由刀具使用寿命决定；

　　　d——刀具（或工件）直径（mm）；

　　　n——主轴转速，单位为 r/min，计算的主轴转速 n 最后要选取机床有的或较接近的转速。

2．确定进给速度

进给速度是数控机床切削用量中的重要参数，主要根据零件的加工精度和表面粗糙度要求，以及刀具、工件的材料性质选取。最大进给速度受机床刚度和进给系统的性能限制。提高 v 也是提高生产率的一个措施，但 v 与刀具使用寿命的关系比较密切。随着 v 的增大，刀具使用寿命急剧下降，故 v 的选择主要取决于刀具使用寿命。另外，切削速度与加工材料也有很大关系。

确定进给速度的原则如下。

（1）当工件的质量要求能够得到保证时，为提高生产效率，可选择较高的进给速度。一般在 100～200mm/min 范围内选取。

（2）在切断、加工深孔或用高速钢刀具加工时，宜选择较低的进给速度，一般在 20～50mm/min 范围内选取。

（3）当加工精度、表面粗糙度要求高时，进给速度应选小些，一般在 20～50mm/min 范围内选取。

（4）刀具空行程时，特别是远距离"回零"时，可以设定为该机床数控系统的最高进给速度。

3．确定背吃刀量

背吃刀量根据机床、工件和刀具的刚度来决定，在刚度允许的条件下，应尽可能使背吃刀量等于工件的加工余量，这样可以减少走刀次数，提高生产效率。为了保证加工表面质量，可留少量精加工余量，一般 0.2～0.5mm，总之，切削用量的具体数值应根据机床性能、相关的手册并结合实际经验用类比方法确定。

4．确定切削宽度 L

一般 L 与刀具直径 d 成正比，与切削深度成反比。经济型数控加工中，一般 L 的取值范围为（0.6～0.9）d。

编程时，使主轴转速、切削深度及进给速度三者能相互适应，以形成最佳切削用量。

切削用量不仅是在机床调整前必须确定的重要参数，而且其数值合理与否对加工质量、加工效率、生产成本等有着非常重要的影响。所谓"合理的"切削用量是指充分利用刀具切削性能和机床动力性能（功率、扭矩），在保证质量的前提下，获得高的生产率和低的加工成本的切削用量。

5．切削液的选用

切削过程中，刀具与工件表面摩擦会产生热量，切削液要冷却整个切削区域。如选用不当，冷却不充分，刀具就会很快变钝，工件表面质量很差，所以正确选用切削液可以提高零件表面质量、提高切削用量参数及延长刀具的使用寿命。

切削液主要分为切削油和水溶性切削液。切削油（又称纯油）是以矿物油为基础，一般用于特殊加工场合。浓度低的切削油可用于冲洗型加工，如深孔钻加工；浓度高的切削油可用于间歇型切削，如齿轮加工等。水溶性切削液主要指乳化液，通常以浓缩型供应，润滑性和切削性好，应用广泛。

六、使用数控立铣刀应注意的问题

1. 立铣刀

尽量不用高钢立铣刀加工毛坯面，防止刀具的磨损和崩刃。

1）立铣刀的装夹

加工中心用立铣刀大多采用弹簧夹套装夹方式，使用时处于悬臂状态。在铣削加工过程中，有时可能出现立铣刀从刀夹中逐渐伸出，甚至完全掉落，致使工件报废的现象，其原因一般是因为刀夹内孔与立铣刀刀柄外径之间存在油膜，造成夹紧力不足所致。立铣刀出厂时通常都涂有防锈油，如果切削时使用非水溶性切削油，刀夹内孔也会附着一层雾状油膜，当刀柄和刀夹上都存在油膜时，刀夹很难牢固夹紧刀柄，在加工中立铣刀就容易松动掉落。所以在立铣刀装夹前，应先将立铣刀柄部和刀夹内孔用清洗液清洗干净，擦干后再进行装夹。

当立铣刀的直径较大时，即使刀柄和刀夹都很清洁，还是可能发生掉刀事故，这时应选用带削平缺口的刀柄和相应的侧面锁紧方式。

立铣刀夹紧后可能出现的另一问题是加工中立铣刀在刀夹端口处折断，其原因一般是因为刀夹使用时间过长，刀夹端口部已磨损成锥形所致，此时应更换新的刀夹。

2）立铣刀的振动

由于立铣刀与刀夹之间存在微小间隙，所以在加工过程中刀具有可能出现振动现象。振动会使立铣刀圆周刃的吃刀量不均匀，且切扩量比原定值增大，影响加工精度和刀具使用寿命。但当加工出的沟槽宽度偏小时，也可以有目的地使刀具振动，通过增大切扩量来获得所需槽宽，但这种情况下应将立铣刀的最大振幅限制在 0.02mm 以下，否则无法进行稳定的切削。在正常加工中立铣刀的振动越小越好。

当出现刀具振动时，应考虑降低切削速度和进给速度，如两者都已降低40%后仍存在较大振动，则应考虑减小吃刀量。

如加工系统出现共振，其原因可能是切削速度过大、进给速度偏小、刀具系统刚性不足、工件装夹力不够，以及工件形状或工件装夹方法等因素所致，此时应采取调整切削用量、增加刀具系统刚度、提高进给速度等措施。

3）立铣刀的端刃切削

在模具等工件型腔的数控铣削加工中，当被切削点为下凹部分或深腔时，须加长立铣刀的伸出量。如果使用长刃型立铣刀，由于刀具的挠度较大，易产生振动并导致刀具折损。因此在加工过程中，如果只需刀具端部附近的刀刃参加切削，则最好选用刀具总长度较长的短刃长柄型立铣刀。在卧式数控机床上使用大直径立铣刀加工工件时，由于刀具自重所产生的变形较大，更应十分注意端刃切削容易出现的问题。在必须使用长刃型立铣刀的情况下，则须大幅度降低切削速度和进给速度。

2. 切削参数的选用

切削速度的选择主要取决于被加工工件的材质；进给速度的选择主要取决于被加工工件的材质及立铣刀的直径。国外一些刀具生产厂家的刀具样本附有刀具切削参数选用表，可供参考。

但切削参数的选用同时又受机床、刀具系统、被加工工件形状及装夹方式等多方面因素的影响，应根据实际情况适当调整切削速度和进给速度。

当以刀具寿命为优先考虑因素时，可适当降低切削速度和进给速度；当切屑的离刃状况不好时，则可适当增大切削速度。

3．切削方式的选择

采用顺铣有利于防止刀刃损坏，可提高刀具寿命，但要注意以下两点。

（1）如采用普通机床加工，应设法消除进给机构的间隙。

（2）当工件表面残留有铸、锻工艺形成的氧化膜或其他硬化层时，宜采用逆铣。

4．硬质合金立铣刀的使用

高速钢立铣刀的使用范围和使用要求较为宽泛，即使切削条件的选择略有不当，也不至出现太大问题。而硬质合金立铣刀虽然在高速切削时具有很好的耐磨性，但它的使用范围不及高速钢立铣刀广泛，且切削条件必须严格符合刀具的使用要求。

拓展 2　工件装夹的其他方法

一、用压板夹紧工件

塑料模具加工生产中，对形状较大或不便于用平口钳装夹的工件，可用压板压紧，在工作台上进行加工。

1．用压板夹紧工件的方法

压板通过螺栓、螺母、垫铁将工件压紧在工作台面上。使用压板夹紧工件时，应选择两块以上的压板，压板的一端搭在工件上，另一端搭在垫铁上。垫铁的高度应等于或略高于工件被夹紧部位的高度，螺栓到工件之间的距离应略小于螺栓到垫铁之间的距离。使用压板时，螺母和压板平面间应有垫圈，如图 5-35 所示。

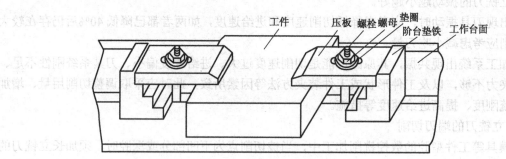

图 5-35　用压板夹紧工件

2．压板的种类

为了满足装夹不同形状工件的需要，压板的形状也做成很多种。压板、螺栓和垫铁如图 5-36 所示。

3．使用压板夹紧工件时的注意事项（见图 5-37）

（1）压板的位置既要排得适当，又要压在工件刚性最好的地方，夹紧力的大小也应适当，不然刚性差的工件易产生变形。

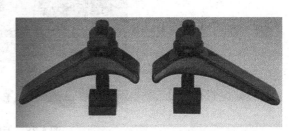

图 5-36　压板、螺栓和垫铁

（2）垫铁必须正确地放在压板下，高度要与工件相同或略高于工件，否则会降低压紧效果。

（3）压板螺栓必须尽量靠近工件，并且螺栓到工件的距离应小于螺栓到垫铁的距离，这样就能增大压紧力。

（4）螺栓要拧紧，否则会因压力不够而使工件移动，以致损坏工件、机床和刀具。

（5）在工件的光洁表面与压板之间，必须安置垫片（如铜片），这样可以避免光洁表面因受压而损伤。

（6）在铣床的工作台面上，不能拖拉粗糙的铸件、锻件毛坯，以免将台面划伤。

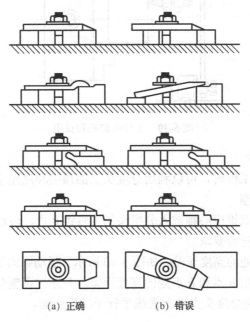

(a)　正确　　　　　(b)　错误

图 5-37　压板装夹工件时的正误图

二、用分度头装夹工件

在铣削加工中，常会遇到铣六方、齿轮、花键和刻线等工作。这时，工件每铣过一面或一个槽之后，须要转过一个角度，再铣削第二面或第二个槽，这种工作称为分度。

分度头是铣床上的重要精密附件，它可以将一些轴类或盘类工件安装成所需要的角度（垂直、水平或倾斜），把工件做任意的圆周等分或直线移距分度。万能分度头如图 5-38 所示。

图 5-38　万能分度头

用分度头装夹工件的方法如下。

1）用自定心卡盘装夹工件

加工较短或钢性较好的轴类工件时，可以用分度头上的自定心卡盘直接装夹工件。加工要求较高时，在加工前应用百分表找正工件外圆的跳动量或端面的跳动量，如图 5-39 所示。找正时可用铜锤轻轻敲击高点，边找正边夹紧，使工件的跳动量符合要求。

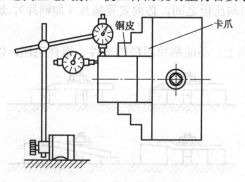

图 5-39　工件的装夹和找正

2）用两顶尖装夹工件

铣削两端有顶尖孔的工件时，可以利用分度头上的顶尖和尾座上的顶尖装夹工件。装夹工件前应先找正分度头和尾座。

（1）找正圆度跳动。取锥度心轴放入分度头的主轴锥孔内，转动分度头，用百分表找正心轴 a 点处的跳动量，直至符合要求。

（2）找正 a 点和 b 点处的高度误差。如图 5-40 所示，摇动纵向工作台和横向工作台，使百分表通过心轴上素线，测出 a 点和 b 点处的高度误差，并通过调整分度头主轴角度，使 a 点和 b 点处的高度符合要求，则分度头主轴上素线平行于工作台面。

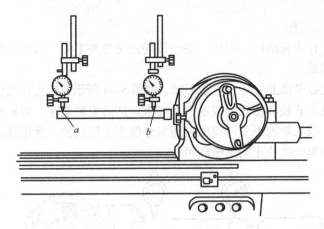

图 5-40 找正分度头主轴上素线

（3）找正分度头主轴侧素线与纵向工作台进给方向平行度。如图 5-41 所示，将百分表置于心轴侧素线外，摇动纵向工作台，用百分表测出 c 点和 d 点两点处的高度差，并经调整分度头使两点值符合要求。再顶上后顶尖检测，如不符合要求，只调整尾座顶尖，使之符合要求，如图 5-42 和图 5-43 所示。

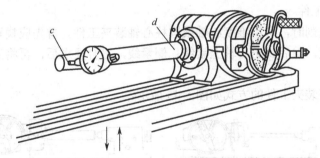

图 5-41 找正分度头主轴侧素线

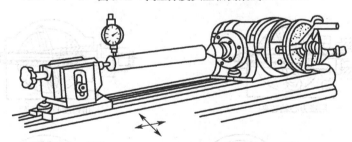

图 5-42 找正尾座上素线

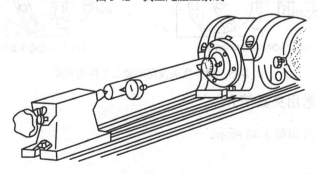

图 5-43 找正尾座侧素线

3）一夹一顶装夹工件

在较长的轴类工件上铣削时，可用一夹一顶的方法装夹工件。装夹工件前，应先找正分度头主轴上素线、侧素线。

找正时，在自定心卡盘上夹持一标准心轴，如图 5-44 所示，找正 a 点处的圆跳动符合要求后，用以上的方法将上素线和侧素线找正符合要求。然后安装尾座，将标准心轴一夹一顶，重复以上的找正内容。找正数值不变，说明尾座与分度头主轴同轴。找正数值如有变化，只调整尾座顶尖，使之达到第一次找正的数值即可。

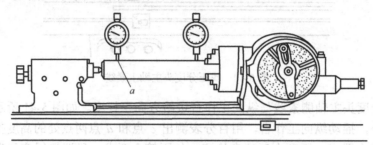

图 5-44　一夹一顶装夹工件的找正

4）用心轴装夹工件

在套类工件上铣削时，可用锥度心轴或圆柱心轴装夹工件。首先应找正心轴轴心线与分度头主轴轴心线同轴度，然后找正心轴上素线、侧素线，符合要求后，再将工件装夹在心轴上进行加工。

用分度头及尾座装夹工件的方式如图 5-45 所示。

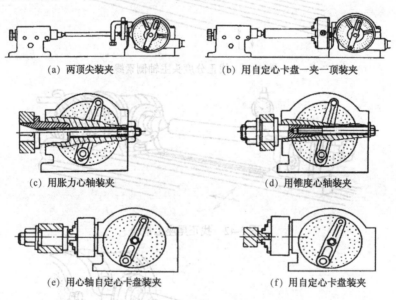

(a) 两顶尖装夹　　　　　　　　　　　(b) 用自定心卡盘一夹一顶装夹

(c) 用胀力心轴装夹　　　　　　　　　(d) 用锥度心轴装夹

(e) 用心轴自定心卡盘装夹　　　　　　(f) 用自定心卡盘装夹

图 5-45　用分度头及尾座装夹工件的方式

三、铣床其他常用夹具简介

铣床其他常用夹具如图 5-46 所示。

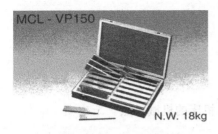

（a）平行垫块（淬火处理，各种厚度尺寸）

（b）固定角度垫块（常用角度）

（c）超行程平口钳（适用于长度较大工件粗加工装夹）

（d）高度调节支承

（e）定位挡铁及应用

（f）铣床用自定心卡盘

（g）铣床用单动卡盘

（h）可倾斜式回转工作台

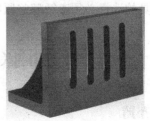

（i）可倾斜式水平工作台

（j）辅助高度工作台

（h）垂直工作台

图 5-46　铣床其他常用夹具

课后练习

一、选择题

1. 回零操作就是使运动部件回到（　　）。
   A. 机床坐标系原点　　　　　　　　B. 机床的机械零点
   C. 工件坐标的原点

2. 在 CRT/MDI 面板的功能键中，显示机床现在位置的键是（　　）。
   A. POS　　　　　　B. PRGRM　　　　　C. OFSET

3. 在 CRT/MDI 面板的功能键中，用于程序编制的键是（　　）。
   A. POS　　　　　　B. PRGRM　　　　　C. ALARM

4. 在 CRT/MDI 面板的功能键中，用于刀具偏置数设置的键是（　　）。
   A. POS　　　　　　B. OFSET　　　　　C. PRGRM

5. 数控程序编制功能中常用的插入键是（　　）。
   A. INSERT　　　　　B. ALTER　　　　　C. DELET

6. 设置零点偏置（G54~G59）是从（　　）输入。
   A. 程序段中　　　B. 机床操作面板　　　C. CNC 控制面板

7. 固定于平口钳上的工件可用（　　）协助敲打，以找正其位置。
   A. 钢质手锤　　　B. 合成树脂手锤　　　C. 铁块　　　　　D. 扳手

8. 工件尽可能夹持于平口钳钳口的（　　）。
   A. 右方　　　　　B. 左方　　　　　C. 中央　　　　　D. 任意位置

二、判断题

1. 在机床接通电源后，通常都要做回零操作，使刀具或工作台退离到机床参考点。（　　）
2. 工作坐标系的设定分别为 G54~G59。（　　）
3. 在数控机床上加工零件，应尽量选用组合夹具和通用夹具装夹工件。避免采用专用夹具。（　　）
4. 回归机械原点的操作，只有手动操作方式。（　　）
5. CNC 铣床加工完毕后，为了让隔天下一个接班人操作更方便，可不必清洁床台。（　　）

三、简答题

1. 使用压板夹紧工件时应注意哪些事项？
2. 在平口钳上装夹工件时应注意哪些事项？
3. 刀具的选择必须遵循哪些原则？

任务 2　利用 CAXA 数控铣床 2013 软件编程

任务布置

选择合适的加工方式，编制手动旋转钮凹凸模的数控加工程序，如图 5-47 所示。该零件为小批量试制件，零件材料为铝合金，材料毛坯尺寸为 70mm×70mm×30mm。

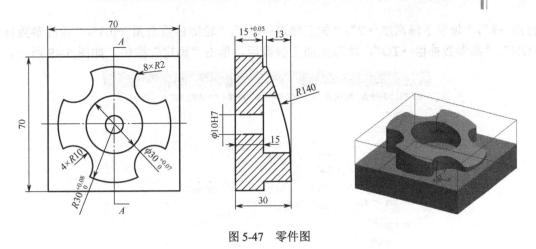

图 5-47　零件图

编制加工程序

1. 确定加工命令

编程顺序如图 5-48 所示。

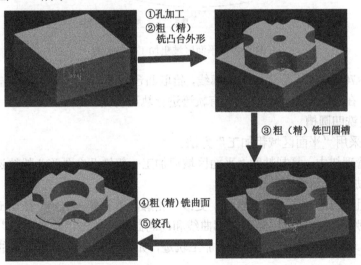

①孔加工
②粗（精）铣凸台外形

③粗（精）铣凹圆槽

④粗（精）铣曲面
⑤铰孔

图 5-48　编程顺序

2. 编制数控加工程序

【步骤 1】钻 ϕ9.8mm 孔

钻 ϕ9.8mm 孔用"孔加工"命令。在"加工"工具栏上，单击【孔加工】按钮，或在菜单栏依次单击【加工】→【其他加工】→【孔加工】，弹出"孔加工"对话框，填写加工参数和刀具参数，"主轴转速→500"，"钻孔速度→80"。填写完成后，单击"确定"按钮，拾取钻孔点，右键生成钻孔轨迹。

【步骤 2】粗铣凸台外形

粗铣凸台外形采用"平面区域粗加工"方法。

① 在"加工"工具栏上，单击【平面区域粗加工】按钮 。

② 弹出"平面区域粗加工"对话框，填写加工参数"顶层高度→31"，"底层高度→15"，

"行距→8"，"每层下降高度→2"，"加工精度→0.1"，"轮廓参数余量→0.3"，"轮廓参数补偿→ON"，"岛参数补偿→TO"，填写完加工参数后，单击"确定"按钮，如图 5-49 所示。

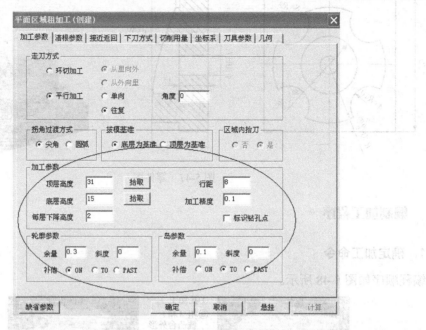

图 5-49 平面区域粗加工参数设置

拾取 70mm×70mm 的矩形为加工轮廓线，拾取凸台为岛屿。拾取结束右击，生成加工轨迹，如图 5-50 所示。在加工管理窗口选择所有轨迹进行轨迹仿真。

【步骤 3】粗铣凹圆槽

粗铣凹圆槽采用"平面区域粗加工"方法。

① 在加工管理树中，复制粘贴"平面区域粗加工—粗铣凸台外形"的轨迹，更改工艺说明为"平面区域粗加工—粗铣凹圆槽"。

② 隐藏"粗铣凸台外形"加工轨迹。更改"轮廓参数补偿→TO"，在加工管理树中，双击"几何元素"，在弹出的对话框中删除轮廓曲线和岛屿曲线，单击"轮廓曲线"拾取直径 30mm 的圆为轮廓曲线。单击"确定"生成新的加工轨迹，如图 5-51 所示。对生成的粗加工轨迹进行轨迹仿真。

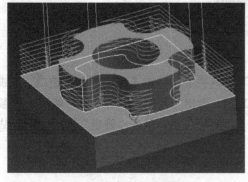

图 5-50 粗铣凸台外形

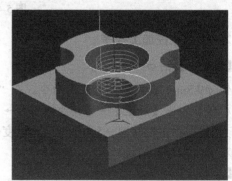

图 5-51 粗铣凹圆槽

【步骤 4】粗铣曲面

粗铣曲面采用"等高线粗加工"的加工方法。

① 单击【等高线粗加工】按钮 。

② 弹出"等高线粗加工"对话框。填写加工参数，"加工精度→0.1"，"加工余量→0.3"，"行距→5"，"层高→1"，"刀具参数→A16r3"，"加工边界：单击使用"，拾取实体模型为加工对象，拾取半径 30mm 的圆为加工边界，拾取结束后，单击鼠标右键，系统自动生成加工轨迹，如图 5-52 所示。

【步骤 5】精铣凸台外形

精铣凸台外形采用"平面轮廓精加工"方法。

① 在"加工"工具栏上，单击【平面轮廓精加工】按钮 。

② 系统弹出对话框，填写加工参数，"加工精度→0.01"，"加工余量→0"，"行距→2"，"层高→1"，"偏移方向→左"，"刀具参数→D18r0"，"加工边界：顶层高度→31，底层高度→15"，完成后单击"确定"按钮。

③ 按状态栏提示，拾取凸台外形轮廓，完成选择后，系统开始计算并显示所生成的刀具轨迹，如图 5-53 所示。

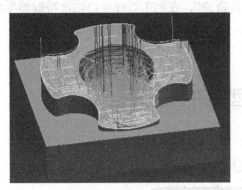　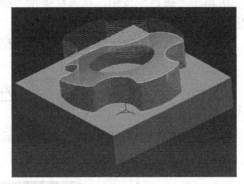

图 5-52　粗铣曲面　　　　　　　　　图 5-53　精铣凸台外形

【步骤 6】精铣凹圆槽

精铣凹圆槽采用"平面轮廓精加工"方法。其加工步骤如下。

在加工管理树中，复制粘贴"平面轮廓精加工—精铣凸台外形"的轨迹，更改工艺说明为"平面轮廓精加工—精铣凹圆槽"。隐藏"精铣凸台外形"加工轨迹。修改"偏移方向→左"，在加工管理树中双击"几何元素"，在弹出的对话框中，删除凸台轮廓线，单击"轮廓曲线"拾取直径 30mm 的圆形新轮廓曲线。单击"确定"按钮后生成新的加工轨迹，如图 5-54 所示。

【步骤 7】精铣曲面

精铣曲面采用"扫描线精加工"方法。

① 单击【扫描线精加工】按钮 ，或在工具栏上单击【加工】→【精加工】→【扫描线精加工】命令，系统弹出对话框，如图 5-55 所示。

② 填写加工参数表，完成后单击"确定"按钮。

③ 拾取要扫描加工区域。

④ 完成全部选择之后，右击系统生成刀具轨迹。

【步骤 8】铰 ϕ10H7 孔

用"孔加工"命令铰 ϕ10H7 孔。在加工管理树中，复制粘贴"钻孔—直径 9.8 的孔"的轨迹，更改工艺说明为"铰孔—直径 10H7 孔"。修改加工参数，选择"主轴转速→200"，"钻孔速度→40"，其他参数不变，选择 ϕ10H7 铰刀作为刀具，单击"确定"按钮，拾取中心点，右键生成刀具轨迹。

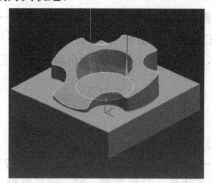

图 5-54 精铣凹圆槽

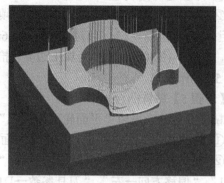

图 5-55 精铣曲面

【步骤 9】生成加工代码

① 菜单栏依次单击【加工】→【后置处理】→【生成 G 代码】，弹出选择"机型"。

② 单击"确定"按钮，状态栏提示"拾取刀具轨迹"，在加工管理窗口依次拾取要生成 G 代码的刀具轨迹。

③ 再单击鼠标右键结束选择，将弹出记事本，文件将显示生成的 G 代码。

任务 3　左下型芯的加工

左下型芯的铣削零件图样如图 5-56 所示。

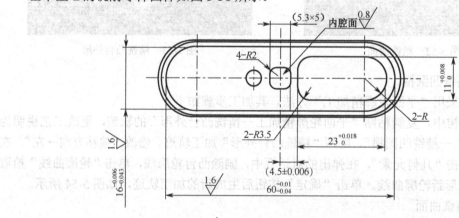

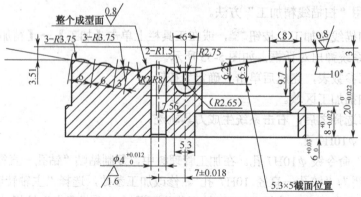

图 5-56　左下型芯的铣削零件图样

工艺及图样分析如下。

（1）定位基准选择：通过磨削加工的长方体坯料，平行度、垂直度、尺寸精度都得已保证，可以选用长宽两方向相对面作为水平方向基准，选用底面作为高度方向的基准，这些基准面在加工过程中不再加工，作为加工基准要保证基准的准确性。

（2）装夹方式的选择：采用平口钳装夹，工件装夹部分不能少于5mm，底面用等高垫铁垫起。

（3）工艺方案拟订：坯料为长方体，加工切削量较大，必须进行粗加工，然后再进行半精加工和精加工。

左下型芯加工工艺过程见表5-14。

表5-14　左下型芯加工工艺过程

加工工艺卡片		产品名称		产品数量		1
图　号		零件名称	左下型芯	第　页		共　页
材料种类	HRC29-33	材料牌号	P20 预应力钢	毛坯尺寸		65mm×28mm
加工简图		工序	工种	工步	加工内容	刀具	量具

加工简图	工序	工种	工步	加工内容	刀具	量具
	1	数控铣	（1）	平口钳装夹工件，粗铣长方体坯料至尺寸68mm×28mm	φ16mm 立铣刀	卡尺
	2	数控铣	（1）	外形粗、精铣63mm的尺寸，工件以上顶面保证尺寸为20mm，极限偏差控制在0～-0.02mm之间	φ16mm 立铣刀（粗） φ8mm 立铣刀（精）	千分尺
			（2）	外形粗、精铣60mm的尺寸，极限偏差控制在-0.01～-0.04之间，保证工件63mm的阶梯尺寸为8mm，极限偏差控制在0～-0.022mm之间		
	3	数控铣	（1）	以20mm顶面和右侧面为基准，粗、精铣23mm和27mm槽至要求尺寸	φ8mm 立铣刀（粗） φ3.5mm 立铣刀（精）	千分尺
			（2）	以左侧面为基准定中心，钻φ4mm至要求尺寸	φ4mm 钻头	

续表

加工工艺卡片				产品名称		产品数量		1
图 号				零件名称	左下型芯	第 页	共 页	
材料种类		HRC29-33		材料牌号	P20 预应力钢	毛坯尺寸	65mm×28mm	
加工简图			工序	工种	工步	加工内容	刀具	量具
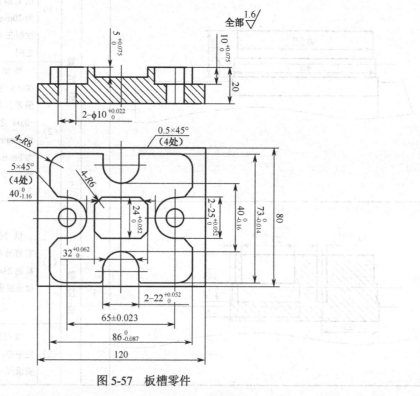			4	数控铣	(1)	曲面粗、半精和精加工，以底面和两侧为基准，进行斜面和曲面的铣削	φ5mm 球刀（粗）φ3mm 球刀（半精）φ1mm 球刀（精）	百分表

课后练习

一、简答题

1. CAXA 制造工程师提供了哪些平面类加工方法？
2. CAXA 制造工程师提供了哪些适合曲面加工的粗加工和精加工方法？
3. 简要说明参数线精加工的应用过程，哪些情况下不能采用参数线精加工？

二、练习题

编制图 5-57 板槽零件的加工程序。毛坯为板料，零件材料为 45# 钢。毛坯的上下表面及侧面已被初步加工。

图 5-57 板槽零件

线切割——顶料杆（MJ-01-14）端部钩形状的加工实训

数控线切割机床又称数控电火花线切割机床，其加工过程是利用一根移动着的金属丝(钼丝、钨丝或铜丝等）作为工具电极，在金属丝与工件间通以脉冲电流，使之产生脉冲放电而进行切割加工的。如图 6-1 所示，电极丝穿过工件上预先钻好的小孔（穿丝孔），经导轮由走丝机构带动进行轴向走丝运动。工件通过绝缘板安装在工作台上，由数控装置按加工程序指令控制其沿 X、Y 两个坐标方向移动而合成所需的直线、圆弧等平面轨迹。在移动的同时，线电极和工件间不断地产生放电腐蚀现象，工作液通过喷嘴注入，将电蚀产物带走，最后在金属工件上留下细丝切割形成的细缝轨迹线，从而达到了使一部分金属与另一部分金属分离的加工要求。

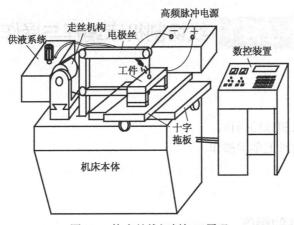

图 6-1　快走丝线切割加工原理

 知识目标

（1）了解快走丝线切割基本结构和原理。
（2）懂得线切割编程步骤与要求。
（3）掌握线切割基本编程方法。

 技能目标

（1）掌握机床开机、关机的操作方法。

（2）了解线切割机床的结构、各部分的基本功能、面板功能及操作方法。

（3）掌握程序的输入、校验、检查、修改的操作方法。

（4）掌握工件装夹、加工方法。

（5）能够读懂并会编制 3B 程序。

（6）调出图形、生成加工代码并完成加工。

（7）顶料杆（MJ-01-14）端部钩形状的加工。

素质目标

（1）培养学生谦虚、细心的工作态度。

（2）培养学生勤于思考、做事认真的良好作风。

（3）培养学生责任感和事业心。

（4）培养学生良好的职业道德。

考工要求

完成本单元学习内容，达到国家线切割操作工中级水平。

岗位任务

加工图 6-2 所示的顶料杆，顶料杆端部钩形状用线切割机床加工。

任务1 线切割机床编程与操作

任务布置

（1）机床控制台及机床的操作。

（2）程序及编程软件的学习操作。

相关理论

知识一 线切割机床的操作

一、机床主体主要组成部分

（1）操作面板：主要有断丝停车（在加工过程中，将此开关打到"1"的位置，钼丝断掉后机床就自动停止）、冷却液开/关、运丝筒开/关、加工结束停车（当加工完毕后，机床就自动停止运转）。

（2）工作台：用来装夹工件，使工件能在机床上有一个正确的位置。

（3）运丝筒：用来储存钼丝，使钼丝在加工中能够循环运转。

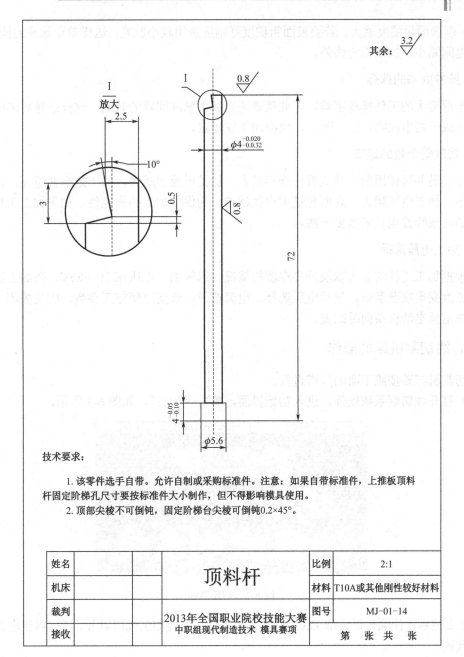

其余：$\sqrt{\dfrac{3.2}{}}$

技术要求：

　　1. 该零件选手自带。允许自制或采购标准件。注意：如果自带标准件，上推板顶料杆固定阶梯孔尺寸要按标准件大小制作，但不得影响模具使用。

　　2. 顶部尖棱不可倒钝，固定阶梯台尖棱可倒钝0.2×45°。

姓名		顶料杆	比例	2:1
机床			材料	T10A或其他刚性较好材料
裁判		2013年全国职业院校技能大赛 中职组现代制造技术 模具赛项	图号	MJ–01–14
接收			第　张　共　张	

图 6-2　顶料杆

二、控制部分的组成

（1）一台配有线切割专用控制卡的586计算机及计算机用的一些附件。

（2）线切割步进电动机功率放大器。

（3）线切割脉冲电源。

三、脉冲参数的选择

1. 脉冲宽度的选择

脉冲宽度越宽，单个脉冲的能量就越大，切割效率也就高，由于放电间隔较大，加工就相对稳定，但表面粗糙度就大。若要表面粗糙度好则应选用较小脉宽，这样单个脉冲的能量就小，由于放电间隔小，加工稳定性差。

2．脉冲间隔的选择

由于厚度大的工件排屑困难，因此就要适当加大脉冲间隔的时间，这样给排屑的时间更充裕，少生成一些电蚀物，防止断丝，使得加工较稳定。

3．功放管个数的选择

功放管是并联使用的，功放管选择得越多，加工电流就越大，加工效率就越高。在同一脉冲宽度下，加工电流越大，表面粗糙度也就越差。为保证加工的稳定性，如果加工工件厚度大时投入的功放管数也就应当多一些。

4．加工电压选择

可根据加工工件的要求以及外界电源的情况，选择加工电压在 70～85V。在加工过程中不可以随意改变电规准参数，包括电压选择、电流选择。若要改变加工参数，应先关闭"高频开关"或在运丝电动机换向时改变。

四、线切割机床的操作

线切割机床要按照下面的步骤进行。

（1）打开线切割系统软件，进入初始界面，单击"加工"，如图 6-3 所示。

图 6-3　初始界面

（2）本控制软件除可以读取 DXF 类型文件并自己生成加工代码以外，还可以读取其他软件生成的代码。

读取 DXF 类型文件生成代码加工：进入此界面后，调图→调 DXF→回车→满屏→做引入线→执行 1/2→后置生成 G 代码。

（3）进入图形界面后，单击"读盘"，此时进入文件名列表界面，找出已保存的文件（加工代码），并打开，如图 6-4 所示。

（4）打开文件，找出图形上的穿丝位置后，将工件安装在工作台上，钼丝的切入位置要和图形上的位置一致。

（5）打开冷却液和运丝筒，将冷却液的大小调整到合适的流量，如图 6-5 所示。

（6）根据工件的厚度和所要的表面质量，选择合适的加工参数，打开高频开关，如图 6-6所示。

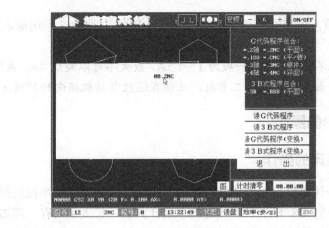

图 6-4　读取文件

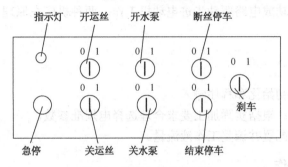

图 6-5　冷却与运丝筒开关

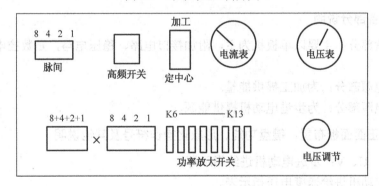

图 6-6　高频开关

（7）当上述工作准备好以后，单击"切割"，此时就进入加工状态，如图 6-7 所示。

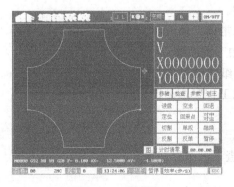

图 6-7　工作监控

（8）当加工开始后，调整切割速度，直到加工电流稳定为止，即电流表指针的摆动越小越好。

注：在加工中电流不可以过大，一般为 1～1.5A，最大不可以超过 4A。在机床加工状态下，不可以改变加工参数。如果要改变加工参数，必须在运丝电动机换向的时候才能改。

知识二　机床控制台的操作

一、单板控制机床的操作

以上叙述的是微型计算机控制的线切割机床的操作，下面就介绍单板机控制线切割机床的操作。单板机是在原来的 Z8 单板机上改进的单板计算机，扩大了内存，增加了断电保护加工信息的功能和单板机自检的功能。单板机根据用户输入的加工程序，经过计算机由软件分配发出进给脉冲，通过驱动功放电路驱动步进电动机工作。两种机床在原理上是一样的，就是在操作上有一些区别。

二、操作过程

（1）控制机准备：初始化和程序输入。
（2）脉冲电源准备：根据实际加工要求合理选择电规准参数。
（3）工作液准备：配置并调整工作液流量。

三、控制机的操作

1．外形及各部分说明

（1）控制盒部分：主要以单板机为主，附加接口电路、稳压电路，是数控电火花线切割机床的控制中心。
（2）脉冲电源部分：为加工提供能量。
（3）驱动电源部分：为步进电动机提供能源。

2．控制盒正面面板布置、键盘功能、形象化操作符号及其他说明

（1）X、Y、U、V：步进电动机进给指示灯。
（2）步进电动机进给速度电压指示表。
（3）DISPLAY：存储单元检查键。
（4）GOOD：工作状态转换键。
（5）CUT：切割加工键。
（6）INPUT：磁带、纸带信息输入键。
（7）EDIT：输入切割加工程序键。
（8）OUTPUT：磁带、纸带信息输出键。
（9）EOB：输入切割加工程序增量键。
（10）CE：退格键。
（11）RESET：复位键。
（12）NEXTSTEP：检查下一个存储单元。
（13）MON：监控键。
（14）FINISH：程序输入结束键。

（15）数字显示窗口。

操作图标含义见表6-1。

表6-1　操作图标含义

形象化符号		表示的意思及使用
⚡	电源	开关拨"1"位置表示通电，"0"位置表示断电
◎	机床急停	当发生紧急情况时，按下此按钮将立即停止
WWW X–Y	进给（X—Y）	需X、Y步进电动机锁定时，将开关拨到"1"或"0"位
WWW U–V	进给（U—V）	需U、V步进电动机锁定时，将开关拨到"1"或"0"位
‖‖	脉冲电源	需开脉冲电源时，拨到"1"位
■	加工（上挡）	一切准备工作就绪，将此开关拨到"1"位即可加工
🖐	手动（下挡）	当要人工点动时拨到"0"位
黄色 ○	暂停	在加工过程中按下此键加工就会暂停
Ⓣ	点动	配合手动开关，每按一下步进电动机就前进一步
〰	进给调节	在切割加工过程中，次电位器可以调节加工进给速度，使之达到最佳进给工作状态
■⊦	自动变频（上挡）	开关拨到此位，表示变频信号取自工作与电极丝之间的电压，达到自动变频的目的，用于正常加工
⌐	人工变频（下挡）	开关拨到此位，表示变频信号取自直流电压，配合其他操作，达到人工变频的目的，用于空运行

3. 控制机的自动初始化

初始化是可以重新设置的，但是由于本控制机有断电保护功能，所以一次输入的坐标变换、缩放、齿补及斜度加工等初始化内容不会因为关机、停电或按了 RESET 键而改变，仍保存在控制机的内存里。因此如果现在加工所要的初始化状态与上一次不一样，那么就要对初始化重新设置。

1）自动初始化窗口

（1）开机通电，按 RESET 键：- □ □ □ □ 　 □ -。

（2）按 GOOD 键：G □ O □ O □ D 。

2）初始化内容的输入方法

（1）开机通电，按 RESET 键。

（2）按 x □ x □ x □ x □ 相应的地址号。

　　按 DISPLAY 键：x □ x □ x □ x □ 　 □ 　 □——随机数。

（3）送入相应所需的内容：x □ x □ x □ x □ 　 x □ 　 x □——显送内容。

如仍需下一个地址输入内容，可按 NEXT STEP 键后送入相应的内容，直至初始化结束。初始化内容完成后，就可以开始输入加工程序，然后进行其他的操作内容。

4. 加工程序的输入

初始化结束后，加工程序的输入方法如下。

（1）按 GOOD 键：$\boxed{G}\ \boxed{O}\ \boxed{O}\ \boxed{D}\ \boxed{\ }\ \boxed{\ }$。

（2）按 EDIT 键：$\boxed{P}\ \boxed{\ }\ \boxed{\ }\ \boxed{\ }\ \boxed{\ }$。

（3）送四位程序段号：$\boxed{P}\ \boxed{X}\ \boxed{X}\ \boxed{X}\ \boxed{X}\ \boxed{\ }$。

（4）按 B 键：$\boxed{1}\ \boxed{B}\ \boxed{\ }\ \boxed{\ }\ \boxed{\ }$，送入 X 值。

（5）按 B 键：$\boxed{2}\ \boxed{B}\ \boxed{\ }\ \boxed{\ }\ \boxed{\ }$，送入 Y 值。

（6）按 B 键：$\boxed{3}\ \boxed{B}\ \boxed{\ }\ \boxed{\ }\ \boxed{\ }$，送入 J 计算值。

（7）按 B 键：$\boxed{4}\ \boxed{B}\ \boxed{\ }\ \boxed{\ }\ \boxed{\ }$，送入 J 计算值。

（8）按 B 键：$\boxed{5}\ \boxed{B}\ \boxed{\ }\ \boxed{\ }\ \boxed{\ }$，送入 Z 加工指令。

（9）按 EOB 键（段号将自动加 1），然后按照步骤（4）～（8）送入下一段程序。

（10）重复步骤（9），将相应的图形程序一一送入，当送完最后一段程序的加工指令后要按字母 2 键，显示窗将显示图形。

（11）按 EOB 键（注②）：$\boxed{X}\ \boxed{X}\ \boxed{X}\ \boxed{X}\ \boxed{X}\ \boxed{E}$，显示下一段程序和 E 结束符 $\boxed{P}\ \boxed{X}$ $\boxed{X}\ \boxed{X}\ \boxed{X}\ \boxed{E}$。

（12）按 FINISH 键：$\boxed{G}\ \boxed{O}\ \boxed{O}\ \boxed{D}\ \boxed{\ }\ \boxed{\ }$。

整个程序输入结束，可以进入加工结束自动停机、偏移量设置或切割加工等操作。

注：

① 在任意一段程序后面可根据需要加入指令特征"1"，即 1 键，表示加工暂停符，当机床加工完这一段后会自动暂停并显示"F"。

② 当最后一段程序输完以后，必须输入"2"，表示加工结束，否则机床运行完最后一段后还会运行内存中的其他程序。

③ 送完最后一段程序后必须按一下 EOB 键，否则最后一段程序就不能送入计算机中。

④ 若在输入的时候出现错误，按 CE 键清除。

5. 正常加工操作步骤

（1）合上机床、控制机、脉冲电源的电源。

（2）控制机初始化。

（3）图形程序输入。

（4）根据图形程序来合理装夹工件。

（5）合理选择脉冲电源的脉宽、功放管的参数。

（6）开启工作液。

（7）开启钼丝。

（8）机床面板脉冲电源开关置"1"位。

（9）合上控制机脉冲电源开关。

（10）合上 X、Y、U、V 进给开关。

（11）变频开关置于自动变频。

（12）按 CUT 键。

（13）加工手动开关置于加工位置，调节进给速度电位器使加工电流稳定。

知识三 程序及编程软件的介绍

一、程序的编制

1. 3B 程序的格式

BX BY BJ G Z

其中，B——分隔符号，用来将 X、Y、J 的数码分开以便控制机识别。

X、Y——X、Y 的坐标值。对于直线段，以线段的起点为原点建立坐标系，在所建的坐标系中取坐标值。X 或 Y 为零时坐标值均可不写，但分隔符要保留。对于圆弧，以圆心为坐标原点，X、Y 取圆弧坐标的绝对值。

J——计数长度。根据计数方向，选取直线段或圆弧在该方向上的投影总和（X、Y、J 均不超过 6 位数的数值，单位 μm）。

G——计数方向，分 G_X 和 G_Y 两种，机器识别时用"B0"和"B1"来表示。

在加工直线段时用线段的终点坐标绝对值进行比较，哪个方向上的数值大，就取哪个方向作为计数方向，即

$|Y| > |X|$ 时，取 GY；

$|X| > |Y|$ 时，取 GX；

$|X| = |Y|$ 时，取 GX 或 GY 均可。

在加工圆弧时，计数方向是根据终点坐标的绝对值，哪个方向的数值小，就取哪个方向作为计数方向。此种情况与直线段相反，即

$|Y| < |X|$ 时，取 GY；

$|X| < |Y|$ 时，取 GX；

$|X| = |Y|$ 时，取 GX 或 GY 均可。

Z 加工指令分为 L1～L4、SR1～SR4、NR1～NR4，共十二种，判断的方法是根据加工图形形状所在的象限和走向等确定。控制台根据这些指令，进行偏差计算，控制进给方向，如图 6-8 所示。

加工直线时，位于四个象限的斜线分别用 L1、L2、L3、L4 表示，如图 6-8（a）所示，若直线与坐标轴重合可根据图 6-8（b）选取。

加工圆弧时，加工指令根据圆弧的走向及圆弧起点开始向哪个象限运动来确定。顺时针插补是分别用 SR1～SR4 表示，如图 6-8（c）所示；逆时针插补时分别用 NR1～NR4 表示，如图 6-8（d）所示。

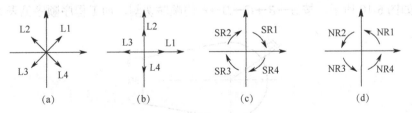

(a)　　　　(b)　　　　(c)　　　　(d)

图 6-8　加工指令

2. 编程举例

（1）如图 6-9（a）中 *OA* 段的程序为

B2000B3000BG$_Y$L$_1$

（2）如图 6-9（b）中 *OC* 段的程序为

B3500B0B3500G$_X$L$_3$

（3）如图 6-9（c）中圆弧 *AB* 段的程序为

B2000B9000B7000G$_Y$SR$_1$

（4）如图 6-9（d）中圆弧 *CD* 段的程序为

B4000B3000B13000G$_X$NR4

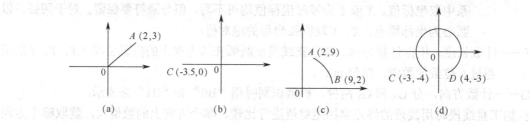

图 6-9　程序段图

二、图形程序的编制

我们在编程的同时还要考虑穿丝孔的位置、切割路线、间隙补偿等加工工艺。特别是间隙补偿，要求我们熟练掌握，因为在实际加工中，机床是通过控制电极丝的中心来加工的。因此我们在编程的过程中，就要考虑如何去解决这样的问题。我们就要计算出偏移量，然后通过编程将图形整体放大或缩小一个补偿量，或者先计算出补偿量，然后在加工前输入数控装置中，采用机器自动补偿。

（1）以凹模为基准配作凸模时，其间隙补偿量计算如下：

$$\Delta R_{凹}=r+\delta$$

$$\Delta R_{凸}=r+\delta+Z/2$$

（2）以凸模为基准配作凹模时，其间隙补偿量计算如下：

$$\Delta R_{凸}=r+\delta$$

$$\Delta R_{凹}=r+\delta-Z/2$$

式中　$\Delta R_{凸}$——加工凸模时的间隙补偿量

　　　$\Delta R_{凹}$——加工凹模时的间隙补偿量

　　　Z——凸模、凹模的配合间隙

例子：如图 6-10 所示，按 *A*→*B*→*C*→*D*→*E* 的顺序切割，加工程序顺序见表 6-2。

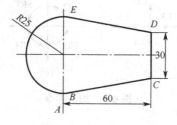

图 6-10　切割顺序

表6-2 加工程序顺序

序　号	B	X	B	Y	B	J	G	Z	备　注
1	B	0	B	0	B	4900	GY	L2	AB 段
2	B	59850	B	0	B	59850	GX	L1	BC 段
3	B	0	B	150	B	150	GY	NR4	C 点过渡圆弧
4	B	0	B	29745	B	29745	GY	L2	CD 段
5	B	150	B	0	B	150	GX	NR1	D 点过渡圆弧
6	B	51445	B	18491	B	51445	GX	L2	DE 段
7	B	84561	B	23526	B	58456	GX	NR1	EB 段
8	B	0	B	0	B	4900	GY	L4	BA 段
9								D	加工结束

三、自动编程

1. 自动编程

自动编程是通过自动变成软件，画出要加工的图形，生成 G 代码或 3B 代码，通过代码来指挥机床动作并完成加工的，具体操作如下。

（1）画出要加工的图形，如图 6-11 所示。

在画图时要注意，在尖角的地方要倒一个大于或等于钼丝半径的圆角，否则补偿就不能执行。

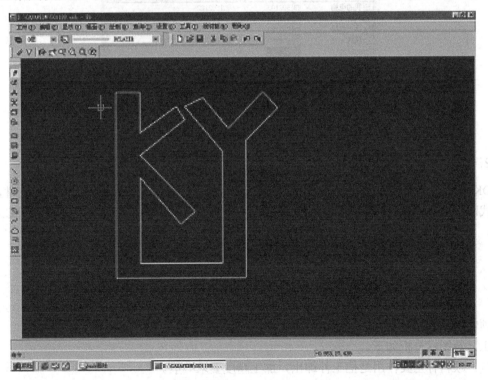

图 6-11 加工图

（2）进行轨迹操作，如图 6-12 所示。

在执行轨迹操作时，要注意补偿是自动补偿还是后置时手工补偿，如果是自动补偿，就要在"偏移量/补偿值"下将补偿值设定好，如果是后置时手工补偿，那么就在加工时将补偿值输入好。

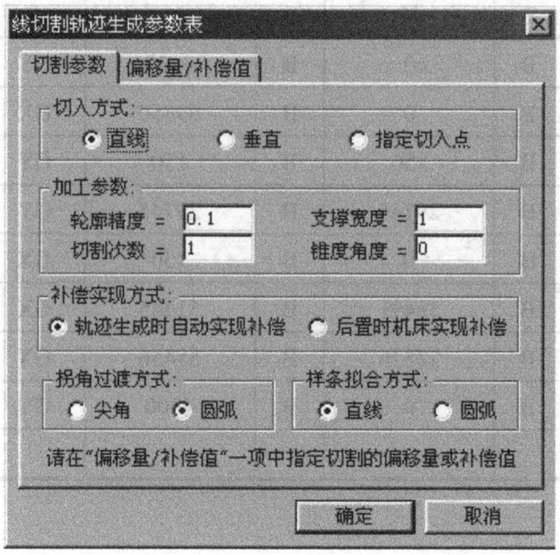

图 6-12 参数设置

（3）生成 3B 代码，如图 6-13 所示。

代码生成好以后，可以手工输入单片机，也可以保存到计算机的 C:\HF 目录下。

图 6-13 代码保存

2．图形转换后生成代码

DK7750 机床的控制系统除了可以读取外来的代码以外，还可以识别 DXF 类型文件，自己生成代码。操作如下：用 CAD 画出要加工的图形，保存成 DXF 类型文件，再复制到 C:\HF 目录下。

任务 2 顶料杆端部钩形状的加工

顶料杆端部钩形状加工工艺过程见表 6-3。

工艺及图样分析如下。

（1）顶料杆主要作用是把工件卸出，加工精度要求一般。

（2）顶料杆端部钩形状加工时，多用角尺和游标卡尺进行检测，保证尺寸要求。

（3）工件较为细长，加工时为保证工件的刚性，避免加工变形，采用平口钳进行装夹。

（4）为了保证工件的精度要求，分中找起刀点 P 显得非常重要，然后按照 $P—A—B—C—D$ 编程后，再进行加工。

表 6-3 　顶料杆端部钩形状加工工艺过程

加工工艺卡片		产品名称		产品数量		1
图　　号		零件名称	顶料杆端部钩	第　　页	共　　页	
材料种类	锻打钢	材料牌号	模具钢	毛坯尺寸		
加工简图		工序	工种	工步	加工内容	刀具	量具

加工简图	工序	工种	工步	加工内容	刀具	量具
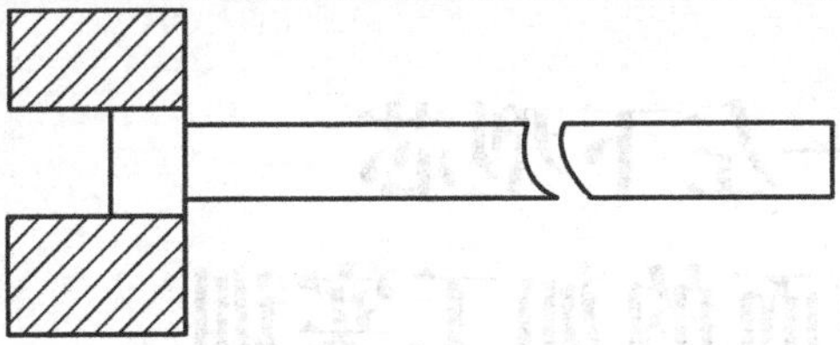	1	线切割	(1)	用平口钳装夹好工件	钼丝	百分表
			(2)	将工件找正	钼丝	百分表
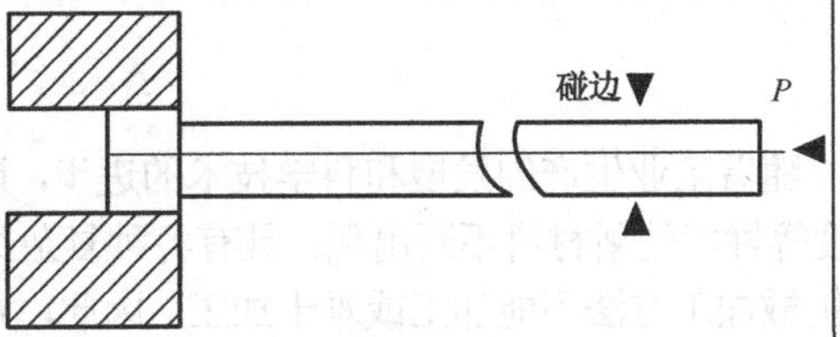	2	线切割	(1)	分中，然后找到起刀点 P	钼丝	卡尺
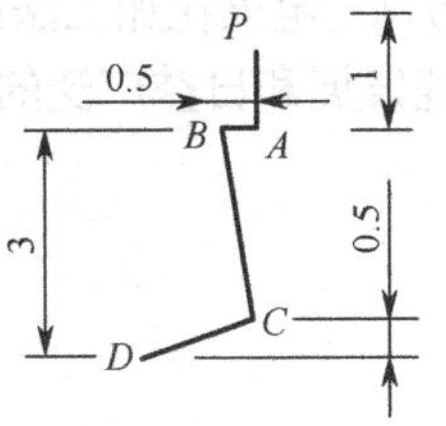	3	线切割	(1)	以 P 点为起点，顺着 P—A—B—C—D 编程后，启动机床进行加工	钼丝	卡尺角尺
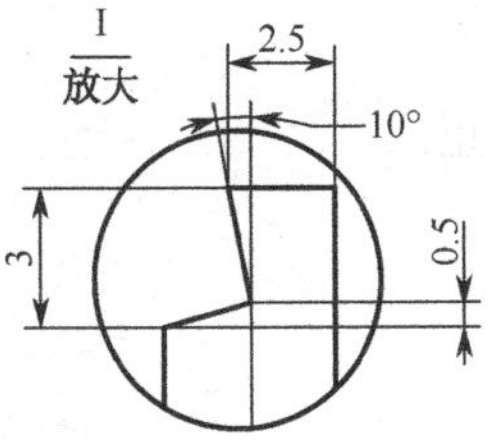	4	线切割	(1)	加工完成后，利用角尺和卡尺进行尺寸测量，保证尺寸的精度要求	钼丝	卡尺角尺

数控电火花——左下型芯（MJ-01-08）内腔面的加工实训

电火花加工是与机械加工完全不同的一种新工艺。随着工业生产的发展和科学技术的进步，具有高熔点、高硬度、高强度、高脆性、高黏性和高纯度等性能的新材料不断出现，具有各种复杂结构与特殊工艺要求的工件越来越多，这就使得传统的机械加工方法不能加工或难于加工。因此，人们除了进一步发展和完善机械加工法之外，还努力寻求新的加工方法。电火花加工法能够适应生产发展的需要，并在应用中显示出很多优异性能，因此，得到了迅速发展和日益广泛的应用。

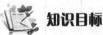

知识目标

（1）了解电火花机床的基本结构和原理。
（2）理解电火花加工的特点及应用。
（3）理解影响电火花成型加工因素。
（4）了解电极材料的选用、电规准参数、电极的装夹和校正。
（5）掌握电火花穿孔和电火花型腔加工的工艺方法。

技能目标

（1）会选用电极材料。
（2）会装夹和校正电极，会选择电规准参数。
（3）会电火花穿孔及工艺设计。
（4）会利用电火花进行型腔加工。

素质目标

（1）培养学生谦虚、细心的工作态度。
（2）培养学生勤于思考、认真做事的良好作风。
（3）培养学生强烈的责任感和事业心。
（4）培养学生良好的职业道德素养。

考工要求

完成本岗位内容的学习，达到国家模具制造工中级水平。

岗位任务（见图 7-1）

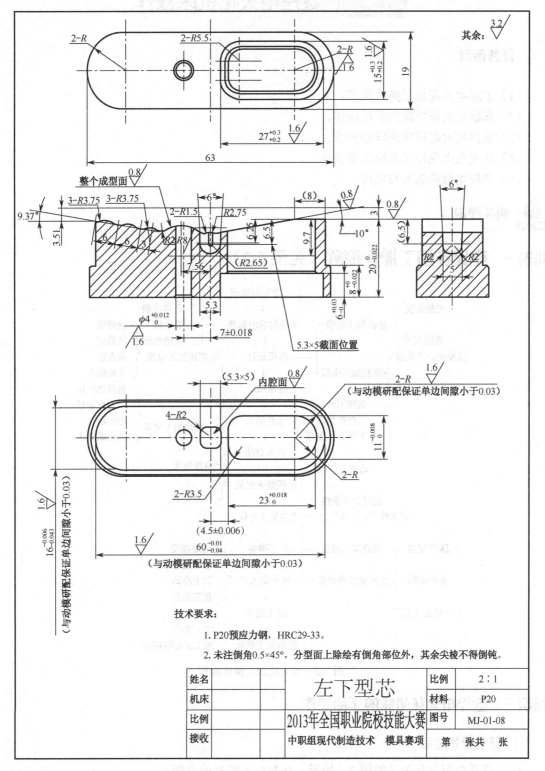

技术要求：

　　1. P20预应力钢，HRC29-33。

　　2. 未注倒角0.5×45°，分型面上除绘有倒角部位外，其余尖棱不得倒钝。

姓名		左下型芯		比例	2:1
机床				材料	P20
比例		2013年全国职业院校技能大赛		图号	MJ-01-08
接收		中职组现代制造技术　模具赛项		第　张共　张	

图 7-1　左下型芯

任务1 数控电火花机床操作

任务布置

(1) 了解电火花加工操作流程。
(2) 掌握电火花机床的手动操作。
(3) 掌握电火花机床的屏幕操作。
(4) 掌握电火花加工的控制器操作。
(5) 掌握电极的装夹与定位。

相关理论

知识一 电火花加工操作流程（见图 7-2）

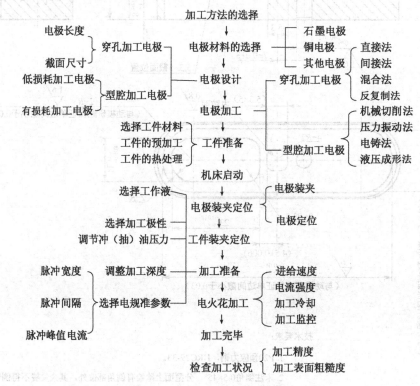

图 7-2　电火花加工操作流程

知识二 数控电火花机床的手动操作

1. 开机操作过程

(1) 打开电源主开关（如图 7-3 所示，在数控电源柜的左侧）。
(2) 打开急停按钮（位于控制面板及工作台两处）。

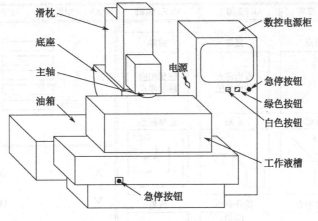

图 7-3　SF211 电火花机床外形图

（3）按电柜控制面板上的绿色按钮，系统 NC 即启动，屏幕上显示出准备屏的画面，如图 7-4 所示。

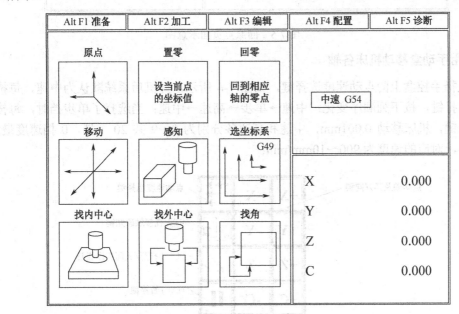

图 7-4　准备屏示意图

（4）按电柜控制面板上的白色按钮，系统动力部分即启动；

2.回原点操作过程（返回机床的绝对零点）

（1）开机显示准备屏后，按键盘上的光标键，选择回原点模块，再按键盘上的 Enter 键开始执行，这时回原点功能块变为黄色，光标在选择区开始处，如图 7-5 所示。

（2）仔细检查机床回原点的路径有无障碍，用键盘上的↑或↓键，将光标移到三轴回原点处。

（3）按键盘上的 Enter 键开始执行，回原点的顺序为 Z 轴、Y 轴、X 轴及 C 轴，当达到原点后，各轴显示的坐标值自动变为零。

（4）也可以用键盘上的↑或↓键，选定一个轴，单独回原点。

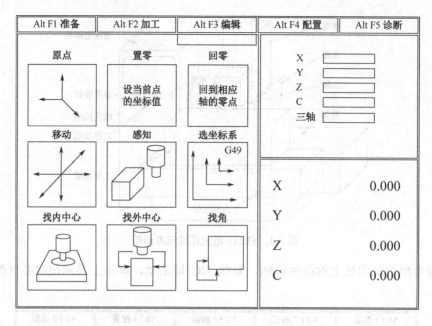

图 7-5　回原点页面示意图

3．利用手动盒移动机床各轴

（1）选择手控盒上的点动速度选择键，如图 7-6 所示，开机后系统默认为中速，每按一次点动速度选择键，按下列顺序变化：中速→单步→高速→中速；当选择了单步挡时，每按一次所选取轴向键，机床移动 0.001mm，中速和高速各分别为 0～9 共 20 个挡，0 挡速度最大，9 挡速度最小，对应的速度为 900～10mm/min；

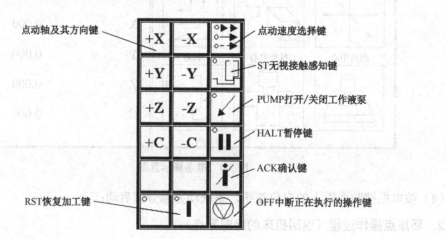

图 7-6　手控盒示意图

（2）选择点动轴及其方向，如图 7-6 所示。

（3）观察机床运动的过程。

4．调入演示加工程序

（1）按键盘上的 Alt+F3 组合键，从准备屏进入编辑屏。

（2）按 F1 键将硬盘或软盘上的 NC 文件装入内存缓冲区内。

（3）屏幕上提示"从硬盘（按 C）或软盘（按 B）装入"。

（4）本实验的演示加工程序已在硬盘中，所以按 C 键，屏幕列出硬盘中所有的 NC 文件。

（5）用键盘上的↑或↓键，选择 ZHANGQI.NC 文件（演示加工程序）。

（6）按键盘上的 Enter 键，编辑屏将显示 ZHANGQI.NC 演示加工程序。

5. 执行加工程序（演示加工程序）

（1）按键盘上的 Alt+F2 组合键，从编辑屏进入加工屏。

（2）按键盘上的 F8 键，将光标从工艺数据选择区移动到加工程序显示区。

（3）按键盘上的 Enter 键，将自动执行加工程序。

执行加工程序的详细步骤将在实验四做具体说明。

6. 关机操作过程

（1）将各轴移到靠近机床绝对零点附近。

（2）按电柜控制面板上的白色按钮，系统动力部分即关闭。

（3）分别按下两处的急停按钮，系统 NC 部分关闭。

（4）关闭电源主开关（在数控电源柜的左侧）。

7. 实验记录（见表 7-1）

（1）记录回零过程的步骤。

（2）记录手动移动各轴的极限值。

表 7-1　实验记录

	机床原点坐标	（+）极限值坐标	（−）极限值坐标	各轴的行程
X轴				
Y轴				
Z轴				
C轴				

任务 2　左下型芯内表面电火花加工

一、分析图样（见左下型芯 MJ-01-08）

（1）铜公的找正和工件的分中是难点

（2）参数的选择。整个加工过程使用到的量具有百分表、卡尺。

二、选择电火花机床

根据现有设备的种类，选择快走丝线切割 CNC350 机床进行加工，如图 7-7 所示。

三、电火花成型电极材料选择

从理论上讲，任何导电材料都可以制作电极。不同材料制作的电极对于电火花加工速度、加工质量、电极损耗、加工稳定性有重要的影响。因此，在实际加工中，应综合考虑各个方面的因素，选择最合适的材料制作电极。

目前，常用的电极材料有紫铜（纯铜）、黄铜、钢、石墨、铸铁、银钨合金、铜钨合金等。

这些材料的性能见表 7-2。

图 7-7　线切割 CNC350 机床

表 7-2　电火花成形加工常用电极及其性能

常用材料	电加工工艺性能		机械加工性能	价格材料来源	应用情况
	稳定性	电极损耗			
铸铁	较差	适中	好	低（常用材料）	主要用于型孔加工，制造精度高
钢	较差	适中	好	低（常用材料）	常采用加长凸模，加长部分为加工型孔的电极；可降低制造费用
石墨	较好	较小（取决于石墨性能）	好（有粉尘、易崩角、掉渣）	较低（常用材料）	适用于加工大、中型尺寸的型孔与型腔
纯铜	好	较大	较差（磨削困难）	较高（小型电极常用材料）	主要用于加工较小尺寸型腔、精密型腔，表面加工粗糙度可以很低
黄铜	好	大	较好（可磨削）	较高（小型电极常用材料）	
铜钨合金	好	小（为纯铜电极损耗的15%～25%）	较好（可磨削）	高（高于铜价40倍以上）	主要用于加工精密深孔、直壁孔和硬质合金材料的型孔与型腔
银钨合金	好	很小	较好（可磨削）	高（比铜钨合金高）	

根据表 7-2 和实际加工情况，我们选择黄铜作为电极材料。

四、电火花成型电极设计

电极设计是电火花加工中的关键点之一。在设计中，首先是详细分析产品图样，确定电火花加工位置；第二是根据现有设备、材料、拟采用的加工工艺等具体情况确定电极的结构形式；第三是根据不同的电极损耗、放电间隙等工艺要求对照型腔尺寸进行缩放，同时要考虑工具电极各部位投入放电加工的先后顺序不同，工具电极上各点的总加工时间和损耗不同，同一电极上端角、边和面上的损耗值不同等因素来适当补偿电极。例如，图 7-8 是经过损耗预测后对电极尺寸和形状进行补偿修正的示意图。

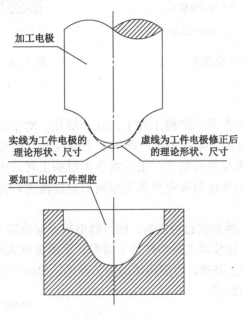

加工电极

实线为工件电极的
理论形状、尺寸

虚线为工件电极修正后
的理论形状、尺寸

要加工出的工件型腔

图 7-8　补偿修正图

电极的结构形式应根据模具型孔或型腔的尺寸大小，复杂程度及电极的加工工艺性等来确定，常用的电极结构有下列几种形式。

1. 整体电极

整体电极就是用一整块电极材料加工出的完整电极，这是型孔或型腔加工中最常用的电极结构形式，图 7-9 所示即为型腔加工用整体电极的结构形式。当电极面积较大时，可在电极上开一些孔，或者挖空以减轻重量。

对于穿孔加工，有时为了提高生产效率和加工精度，降低表面粗糙度，可以采用阶梯式整体电极。所谓阶梯式整体电极就是在原有的电极上适当增长，而增长部分的截面尺寸适当均匀减小（$f=0.1\sim0.3\text{mm}$），呈阶梯形。如图 7-10 所示，L_1 为原有电极的长度，L_2 为增长部分的长度（为型孔深度的 1.2～2.4 倍）。加工时利用电极增长部分来粗加工，蚀除掉大部分金属，只留下很少余量，让原有的电极进行精加工。阶梯电极有许多优点：能充分发挥粗加工的作用，大幅度提高生产效率，使精加工的加工余量降低到最小，特别适宜小斜度型孔的加工，易保证模具的加工质量，并且可减少电规准的转换次数。

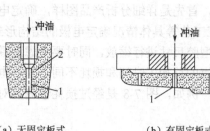 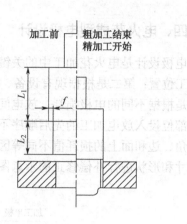

（a）无固定板式　　　　（b）有固定板式

1—冲油孔；2—石墨电极；3—电极固定板

图 7-9　整体电极结构形式

图 7-10　阶梯式整体电极

2. 组合电极

在冲模加工中常遇到要在同一凹模上加工出几个型孔，对于这样的凹模可以用单个电极分别加工各孔，也可以采用组合电极加工，即把多个电极组合装夹在一起。如图 7-11 所示，一次完成凹模各型孔的电火花穿孔加工。采用组合电极加工时，生产效率高，各型孔间的位置精度也较为准确，但必须保证组合电极各电极间的定位精度，并且每个电极的轴线要垂直于安装表面。

（1）分解式电极。当工件形状比较复杂，则可将电极分解成简单的几何形状，分别制造成电极，以相应的加工基准，逐步将工件型腔加工成型。采用分解式电极成型加工，可简化电加工工艺。但是，必须统一加工基准，否则将增加加工误差，如图 7-12 所示。分解式电极多用在形状复杂的异型孔和型腔的加工。

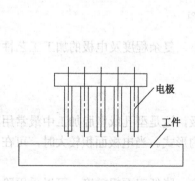 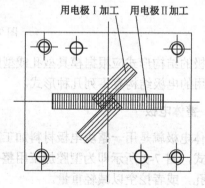

图 7-11　组合电极

图 7-12　分解式电极

（2）镶拼式电极。对形状复杂而制造困难的电极，可分解成几块形状简单的电极来加工，加工后镶拼成整体的电极用来电加工型孔，该电极即为镶拼式电极。如图 7-13 所示，是将 E 字形硅钢片冲模所用的电极分成三块，加工完毕后再镶拼成整体。这样即可保证电极的制造精度，得到了尖锐的凹角，而且简化了电极的加工，节约了材料，降低了制造成本。但在制造中应保证各电极分块之间的位置准确，配合要紧密牢固。

本次加工是盲孔，选择整体电极，如图 7-14 所示。

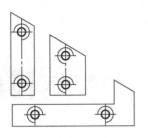

图 7-13 镶拼式电极

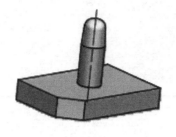

图 7-14 盲孔加工整体电极

五、电火花机床加工左下型芯盲孔加工工艺过程（见表 7-3）

表 7-3 左下型芯盲孔加工工艺过程

加工工艺卡片		产品名称		产品数量		1
图 号		零件名称	左下型芯	第 页		共 页
材料种类	模具钢	材料牌号	718	毛坯尺寸		
加工简图	工序	工种	工步	加工内容	工刀具	量具
（图）	1	铜公设计与制作	（1）	利用软件进行拆铜公		
			（2）	利用雕铣机或者数控铣加工铜公	铣刀	百分表 角度尺
（图）	2	铜公垂直度校准	（1）	电极垂直度校准	磁性表座 百分表	百分表
（图）	3	铜公水平校准	（1）	电极水平校准	磁性表座 百分表	百分表
（图）	4	电火花机床放电加工	（1）	对刀，找出正确位置进行放电操作加工。加工完成后，利用角尺和卡尺进行尺寸测量，保证尺寸的精度要求	钼丝	千分尺 量角器

省模——右下型芯（MJ-01-18）内表面的省模实训

省模又称模具抛光。其目的主要有两个：一是增加模具的光洁，使模具出的产品达到所要求的表面粗糙度，并尽量使其漂亮、美观；另一个是使模具在开模时塑件很容易脱模，保证塑料不被粘在模具上而脱不下来。同时，省模又能起到模具表面防腐蚀和抗耐磨作用。因此，模具省模对制件的表面质量有很大的影响。根据省模的目的可以看到，模具中需要省模的表面主要集中在模仁、型位等与塑件产品相接触的位置，以及模具的各个流道。

知识目标

（1）了解省模的目的、工作职责。
（2）明确省模的应用范围，认识模具零件上的省模标志。
（3）理解省模的要求，能判断省模的加工指标。
（4）掌握模具省模过程中的各种方法。

技能目标

（1）掌握各种省模工具的使用。
（2）会区分电极粗细，并按要求对模具电极进行省模。
（3）会利用工具对模具零件进行必要的模具省模。
（4）会对省模零件进行检查、检测，保证符合加工要求。

素质目标

（1）培养学生谦虚、细心的工作态度。
（2）培养学生勤于思考、做事认真的良好作风。
（3）培养学生责任感和事业心。
（4）培养学生良好的职业道德。

考工要求

完成本岗位学习内容，达到国家模具制造工中级水平。

岗位任务（见图8-1）

加工图8-1所示的右下型芯，主要对右下型芯上表面及内孔面进行省模。

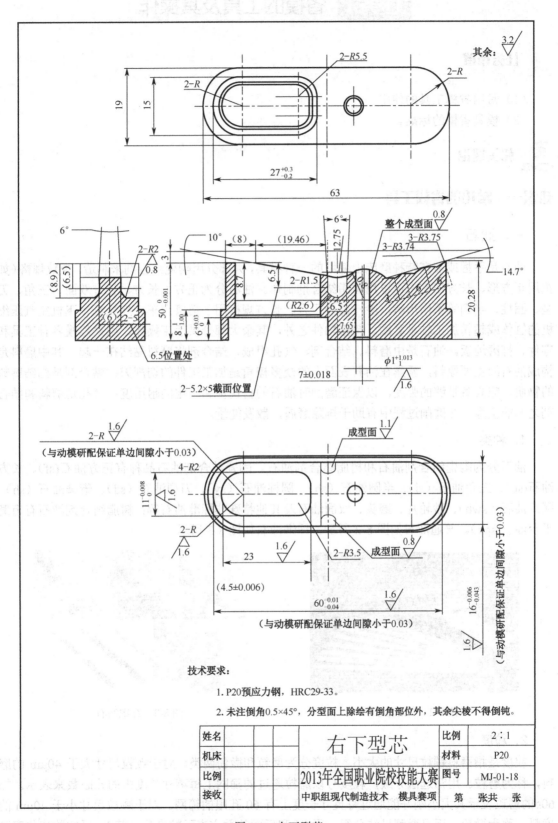

图8-1　右下型芯

技术要求：

1. P20预应力钢，HRC29-33。

2. 未注倒角0.5×45°，分型面上除绘有倒角部位外，其余尖棱不得倒钝。

姓名				右下型芯		比例	2 : 1
机床						材料	P20
比例				2013年全国职业院校技能大赛		图号	MJ-01-18
接收				中职组现代制造技术　模具赛项		第　张共　张	

任务1 省模的工具及其操作

任务布置

（1）常用省模工具的使用。
（2）模具省模的标准。

相关理论

知识一 常用的省模工具

一、油石

油石是手握或装在特种磨床上使用的一种模具，大部分用陶瓷结合剂来制造，少数规格（如机用正方形、长方形）也可以用树脂结合剂制作。油石分为正方、长方、长方双面、三角、刀型、圆柱、半圆等不同形状，除一部分正方、长方规格用于衍磨汽车、拖拉机、飞机空气压缩机的缸体或超精加工轴承套圈、精密轴件之外，其余大部分供手工操作，用来修模各种工具和零件、打磨地板。油石是由磨料、结合剂、气孔组成，结合剂将磨料黏结在一起，其中磨料是构成油石的主要原料，暴露在油石表面上的众多棱角是加工工件的切削刃；黏合剂是黏结磨料的物质，应具备足够的强度，以保证磨削时油石的自锐性和一定的耐用度；气孔是磨料和结合剂之间的空隙，在磨削过程中有助于排除磨屑，散发能量。

1. 种类

油石分为陶瓷结合剂油石和树脂结合剂油石。陶瓷结合剂油石品种有正方油石(sf)、长方油石(sc)、三角油石（sj）、半圆油石（sb）、圆柱油石（sy）、刀型油石（sd）、珩磨油石（sh）、网纹油石（swh）、砂轮片、磨头、双面油石及其他特殊非标准油石等；树脂结合剂油石有珩磨平台油石(sph)。普通油石如图 8-2 所示。纤维油石如图 8-3 所示。

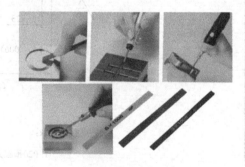

图 8-2　普通油石　　　　　　　　　　　　　图 8-3　纤维油石

2. 粒度

粒度是指磨料颗粒尺寸的大小。粒度分为磨粒和微粉两类。对于颗粒尺寸大于 40μm 的磨料，称为磨粒。用筛选法分级，粒度号以磨粒通过的筛网上每英寸长度内的孔眼数来表示。如60#的磨粒表示其大小刚好能通过每英寸长度上有 60 孔眼的筛网。对于颗粒尺寸小于 40μm 的磨料，称为微粉。用显微测量法分级，用 W 和后面的数字表示粒度号，其 W 后的数值代表微粉的实际尺寸，如W20表示微粉的实际尺寸为20μm。磨料粒度号及其颗粒尺寸见表8-1。

表8-1 磨料粒度号及其颗粒尺寸

磨粒	磨粒	微粉			
粒度号	颗粒尺寸（μm）	粒度号	颗粒尺寸（μm）	粒度号	颗粒尺寸（μm）
14#	1600～1250	70#	250～200	W40	40～28
16#	1250～1000	80#	200～160	W28	28～20
20#	1000～800	100#	160～125	W20	20～14
24#	800～630	120#	125～100	W14	14～10
30#	630～500	150#	100～80	W10	10～7
36#	500～400	180#	80～63	W7	7～5
46#	400～315	240#	63～50	W5	5～3.5
60#	315～250	280#	50～40	W3.5	3.5～2.5

粒度号又称目：是指磨料的粗细及每平方英寸的磨料数量，号越高，磨料越细，数量越多。

粗的磨料为16目、24目、36目、40目、50目、60目。

常用的磨料为80目、100目、120目、150目、180目、220目、280目、320目、400目、500目、600目。

精细打磨细的磨料为800目、100目、1200目、1500目、2000目、2500目。

3. 磨料粒度的选择

主要与加工表面粗糙度和生产率有关。粗磨时，磨削余量大，要求的表面粗糙度值较大，应选用较粗的磨粒。因为磨粒粗、气孔大，磨削深度可较大，砂轮不易堵塞和发热。精磨时，余量较小，要求粗糙度值较低，可选取较细磨粒。一般来说，磨粒越细，磨削表面粗糙度越好。磨料微粉粒度对照表见表8-2。磨料的硬度等级及代号见表8-3。常用的磨料种类见表8-4。

表8-2 磨料微粉粒度对照

固结磨具					涂附磨具	
国标标准 ISO8486：2-1996 中国标准 GB/T2481.2-1998 西欧共同体标准 FEPA42-GB1984 德国标准 DIN69101.1-1981		日本工业标准			国际标准 IS06344-3；1988 中国标准 GB/T9258.3-200 日本标准 JIS R6012-1991 西欧共同体标准 FEPA31-GB1971	
粒度	D50（μm）沉降管法	粒度	D50（μm）沉降管法	D50（μm）电阻法	粒度	D50（μm）沉降管粒度仪
		#240	60.0±4.0	57.0±3.0	P240	58.5±2.0
F230	55.7±3.0	#280	52.0±3.0	48.0±3.0	P280	52.2±2.0
F240	47.5±3.0	#320	46.0±2.5	40.0±2.5	P320	46.2±1.5
F280	39.9±1.5	#360	40.0±2.0	35.5±2.0	P360	40.5±1.5
F320	32.8±1.5	#400	34.0±2.0	30.0±2.0	P400	35.0±1.5
F360	26.7±1.5	#500	28.0±2.0	25.0±2.0	P500	30.2±1.5
		#600	24.0±1.5	20.0±1.5	P600	25.8±1.0
F400	21.4±1.0	#700	21.0±1.3	17.0±1.3	P800	21.8±1.0
F500	17.3±1.0	#800	18.0±1.0	14.0±1.0	P1000	18.3±1.0
F600	13.7±1.0	#1000	15.5±1.0	11.5±1.0	P1200	15.3±1.0

固结磨具					涂附磨具	
国标标准 ISO8486：2-1996		日本工业标准			国际标准 ISO6344-3；1988	
中国标准 GB/T2481.2-1998					中国标准 GB/T9258.3-200	
西欧共同体标准 FEPA42-GB1984					日本标准 JIS R6012-1991	
德国标准 DIN69101.1-1981					西欧共同体标准 FEPA31-GB1971	
粒 度	D50（μm）	粒 度	D50（μm）		粒 度	D50（μm）
	沉 降 管 法		沉 降 管 法	电 阻 法		沉降管粒度仪
F800	11.0±1.0	#1200	13.0±1.0	9.5±0.8	P1500	12.6±1.0
F1000	9.1±1.0	#1500	10.5±1.0	8.0±0.6	P2000	1.3±.08
F1200	7.6±0.5	#2000	8.5±0.7	6.7±0.6	P2500	8.4±0.5
		#2500	7.0±0.7	5.5±0.5		
		#3000	5.7±0.7	4.0±0.5		
		#4000		3.0±0.4		
		#6000		2.0±0.4		
		#8000		1.2±0.3		

表 8-3 磨料的硬度等级及代号

大级	超软	软			中软		中		中硬			硬		超硬
小级	D.E.F	软1	软2	软3	中软1	中软2	中1	中2	中硬1	中硬2	中硬3	硬1	硬2	Y
代号		G	H	J	K	L	M	N	P	Q	R	S	T	

表 8-4 常用的磨料种类

代 号	种 类	特 点	用 途
A	棕刚玉	硬度高，韧性	适用于中、高抗张强度金属材料的磨削，如一般碳素钢、合金钢、可锻铸铁、硬青铜等
WA	白刚玉	硬度高于棕刚玉，磨粒易碎裂，棱角锋利，切削性好，磨削热量小等	适用于材料较硬、热敏感性较强钢的磨削，如淬火钢、高碳钢、一般高速钢、合金钢的磨削，主要用于工具、办具、模具、齿轮、螺纹、薄壁零件等的磨削及成型磨削
PA	铬钢玉	硬度与白刚玉相近，韧性则比白刚玉高，磨粒切削刃刃锋利，棱角保持性好，耐用度较高	适用于淬火钢、合金钢刀具及工件的磨削，以及量具和仪表零件等的精密磨削，也适用于成型磨削
SA	单晶刚玉	与棕、白刚玉相比硬度高、韧性大，呈单颗粒球状晶体，具有较好的多棱切削刃，抗破碎性较强	适用于不锈钢、高矾高速钢等硬度高、韧性大、易变形、易烧作工件的磨削加工
MA	微晶刚玉	磨粒由微小晶体组成，韧性大，强度高，磨粒自锐性好	适用于轴承钢、不锈钢和特种球墨铸铁等的磨削，用于成型磨削、切入磨削和其他精密磨削
A/WA	棕白混合磨料	具有棕、白刚玉两者的优点	适用于球墨铸铁，有轴、轮轴等工件的磨削用其他磨削
GC	绿碳化硅	硬度高、脆性大，磨料锋利，导热性好	适用于硬质合金刀具、工件及有色金属、非金属等的磨削
C	黑碳化硅	硬度高，性脆，磨粒锋利，具有一定的导热性	适用于有色金属用非金属材料的磨削

二、抛光轮

羊毛抛光轮简称羊毛轮，分卷式羊毛轮和纯羊毛轮两种，是常用抛光研磨工具，是专用于抛光或修补擦伤的不同材料，如玻璃、陶瓷、石材、金属、塑料和珠宝等，如图8-4所示。

羊毛轮是玻璃抛光的必用轮，用于玻璃抛光的最后一道工序。它能够起到消痕、增亮的作用，也可以作为消除表面划痕的组合抛光轮之一，与抛光粉冷却液一同使用。羊毛轮的材料根据硬度分类，不同硬度的羊毛轮加工不同的对象。

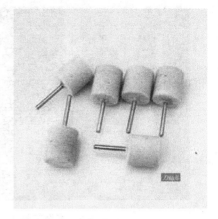

图 8-4　羊毛轮

三、抛光机

工作原理：通过控制器，产生高频电振动传输至换能器上。换能器将输入的超音频电信号转换成机械振动，经变幅杆放大后，传输至装在变幅杆上的工具头，带动附着在工具头上的金刚石或磨料的悬浮液等高速摩擦工件，致使工件表面粗糙度迅速降低，直至镜面，从而实现抛光的功能。

模具抛光机采用进口大功率器件，如图8-5所示，功率比同类产品提升30%。模具抛光机适用范围：各种模具（包括硬质合金模具）的复杂型腔、窄槽狭缝、盲孔等粗糙表面至镜面的整形抛光。可抛光各种金属、玻璃、玉石、玛瑙等。由微电脑精确产生五挡火花脉冲和九十九段花纹及强化脉冲，在花纹状态能逼真地模拟出从亚光至很粗的电火花花纹；强化状态能将碳化钨等具有高耐磨性能的材料转移镀覆到工件的工作表面，从而大大延长工件的使用寿命；由于改进了声波输出电路，使机器非常适合于用纤维油石和金刚石锉刀做粗糙表面的振动研磨；增加了具有人工智能的真人发声的语音提示功能，为正确和安全使用机器提供了有力保障。将抛光轮安装在抛光机上配合使用，如图8-6所示。

图 8-5　抛光机

图 8-6　抛光轮安装在抛光机上

模具抛光机的配合工具：铜条、铜片、竹片、竹签、木片、合金锉刀、纤维油石、耐高温砂纸、特制复合薄膜、钻石研磨膏、人造金刚石研磨膏等，如图8-7所示。如图8-8所示，竹片、砂纸可以配合使用。

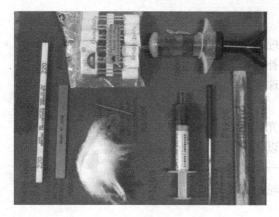

图 8-7　配合工具

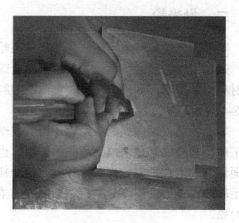

图 8-8　配合动作

四、平板

图 8-9　铸铁平板

平板是机械测量中最常用的基准定位器具，又称平台。常用的有铸铁和岩石两种材料。铸铁平板如图 8-9 所示。

根据其工作表面不平整度数值的大小，平板的精度分为 5 级，即 00、0、1、2、3 级，数值越小，精度越高。

铸铁平板的保养一般情况下有以下几个步骤。

（1）为了防止铸铁平板发生的变形，在吊装铸铁平板时，要用四根同样长度的钢丝绳同时挂住铸铁平板上的 4 个起重孔，将铸铁平板平稳吊装在运输工具上。

（2）将铸铁平板支撑点垫好、垫平，保证每个支撑点受力均匀，保证整个铸铁平板平稳。

（3）铸铁平板安装时，将铸铁平板的各个支撑点用调整垫铁垫好、垫实，由专业技术人员将铸铁平板调整至合格精度。

（4）铸铁平板使用时要轻拿轻放工件，不要在铸铁平板上挪动比较粗糙的工件，以免对铸铁平板工作面造成磕碰、划伤等损坏。

（5）为了防止铸铁平板整体变形，使用完毕后，要将工件从铸铁平板上拿下来，避免工件长时间对铸铁平板重压而造成铸铁平板的变形。

（6）铸铁平板不用时要及时将工作面洗净，然后涂上一层防锈油，并用防锈纸盖上，用铸铁平板的外包装将铸铁平板盖好，以防止平时不注意造成对铸铁平板工作面的损伤。

（7）铸铁平板应安装在通风、干燥的环境中，并远离热源、有腐蚀的气体、有腐蚀的液体。

（8）铸铁平板按国家标准实行定期周检，检定周期根据具体情况可为 6～12 个月。

（9）铸铁平板在不同温差下会有所差误。

五、HRC 硬度

硬度是材料抵抗外物刺入的一种能力。试验钢铁硬度的最普通方法是用锉刀在工件边缘上锉擦，由其表面所呈现的擦痕深浅以判定其硬度的高低，这种方法称为锉试法。锉试方法不太科学。用硬度试验器来试验极为准确，是现代试验硬度常用的方法。最常用的试验法有洛氏硬度试验。洛氏硬度试验机利用金刚石冲入金属的深度来测定金属的硬度，冲入深度越大，硬度越小。

洛氏硬度（Rockwell hardness）由洛克威尔（S.P.Rockwell）在1921年提出来的，是使用洛氏硬度计测定金属材料的硬度值。该值没有单位，只用代号"HR"表示。

洛氏硬度中HRA、HRB、HRC中的A、B、C为三种不同的标准，称为标尺A、标尺B、标尺C。

HRA是采用60kg载荷和金刚石锥压入器求得的硬度，用于硬度极高的材料，如硬质合金。

HRB是采用100kg载荷和直径1.58mm淬硬的钢球求得的硬度，用于硬度较低的材料，如退火钢、铸铁等。

HRC是采用150kg载荷和金刚石锥压入器求得的硬度，用于硬度很高的材料，如淬火钢等。

其测量方法是：在规定的外加载荷下，将钢球或金刚石压头垂直压入待试材料的表面，产生凹痕，根据载荷解除后的凹痕深度，利用洛氏硬度计算公式 $HR=(K-H)/C$ 便可以计算出洛氏硬度。洛氏硬度值显示在硬度计的表盘上，可以直接读取，如图8-10所示。

上述公式中，K 为常数，金刚石压头时，$K=0.2mm$；淬火钢球压头时，$K=0.26mm$；H 为主载荷解除后试件的压痕深度；C 也为常数，一般情况下，$C=0.002mm$。由此可以看出，压痕越浅，HR值越大，材料硬度越高。一般用代号HRA、HRB、HRC来表示材料的硬度，其中HRA表示试验载荷588.4N（60kG-F）、使用顶角为120°的金刚石圆锥压头试压；HRB表示试验载荷980.7N（100kG-F）、使用直径1.59mm的淬火钢球试压；HRC表示试验载荷1471.1N（150kG-F）、使用顶角为120°的金刚石圆锥头试压。对于硬度较高的制刀材料，制刀界通用HRC来表示刀锋硬度。例如，HRC60，即代表在试验载荷为1471.1N、使用顶角为120°的金刚石圆锥压头时，被试材料的压痕深度为0.08mm。

简而言之，硬度越高，抗磨损能力越高，但脆性也越大。硬度最高不超过60HRC。通常一把好刀的刀刃硬度应在洛氏硬度50HRC以上，60HRC以下。

六、光学显微镜

显微镜是由一个透镜或几个透镜组合构成的一种光学仪器，是人类进入原子时代的标志。主要用于放大微小物体成为人的肉眼所能看到的仪器。显微镜分光学显微镜和电子显微镜：光学显微镜是在1590年由荷兰的杨森父子所首创。现在的光学显微镜可把物体放大1600倍，分辨的最小极限达0.1μm，国内显微镜机械筒长度一般是160mm，如图8-11所示。

图8-10　硬度计

结构：显微镜由目镜、物镜、粗准焦螺旋、细准焦螺旋、压片夹、通光孔、遮光器、转换器、反光镜、载物台、镜架、镜座组成。

使用：平稳放置在平板，根据观察需要调整旋钮放大观察模具的局部位置，如图8-12所示。

七、气动打磨机

气动打磨机是在气动马达上安装一个磨头，用于模具表面粗糙度的修理，如图8-13所示。气动打磨机可以通过活动扳手拆开，如图8-14所示，可以安装各种打磨棒针。打磨操作如图 8-15 所示。

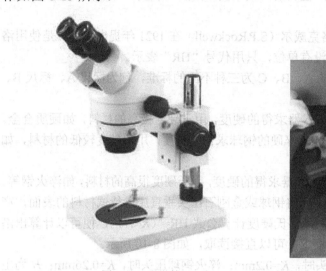

图 8-11　显微镜

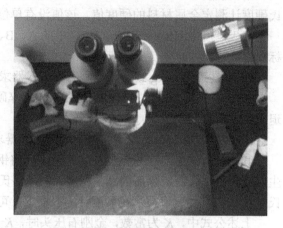

图 8-12　调整旋钮放大观察

图 8-13　气动打磨机

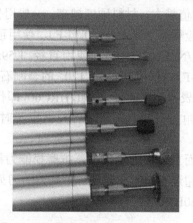

图 8-14　打磨棒针

图 8-15　打磨操作

八、清洗剂

清洗剂是一种绿色环保、无腐蚀、快速安全的清洗剂，具有优良的渗透性、乳化性和清除油焦的能力，在水中有极好的溶解性，使用简单方便，使用后可以直接排放，安全环保，如图 8-16 所示。直接用于碳钢、不锈钢、紫铜、铁、纤维、皮革、橡胶等材质的清洗时，不会对材质有任何点蚀、氧化或其他有害的反应，也可以用煤油替代。

图 8-16　清洗剂

1. 性能特点

（1）清除油污、重油垢能力极强，清洗效率是煤油 4～5 倍。

（2）应用范围无限制，无毒，不可燃，使用时无须考虑现场的工况条件。

（3）使用成本低，成本仅是煤油清洗成本的 1/10。

（4）使用安全，无味，不腐蚀被清洗物，不损伤皮肤，对各种表面均安全无伤害。

（5）清洗后对金属表面具有短期防锈作用。

（6）满足各类清洗要求，如循环清洗、浸泡清洗、擦洗、喷淋清洗、超声波清洗等要求。

（7）表面活性剂可生化降解，对环境无污染。

2. 应用范围

（1）用于电镀行业的各类金属加工件的脱脂清洗（替代煤油）。

（2）用于清洗机械设备、机床表面的顽固重油污。

（3）用于替代各类碳氢清洗剂（易燃易爆）。

（4）用于汽车行业脱脂清洗。

（5）用于超声波清洗。

（6）用于清洗各类常见油脂（润滑油、防锈油、冲压油脂），包装储存为 200 千克/桶、25千克/桶，并储存于阴凉处，保质期两年。

知识二　模具的省模

一、面的省模

1. 认识省模流程图（见图 8-17）

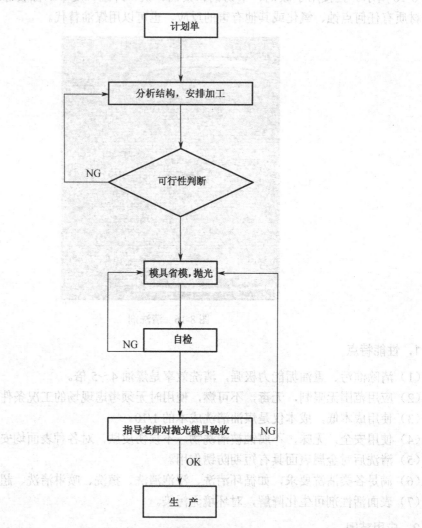

图 8-17　省模流程图

2. 任务领取与表面质量分析

从组长处领取任务——模具省模提交单，见表 8-5。

表 8-5　模具省模提交单

组别：装配组　　　　　　　组长：　　　　　　　　　日期：

序　　号	模具编号	省模要求	送省人	需要时间
1	H46-J1G-D01-F001	凹模底部抛光	张三	
2	HPP-JIG-E01$^{\#}$-F001	分型面抛光	李四	
3				
4				

在着手抛光时，首先根据模具省模提交单和工件标记，弄清楚抛光什么位置、抛光至什么程度、有什么要求（如尺寸等），应注意什么，有无参照样板，无样板应向组长或者送省人了解清楚。然后进行省模面质量判断，判断模具表面质量时要注意两点：首先，模具的表面必须具有准确的几何形状，并没有起伏不平的波浪纹。这种现象是由于早前砂轮/铣刀或油石研磨时留下的缺陷。其次，经镜面处理的模具表面必须没有纹痕、小孔、橙皮纹、抛光头纹及麻点（针孔）等缺陷。通常采用肉眼来判断模具的表面质量，但有时会有一定困难，因为用肉眼判断会产生偏差，看上去很光洁的平面在几何学上并非完全平整。在较复杂的情况下，模具的表面质量要用仪器来检测，例如，采用放大镜，要求更高的就要采用光学仪器干涉技术。

3. 省模零件放置

由于省模时，会因为工具的推动使省模件也跟着运动，从而影响省模质量，所以一般可以如下操作。

（1）大的省模件如果能抵抗工具的推动等产生运动的，则可以直接安放工作平台上。

（2）小的省模件要使用不同规格的磁性座固定，如图 8-18、图 8-19 所示。

图 8-18　磁性座固定　　　　　　　　　　图 8-19　磁性座固定工件

4. 基本镜面抛光工具选用及其步骤（手工抛光）

抛光模具选用工具规格参考如图 8-20 所示。

（1）用氧化铝砂轮 WA400# 把前 EDM 表面白层及过回火层彻底去除。

（2）用油石条（由粗至幼）打磨表面如下：

180#—240#—320#—400#—600#—800#（校直平面度）—1000#

800# 通常用作校正表面平直度，避免在其后抛光时易出现波纹。

（3）用 Sic 砂纸（由粗至幼）打磨表面如下：

400#—600#—800#—1000#—1200#—1500#—2000#

预硬钢一般不建议用 1500# 砂纸打磨，以防表面过热。

（4）9μm 用木条（软），6μm、3μm 用毛毡辘，1μm 用 100% 棉，配合钻石膏进行抛光：

9μm（1800#）—6μm（3000#）—3μm（8000#）—1μm（14000#）

若进行更精细抛光，如 1/2μm（60000#）和 1/4μm（100000#），请确保在无尘环境进行。

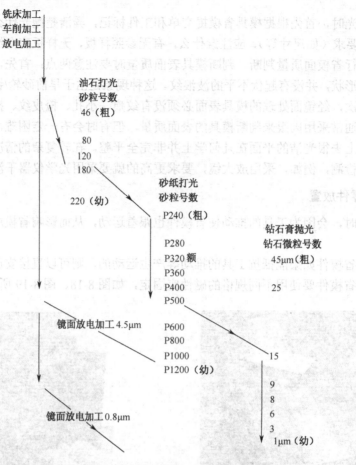

图 8-20　抛光模具选用工具规格参考

5．面的省模要注意的细节

（1）用砂纸打磨时，应把砂纸黏附在木条或竹片上再进行，如图 8-21 所示。

木条或竹片（硬）——适合硬度低，平面或边角打磨。

木条或竹片（软）——适合硬度高，圆面或形状复杂部位打磨。

图 8-21　把砂纸黏附在木条或竹片打光

（2）每次转换砂纸或钻石膏前，手和模面必须彻底清洗干净，工件用洗模水，工件用肥皂做清洁。

（3）每次转换砂纸或油石条时，应改变打磨方向（45°或 90°）以确保前道磨痕被彻底去除，注意双手进行，而且用 800#或更细砂纸打磨时，建议增加打磨次数。打磨方向如图 8-22 所示。

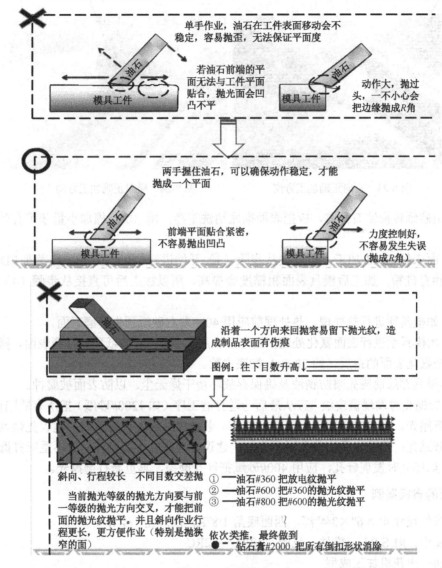

图 8-22　打磨方向

（4）每道打磨抛光应从难抛部位（如边角位、凹槽位）开始，尽量不要抛圆，边角位选择较硬的抛光工具进行抛光。

（5）每一种抛光工具仅能使用一种粒度的钻石膏并保存在无尘的容器中，每个盛载打磨或抛光工具的容器应只存放一种打磨抛光工具。

（6）手工抛光时，钻石膏涂于抛光工具上，机械抛光时，钻石膏涂于工件上。

（7）每一道抛光应争取在最短时间内完成，抛光力度也应随着抛光工具的硬度和钻石膏的粒度而调整，对于最幼的钻石膏，抛光压力应仅仅等于抛光工具的重量。

（8）注意夹口的省模方向，尤其最后一道抛光应在产品脱料方向进行。直向正确加工方向如图 8-23 所示。

横向正确加工方向如图 8-24 所示。

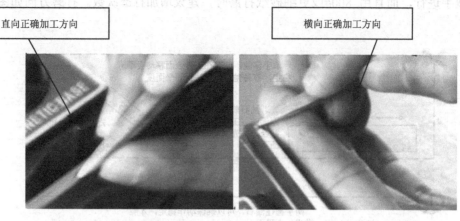

图 8-23　直向正确加工方向　　　　图 8-24　横向正确加工方向

（9）由砂纸转换钻石膏前，应把表面彻底清洗干净，用 100%棉加小量苯可有效把表面油渍去除。

（10）面未经 EDM 加工，可直接从步骤（3）开始进行加工，另外，若表面 EDM 加工时电介液内掺有硅粉，加工后模具表面粗糙度会提高，所以加工后可直接从步骤（4）开始进行抛光。

（11）如模具须进行热处理，热处理前应用 400#左右砂纸预先打磨表面。

（12）如模具须进行表面氮化处理，氮化前应用 1200#左右砂纸预先打磨表面，氮化后再用 800#砂纸把氮化表面的白层（约 20μm）彻底去除。

（13）模具存放前应先喷防锈油及确保存放环境干燥无尘，以防表面被腐蚀。

（14）如抛光时发现橙皮纹，应从最后一道打磨工序（如 1200#砂纸）把所有缺陷彻底去除，然后才重新抛光。抛光时所用压力应较以前小。若抛光后仍发现橙皮纹，建议先做回火处理后再重新打磨抛光；若抛光后依然发现橙皮纹，建议提高硬度（如允许）后再重新打磨抛光。

（15）如抛光时发现针孔，应用 400#砂纸把针孔磨掉，再重新打磨抛光。

6．面的省模案例

打光模件尺寸 4"×6"×3/4"深，四面底角 1/8"R，四边角 1/4"R

打光要求：#1 S.P.1.　模件　见硬　48RC～52RC

加工面：火花机加工成型

开始用火水洗清油渍，抹干后用火酒（酒精）再抹至干爽，用前后头连 150#EDM 油石，先打去底 1/8R 圆角和企身位 1/4R 位，后打企身位至大平面，打至没有火花纹，转 320#油石重复一次或用 180#砂纸用平面靴打至无 150#油石纹，用 320#砂纸跟以前的方向转 45°或 90°打至没有粗纹，只有 320#砂纸纹，后转 400#砂纸再转 45°或 90°打去所有 320#砂纸纹，重复转 600#、800#、1000#、1200#、0#、2/0、3/0、4/0 金砂纸，打至全部没有纹，要查清楚四边企身位、圆角位、大平面要全部无纹，开始用钻石膏打光，先将模件重复用火水、酒精清洗干净，视模件所留下纹有多粗而用什么号数钻石膏，开始用 15#钻石膏，圆转动打磨机最好用直径 1"大而松毛毡辘动用端面打大平面，毡辘企身位、打模件企身位用 3/8"直径毡辘打四边 R1/4"圆角，1/4"直径毡辘打底部圆角，如模件没有太多砂纸纹留下，我们不要打磨时间太长，模件发热，会产生橙皮纹或细少针孔来。落钻石膏不要太少，最好表层成一薄漠，不要有太多毛毡辘直接打到模件的机会，钻石膏要放平均，用毡辘将钻石膏涂平均才可开动打磨机，注意车速要慢，可稍微用力压住打光，如钻石膏打结，用钻石油稀释钻石膏，只可用少许，如太多钻石油会将钻石膏飞走，毛毡辘有机会直接磨到模件，同样产生橙皮纹和小针孔。打好后用干净纸巾或棉花谷部轻抹小部分地方，测看有没有砂纸纹，无纹可用纸擦净模件，用火水和酒清抹净模件后，用 3#、6#、9#钻石膏，重复以上操作，最后用 1#钻石膏用棉花轻按抹擦模件至光亮，模件便完成。模件放在一个安全地方，并用纸皮或布碎掩盖，以确保没有饰物掉下而损伤模件已加工表面。

时间分配：

粗省打光——要视模件之粗幼，一般应在 20h 左右完成；

幼省打光——幼打光至金砂纸 4/0，约需 24h；

抛钻石膏——抛钻石膏全部过程约 1.5h；

总时间约为 45.5h。

7. 面的省模注意事项和缺陷应对措施

1）表面橙皮效应

对策：减轻抛光压力，使用较大的油石或加钻石膏的木条；使用较软的毛毡；抛光布加钻石膏；减小打磨抛光工序间的砂号差别；检查被抛模具的硬度是否正确。

2）部分表面被拉出或出现表面细针孔

对策：检查被抛模具的硬度是否正确；减小打磨抛光工序间的砂号差别；仅使用 6μm 及更细的钻石膏；使用比 6μm 粗的普通抛光磨料；最终的光学镜面抛光，使用优质纸巾手工抛光（加钻石膏）。

3）抛光面不够平整

对策：可用 KEMET 牌抛平系列，或使用 GESSWEIN 牌的平面油石整平表面；尽量使用最大面积的砂纸、木条或油石。

4）经抛光的表面出现有亚表层的花纹。

对策：将零件去磁并重新抛光。

二、孔与凹弧面的省模

对模具检测结果分析后，存在球面和小圆孔的缺陷，考虑工件安放的稳定性，对于球面模具，体积较大，可以直接放在工作台面上进行处理，而对于小圆孔模具，体积较小，直接放在工作台面不便于处理，所以对于小体积模具要用 V 形磁铁加以固定，如果出现导套形状的可以用小型桌面式三爪卡盘进行固定，如图 8-25 所示。

图 8-25　小型桌面式三爪卡盘

1. 圆面或球面

图 8-26　凹弧面的省模

首先选择转速在 35 000～40 000r/min 的超声波研磨机配油石进行粗抛，油石的号数依次为 220#、320#，然后用砂纸半精抛时，要利用软的木棒或竹棒可更好地配合圆面和球面的弧度，砂纸的号数依次为 400#、600#、800#、1000#、1200#，当换用不同型号的砂纸时，抛光方向应变换 45°或 90°，这样前一种型号砂纸抛光后留下的条纹阴影即可分辨出来。而且在换不同型号砂纸之前，必须用 100％纯棉花蘸取环保清洗剂对抛光表面进行仔细的擦拭，因为一颗很小的沙砾留在表面都会毁坏接下去的整个抛光工作；最后用抛光布轮混合钻石研磨膏进行研磨精抛，砂纸抛光换成钻石研磨膏抛光前，清洁过程同样重要，所有颗粒和煤油都必须被完全清洁干净，在选研磨顺序是 9μm（1800#）、6μm（3000#）、3μm（8000#），因为 9μm 的钻石研磨膏可先用来去除 1200#砂纸留下的发状磨痕以达到抛光表面要求，如图 8-26 所示。

2. 小圆孔

用磁性 V 形铁将模具竖直方向固定在工作台上，孔口方向正对操作者，左、右手握住研磨机，并用左手后背支撑工作台以保证操作稳定，如图 8-27 所示，然后用超声波研磨机配金刚石头进行调速抛光，完成此道工序后，再把纤维油石磨小至相应尺寸，并进行半精抛，最后使用钻石研磨膏进行精抛。如图 8-28 所示，使用气动旋转工具时，要双手操作，并注意支撑固定。

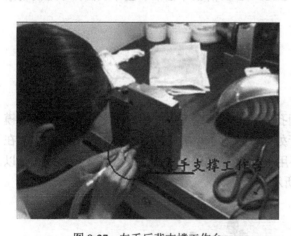

图 8-27　左手后背支撑工作台

图 8-28　精抛

3. 孔与凹弧面的省模注意事项和措施

1）变形

在加工精密模具中（如手机模），很多操作者都容易遇到省孔与凹弧面变形（不平整）现象，这样严重影响模具外形美观。例如，行腔中间有凹圆弧形、"T" "H" 形状，如图 8-29 所示。

所以在研磨时一定要顺着（圆着）模仁的形状，力度均匀地研磨，这样就可以有效防止变形问题产生了。

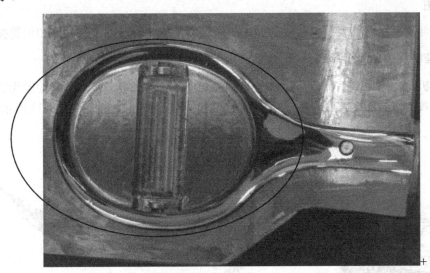

图 8-29　凹圆弧形、"T""H" 形状

2）反口

孔口和凹圆弧口在省的时候，容易产生反口反边，可以使用皱纹胶或者锯条，延封胶线粘贴住封胶面再省模，避免反口。

图 8-30　凹圆弧反口

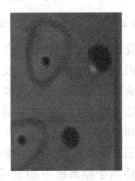

图 8-31　孔反口

4．省模工具的保养与养护

（1）研磨机使用时，如果有水要将水放干净，要经常给研磨机加油，不可以乱扔、乱放，保持研磨机清洁，延长其寿命。

（2）使用油石，不可太大力，以免弄断，如果弄断，要用 502 胶水黏合再利用，要做到轻拿轻放。

（3）使用锉刀，要看抛光位置的粗细而选用适当型号锉刀，用完之后，用铜刷或橡皮清除掉锉刀上的铁粉，保存好并放在指定位置。

（4）砂纸使用时，先看模具的表面粗糙度，再选用适当型号砂纸，并且不可以横向裁剪。存放时，将有砂一面盖好，不可以弄脏砂纸面。

（5）台灯不用时，要关掉电源，擦干净，摆放在工具柜内。

三、槽和边角的抛光

1．零件图

能识读零件图，按明细表找出相应的抛光研磨部位，并明确该部位的功能和位置关系。

2．抛光窄槽、边角的工具和设备

超声抛光机：适用于窄小部位，如模具的复杂型腔、窄槽狭缝、盲孔等其他抛光工具无法到达或无法高效工作的部位。边角和窄槽如图 8-32 所示。超声波抛光机如图 8-33 所示。

图 8-32　边角与窄槽　　　　　　　　　　　图 8-33　超声波抛光机

纤维油石：采用陶瓷粒与树脂，并用特殊工艺结合而成的用于精密细微处抛光的油石。纤维油石如图 8-34 所示，按照其外形可以分为扁形与圆形两种。

3．纤维油石、超声抛光机的使用方法

超声抛光机：通过控制器，产生高频电振动并传输至换能器上，换能器将输入的超音频电信号转换成机械振动，经变幅杆放大后，传输至装在变幅杆上的工具头，带动附着在工具头上的金刚石或磨料的悬浮液等高速摩擦工件，致使工件表面粗糙度迅速降低，直至镜面，从而实现抛光的功能。超声抛光机常与铜条、铜片、竹片、竹签、木片、合金锉刀、纤维油石、耐高温砂纸、特制复合薄膜、钻石研磨膏、人造金刚石研磨膏等配合使用。

纤维油石：用于加工塑料用钢模具、硬质合金工件等物品上的窄槽、曲面及深部不易研磨部位，还适用于模具放电加工后的硬化表面去除、机械切削后的粗糙刀痕之去除、细微加工痕迹去除，以及一般的抛磨、精细研磨、镜面处理前的抛光。使用纤维油石的好处：纤维交叉排列，沙粒均匀充实、不易脱落、研磨工件表面不会有划痕产生；可纵横向滑动，提高研磨速度及油石强度；研磨时不易发热，不会造成工件变热和油石劣化；油石形状可任意修整，自由改变。

4．研磨抛光窄槽、边角的一般方法及注意事项

（1）确认需要抛光研磨的窄槽和边角，选择合适的工具。尤其是（纤维油石和砂纸）要根据窄槽和边角的形状和大小提前修剪成合适的形状。

（2）对于硬度较高的模具表面只能用清洁和软的油石打磨工具。首先把加工好形状的油石和砂纸插入窄槽和边角部分，进行粗打磨，如图 8-35 所示。

（3）把调整好形状的纤维油石安装到超声抛光机夹头上，调整频率进行抛光研磨。在进行每一道打磨工序时，砂纸应从不同的 45° 方向去打磨，直至消除上一级的砂纹，当上一级的砂纹清除后，必须再延长 25% 的打磨时间，然后才可转换下一道更细的砂号。

图 8-34 纤维油石

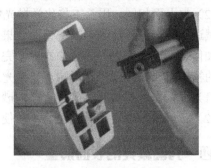

图 8-35 窄槽和边角粗打磨

（4）打磨时变换不同的方向可避免工件产生波浪等高低不平。

（5）在打磨中转换砂号级别时，工件和操作者的双手必须清洗干净，避免将粗砂粒带到下一级较细的打磨操作中。

（6）透光检查：在强光照射下观察已加工表面，通过经验法或者对比粗糙度表判断出是否合格。对比法如图 8-36 所示。

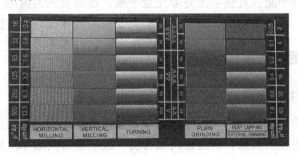

图 8-36 对比法

知识三 镜面抛光方法

镜面抛光是省模中最耗费时间也是最具有难度的一个加工程序，抛光的每一个步骤必须要保持清洁，这一点非常重要（环境允许在无尘室内进行最佳）。

高镜面抛光依次顺序为：6μm、3μm、1μm、0.5μm。

当砂纸加工程序完成后进入高镜面抛光时，抛光工件与操作者的双手必须清洗干净；避免将砂粒和灰尘带到下道工件表面上，因为一个小小的砂粒就会报废很长的抛光时间并直接影响抛光的质量。开始抛光要先处理比较有难度及复杂的地方，如边角、狭窄地方等。抛光时压力控制是很重要的，通常采用旋转式抛光，先转小圈移动平衡，均匀研磨再慢慢延伸至大圈。很多操作者在抛光过程中都会因抛光过度而产生麻点（针孔）橙皮文等现象，这严重影响了表面粗糙度与平整度，达不到真正的高镜面效果。避免以上问题要根据模具的硬度和钻石膏的等级做适应调整，同时抛光机器旋转速度也要随着钻石膏的等级做适应调动，抛去前一级磨痕后就要立即停止，用清洁剂或（100%的酒精）清洗干净后再继续下道工序。这样就可以避免因压力过大和时间过长引起前面提到的现象，时间控制的越短越好。

当钻石膏工序完成之后，去除抛光中留下的羊毛头纹对高镜面抛光来说是非常重要的一点，以下有两种常用方法。

（1）用手工将纯羊毛/软质尼龙布等各种柔软的材料占取与钻石膏最后一道工序相应的钻石膏在工件表面上，直接研磨到去除羊毛头纹为止，再用清洗剂将研磨残留下的污渍清洗干净即可。

（2）与上面相同，用手工将化学抛光粉抹在工件表面上，加少许抛光剂，再使用软质毡布/天鹅绒进行研磨直接达到高精密镜面效果。

如何选择研磨和抛光的操作次序，完全取决于抛光操作者的经验和使用的工具与其设备。材料的特性对操作程序也有影响。在抛光过程中通常采用以下两种方法。

（1）根据工件材料硬度确定合适的砂号钻石膏，配用较硬的抛光工具。

（2）选定中等硬度的抛光工具，先使用粗砂号钻石膏。

知识四　判断模具的表面质量

判断模具表面质量时要注意以下两点。

（1）首先，模具的表面必须具有准确的几何形状，并没有起伏不平的波浪纹。这种现象是由于早前砂轮/铣刀或油石研磨时留下的缺陷。

（2）其次，经镜面处理的模具表面必须没有纹痕、小孔、橙皮纹、抛光头纹及麻点（针孔）等缺陷。通常采用肉眼来判断模具的表面质量，但有时会有一定困难，因为用肉眼判断会产生偏差，看上去很光洁的平面在几何学上并非完全平整。在较复杂的情况下，模具的表面质量要用仪器来检测，例如，采用放大镜，要求更高的就要采用光学仪器干涉技术。

知识五　模具省模的注意事项

1．防止变形与倒扣

省模的方向应顺着出模方向加工；移动力度要保持平衡、均匀；要进行另一道更细的砂号时，省模力度也要做出相应调整。研磨方向应与前一级研磨方向成 90° 或 45°，直至省去前一级纹痕为止，才能进行下道工序。这样是为了避免长期同一方向研磨易于变形并将残留下的粗纹带到下一道工序中，影响后序加工程序。

在加工精密模具中（如手机模），很多操作者都容易遇到省变形（不平整）/棱线不清晰等现象，这样严重影响模具的外形美观，如行腔中间有凹凸形、"T""H"形状。所以在研磨时一定要顺着（圆着）模仁的形状，力度均匀地研磨，这样就可以有效防止变形问题产生了。

2．防止夹口反边/圆角

在精密模具中，对夹口的要求是极高的，因为它直接会影响到产品的外形美观。所以在省模加工中，防止夹口反边/圆角是很关键的。

如何去防止以上所提问题主要有以下两种解决方案。

（1）第一种方法是在研磨时，要顺着夹口的方向加工，边尖角上留一丝很细微火花纹，保持在用肉眼难以看到的程度上，这样既不影响外观表面粗糙度又能保证锋利的夹口，不过这完全取决于抛光者的技巧与经验。

（2）第二种方法是把模芯与行位装到模坯中，锁紧到位后再研磨接顺（第一种方法通常用于装入模坯无法省模的情况下使用）。

 技能训练

一、实训目的及要求

（1）培养学生良好的工作作风和安全意识。

（2）培养学生的责任心和团队精神。

（3）明确省模铜公的目的和意义。

（4）能独立完成铜公的省模任务。

二、实训设备与器材（见表8-6）

表8-6　实训工具

名　称	规　格
竹片	
砂纸	600#
砂纸	800#
剪刀、白布等	

三、实训内容

（1）根据铜公的形状、锣刀纹粗细而选用适合的材料来省。锣刀纹太粗可选用600#的砂纸省；细的话可直接用800#砂纸省。

（2）省铜公不可太用力，因铜公的材料都比较软，要特别注意铜公的形状，用力过大会影响铜公的线条和尺寸。特别是一些小铜公，不可用粗砂纸省，应直接用800#砂纸省掉批锋即可。

（3）粗公的要求是：省掉锣刀纹和批锋即可。精公的要求是：除了将锣刀纹及批锋去掉，还要把纹路拉直、拉亮，以便火花机在加公时达到要求。

（4）省好的铜公要用手重新自检一遍，确认"OK"后流入下一道工序。

 实训考核与评价

一、考核检验（见表8-7）

表8-7　考核评价表

评价项目及标准		配　分	等级评定			
			A	B	C	D
学习态度	1. 虚心学习	10				
	2. 组员的交流、合作	10				
	3. 实践动手操作的主动积极性	10				
操作规范	1. 遵守工作纪律，正确使用工具，注意安全操作	10				
	2. 熟悉省铜公的方法	10				
	3. 实习岗位的卫生清洁、工具的整理保管及实习场所卫生清扫的情况	10				
工件质量	1. 粗公是否存在批锋和锣刀纹	10				
	2. 幼公是否存在批锋和锣刀纹	10				
	3. 幼公纹路达到表面粗糙度要求	10				
完成情况	在规定时间内，能较好地完成所有任务	10				
合　计		100				
教师总评						

等级评定：A—优（10）；B—好（8）；C——般（6）；D—有待提高（4）。

二、收获反思（见表 8-8）

表 8-8 收获反思表

类 型	内 容
掌握知识	
掌握技能	
收获体会	
解决的问题	
学生签名	

三、评价成绩（见表 8-9）

表 8-9 评价成绩表

学 生 自 评	学 生 互 评	综 合 评 价	实 训 成 绩	
			技能考核（80%）	
			纪律情况（20%）	
			实训总成绩	
			教师签名	

任务 2 右下型芯内表面的省模

第 1 步 用氧化铝砂轮 WA400#把前 EDM 表面白层及过回火层彻底去除。

第 2 步 用油石条（由粗至幼）打磨表面如下：

180#—240#—320#—400#—600#—800#（校直平面度）—1000#

用 800#通常用作校正表面平直度，避免在其后抛光时易出现波纹。

第 3 步 用 Sic 砂纸(由粗至幼)打磨表面如下：

400#—600#—800#—1000#—1200#—1500#—2000#

预硬钢一般不建议用 1500#砂纸打磨，以防表面过热。

第 4 步 $9\mu m$ 用木条（软），$6\mu m$、$3\mu m$ 用毛毡辘，$1\mu m$ 用 100%棉，配合钻石膏进行抛光：

$9\mu m$（1800#）—$6\mu m$（3000#）—$3\mu m$（8000#）—$1\mu m$（14000#）

若要进行更精细抛光，如 $1/2\mu m$（60000#）和 $1/4\mu m$（100000#），请确保在无尘环境进行。

第 5 步 封膜包装。

注意的细节如下。

（1）用砂纸打磨时，应把砂纸黏附在木条或竹片上才能进行。

木条或竹片（硬）——适合硬度低、平面或边角打磨。

木条或竹片（软）——适合硬度高、圆面或形状复杂部位打磨。

（2）每次转换砂纸或钻石膏前，手和模面必须彻底清洗干净，工件用洗模水，工件用肥皂进行清洁。

（3）每次转换砂纸或油石条时，应改变打磨方向（45°或 90°）以确保前道磨痕被彻底去除，而且用 800#或更幼砂纸打磨时，建议打磨两次。

（4）每道打磨抛光应从难抛部位（如边角位、凹槽位）开始，尽量不要抛圆，边角位选择较硬的抛光工具进行抛光。

（5）每一种抛光工具仅能使用一种粒度的钻石膏并保存在无尘的容器中，每个盛载打磨或抛光工具的容器应只存放一种打磨抛光工具。

（6）手工抛光时，钻石膏涂于抛光工具上；机械抛光时，钻石膏涂于工件上。

（7）每一道抛光应争取在最短时间内完成，抛光力度也应随着抛光工具的硬度和钻石膏的粒度而调整，对于最幼的钻石膏，抛光压力应仅仅等于抛光工具的重量。

（8）最后一道抛光应在产品脱料方向进行，这是模具抛光的技巧之一。

（9）由砂纸转换钻石膏前，应把表面彻底清洗干净，用 100%棉加小量苯可有效地把表面油渍去除。

（10）表面未经 EDM 加工，可直接从（3）开始进行加工。另外，若表面 EDM 加工时，电介液内掺有硅粉，加工后模具表面粗糙度会提高，所以加工后可直接从（4）开始进行抛光。

（11）如模具须进行热处理，热处理前应用 400#左右砂纸预先打磨表面。

（12）如模具须进行表面氮化处理，氮化前应用 1200#左右砂纸预先打磨表面，氮化后再用 800#砂纸把氮化表面的白层（约 20μm）彻底去除。

（13）模具存放前应先喷防锈油及确保存放环境干燥无尘，以防表面被腐蚀。

（14）如抛光时发现橙皮纹，应从最后一道打磨工序（如 1200#砂纸）把所有缺陷彻底去除，然后才重新抛光。抛光时所用压力应较以前小。若抛光后仍发现橙皮纹，建议先做回火处理后，再重新打磨抛光；若抛光后依然发现橙皮纹，建议提高硬度（如允许）后再重新打磨抛光。

（15）如抛光时发现针孔，应用 400#砂纸把针孔磨掉，再重新打磨抛光。

二、省模加工右下型芯工艺

省模如图 8-1 所示的右下型芯，其加工工艺过程见表 8-10。

表 8-10 右下型芯加工工艺过程

加工工艺卡片			产品名称		产品数量		1
图 号		MJ-01-18	零件名称	右下型芯	第 页	共	页
材料种类		模具钢	材料牌号	P20	零件尺寸		63mm×19mm ×20mm
工序	工种	工步	加工内容			工具	备注
1	省模	（1）去火花纹	用氧化铝砂轮 WA400#把前面电火花加工的表面白层及过回火层彻底去除			氧化铝砂轮	
2	省模	（2）油石打磨	用油石条（由粗至幼）打磨表面			油石	
3	省模	（3）砂纸打磨	用砂纸（由粗至幼）打磨表面			砂纸、木条或竹片	
4	省模	（4）木条(软)抛光	精度为 9μm 处用木条（软）抛光			软木条	
		（5）毛轮抛光	精度为 6μm、3μm 处用毛毡辘打磨抛光			毛毡辘、打磨机	
		（6）100%棉抛光	精度为 1μm 用 100%棉打磨抛光			100%棉、打磨机	
5	省模	（5）包装	封膜包装				

 知识拓展

拓展　省模的加工规程

（1）首先，了解确定公件要省位置的重要性。看清楚外观面棱角、棱边、棱线等。

省前模平面先要看清楚范围大小，若范围大则使用较大的竹器或木器工具（油石一样分），用前后拉动头及平面靴省平面，平面靴的柄尽量放平，不要多于 25°，如果斜度太大会打出很多粗纹在表面。

（2）按表面粗细确定砂纸、油石粗细，同时确定所用锉刀纹或火花纹，锉刀用普通油石，火花纹用特别规定的 EDM 油，油石种类按工件幅度选择。

（3）省模不能同一方向省，应成"X"形式才不会令工件起线或不平，开始将底纹省至近乎清，接另一方向省，之后省至近乎清，则换较细砂纸或油石向另一个方向省，如此类推。

（4）若省镜面的话，更要将底纹省清，直至 4 个 0# 或 6 个 0# 之后，在用打磨机码上棉辘，由粗至细放上省模膏打光。

（5）注意要用清洁的细布抹模平面（打光处），若省镜（透明性胶件），更要用细棉花抹至通透照人而无线出现即可。

（6）当打光平面到直身位时，砂纸或油石应倾斜 15°～30° 打光，这样对大平面打光不至造成一条深坑。

（7）当省夹口时，首先要检查看清楚行位镶件和镶件之间是否装得平整到位，方可动手开始省，否则会省得出现变形圆口等现象。

课后练习

简答题

1. 省模工具有哪些？
2. 省模方法有哪些？
3. 省模注意事项有哪些？

岗位九

模 具 装 配

　　模具装配是模具制造过程的最后阶段，装配质量的好坏将直接影响模具的精度、寿命和各部分的使用功能。因此，在模具制造过程中，除了要保证零件的加工精度外，还必须做好模具装配工作。同时模具装配阶段的工作量比较大，对模具的生产制造周期和生产成本有较大的影响。因此，模具装配是模具制造中的重要环节。

知识目标

（1）认识模具钳工，了解模具钳工的作用。
（2）理解模具钳工的基本操作。
（3）了解注塑模具的结构。
（4）理解模具装配方法和要求。
（5）掌握注塑模具装配的工艺过程。

技能目标

（1）会使用钻床、铰刀等进行孔加工操作。
（2）会使用丝锥、板牙等进行螺纹加工操作。
（3）能利用钳工方法加工出所需的模具零件。
（4）会对注塑模具进行各部位的装配。
（5）会对装配好的模具进行调整、修配。

素质目标

（1）培养学生谦虚、细心的工作态度。
（2）培养学生勤于思考、做事认真的良好作风。
（3）培养学生责任感和事业心。
（4）培养学生良好的职业道德。

考工要求

完成本单元学习内容，达到国家模具制造工中级水平。

 单元任务

根据已加工出来的模具零部件，完成整个模具的总装配。

 任务1 **模具钳工（钻孔、扩孔、铰孔、攻螺纹、套螺纹）**

 任务布置

（1）模具钳工的基本操作。
（2）利用钳工方法加工模具零件。

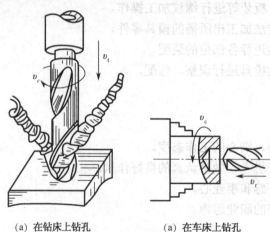 **相关理论**

知识一 钻孔加工

钻孔工作可以在一般的工具机上进行，如钻孔机、铣床、中心加工机。但是，使用一般的工具机对于大量生产的钻孔工作而言，效率及速度上会变得很低。所以，现在市场上比较通用的是用钻孔主轴头/钻孔动力头来钻孔。

钻孔是用钻头在实体材料上加工孔的方法。

钻孔是钻头与工件做相对运动来完成钻削加工的。在钻床上钻孔时，工件固定在工作台上，钻头安装在钻床的主轴孔中，主轴带动钻头做旋转运动并轴向移动进行钻削。这时，主轴的旋转运动称为主运动；主轴的轴向移动称为进给运动，如图9-1（a）所示。在车床上也可以进行钻孔，此时工件装夹在车床的主轴卡盘上，主轴带动工件旋转，称为主运动；钻头装夹在尾座的套筒中，做轴向移动，称为进给运动，如图9-1（b）所示。

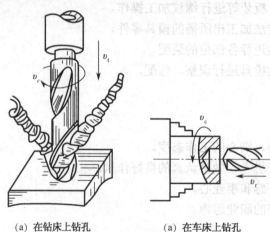

(a) 在钻床上钻孔　　　　　(a) 在车床上钻孔

图9-1　钻孔

一、钻孔设备

钻孔设备一般包括手电钻、钻床及夹具。

常用钻床有台式钻床、立式钻床和摇臂钻床。

1. 台式钻床

台式钻床是一种安放在作业台上，主轴垂直布置的小型钻床，简称台钻。一般最大钻孔直径为 13mm，如图 9-2 所示。

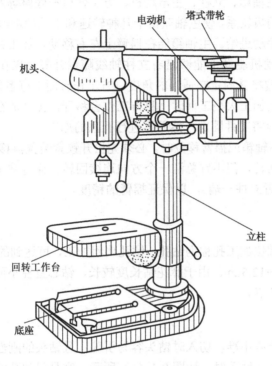

图 9-2　台式钻床

台钻由机头、电动机、塔式带轮、立柱、回转工作台和底座等部分组成。电动机通过一对塔式带轮传动，使主轴获得五种转速。机头与电动机连为一体，可沿立柱上下移动，根据钻孔工件的高度，将机头调整到适当位置后，通过手柄锁紧方能进行工作。在小型工件上钻孔时，可采用回转工作台。回转工作台可沿立柱上下移动，或绕立柱轴线做水平转动，也可以在水平面内做一定角度的转动，以便钻斜孔时使用。在较重的工件上钻孔时，可将回转工作台转到一侧，将工件放置在底座上进行。底座上有两条 T 形槽，用来装夹工件或固定夹具。在底座的 4 个角上有安装孔，用螺栓将其固定。一般台钻的切削力较小，可以不加螺栓固定。

2. 立式钻床

立式钻床是主轴箱和工作台安置在立柱上，主轴垂直布置的钻床，简称立钻。立钻的刚性好、强度高、功率较大，最大钻孔直径有 25mm、35mm、40mm 和 50mm 等几种。该类钻床可进行钻孔、扩孔、镗孔、铰孔、割端面和攻螺纹等。

立钻由主轴变速器、电动机、进给变速器、立柱、工作台、底座和冷却系统等主要部分组成。电动机通过主轴变速器驱动主轴旋转，变更变速手柄的位置，可使主轴获得多种转速。通过进给变速器，可使主轴获得多种机动进给速度，转动进给手柄可以实现手动进给。工作台上有 T 形槽，用来装夹工件或夹具，它能沿立柱导轨做上下移动。根据钻孔工件的高度，适当调整工作台的位置，然后通过压板、螺栓将其固定在立柱导轨上。底座用来安装和固定立钻，并设有油箱，为孔的加工提供切削液，以保证有较高的生产效率和孔的加工质量。

3．摇臂钻床

摇臂钻床用来对大、中型工件在同一平面内、不同位置的多孔系进行钻孔、扩镗孔、锪孔、铰孔、刮端面和攻、套螺纹等。其最大钻孔直径有 63mm、80mm、100mm 等几种。

摇臂钻床由摇臂、主轴箱、立柱、主电动机、方工作台和底座等部分组成。主电动机旋转直接带动主轴变速器中的齿轮系，使主轴获得十几种转速和十几种进给速度，可实现机动进给、微量进给、定程切削和手动进给。主轴箱能在摇臂上左右移动，加工在同一平面上且相互平行的孔系。摇臂在升降电动机驱动下能够沿着立柱轴线随意升降，操作者可手拉摇臂绕立柱转 360°，根据工作台的位置将其固定在适当的角度。方工作台面上有多条 T 形槽，用来安装中、小型工件或钻床夹具。当加工大型工件时，将方工作台移开，工件放在底座上加工，必要时可通过底座上的 T 形槽螺栓将工件固定，然后再进行孔系的加工。

使用摇臂钻床，若主轴箱或摇臂移位时，必须先松开锁紧装置再移位，然后夹紧方可使用。操作者可用手拉动摇臂回转，但不宜总沿一个方向连续回转。摇臂钻工作结束后，必须将主轴箱移至摇臂的最内端(靠近立柱一端)，以保证摇臂的精度。

二、钻孔

用钻头在工件实体部位加工孔称为钻孔。钻孔属粗加工，可达到的尺寸公差等级为 IT13～IT11，表面粗糙度为 50～12.5μm。由于麻花钻长度较长，钻芯直径小而刚性差，又有横刃的影响，故钻孔有以下工艺特点。

1．钻头容易偏斜

由于横刃的影响，定心不准，切入时钻头容易引偏；且钻头的刚性和导向作用较差，切削时钻头容易弯曲。在钻床上钻孔时，如图 9-1（a）所示，容易引起孔的轴线偏移和不直，但孔径无显著变化；在车床上钻孔时，如图 9-1（b）所示，容易引起孔径的变化，但孔的轴线仍然是直的。因此，在钻孔前应先加工端面，并用钻头或中心钻预钻一个锥坑，以便钻头定心。钻小孔和深孔时，为了避免孔的轴线偏移和不直，应尽可能采用工件回转方式进行钻孔。

2．孔径容易扩大

钻削时钻头两切削刃径向力不等将引起孔径扩大；卧式车床钻孔时的切入引偏也是孔径扩大的重要原因；此外，钻头的径向跳动等也是造成孔径扩大的原因。

3．孔的表面质量较差

钻削切屑较宽，在孔内被迫卷为螺旋状，流出时与孔壁发生摩擦而刮伤已加工表面。

4．钻削时轴向力大

这主要是由钻头的横刃引起的。试验表明，钻孔时 50%的轴向力和 15%的扭矩是由横刃产生的。因此，当钻孔直径 $d>30mm$ 时，一般分两次进行钻削。第一次钻出（0.5～0.7）d，第二次钻到所需的孔径。由于横刃第二次不参加切削，故可采用较大的进给量，使孔的表面质量和生产率均得到提高。

知识二 扩孔加工

扩孔是用扩孔钻对已钻出的孔做进一步加工，以扩大孔径并提高精度和降低表面粗糙度。扩孔可达到的尺寸公差等级为 IT11～IT10，表面粗糙度为 12.5～6.3μm，属于孔的半精加工方法，常作为铰削前的预加工，也可作为精度不高的孔的终加工。

扩孔钻的结构与麻花钻相比有以下特点。

（1）刚性较好。由于扩孔的背吃刀量小，切屑少，扩孔钻的容屑槽浅而窄，钻芯直径较大，增加了扩孔钻工作部分的刚性。

（2）导向性好。扩孔钻有 3～4 个刀齿，刀具周边的棱边数增多，导向作用相对增强。

（3）切屑条件较好。扩孔钻无横刃参加切削，切削轻快，可采用较大的进给量，生产率较高；又因切屑少，排屑顺利，不易刮伤已加工表面。

因此，扩孔与钻孔相比，加工精度高、表面粗糙度较低，且可在一定程度上校正钻孔的轴线误差。此外，适用于扩孔的机床与钻孔相同。扩孔钻如图 9-3 所示。

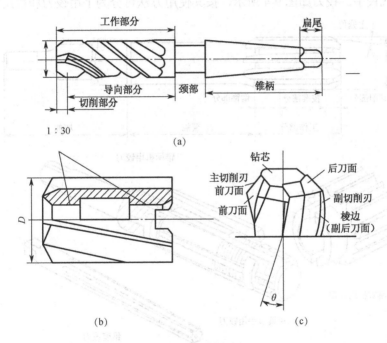

图 9-3 扩孔钻

知识三 铰孔加工

钻孔是在实体材料中钻出一个孔，而铰孔是扩大一个已经存在的孔。铰孔和钻孔、扩孔一样都是由刀具本身的尺寸来保证被加工孔的尺寸的，但铰孔的质量要高得多。铰孔时，铰刀从工件孔壁上切除微量金属层，以提高其尺寸精度和减小其表面粗糙度，铰孔是孔的精加工方法之一，常用作直径不大、硬度不太高的工件孔的精加工，也可用于磨孔或研孔前的预加工。机铰生产率高、劳动强度小，适宜于大批大量生产。

铰孔加工精度可达 IT9～IT7 级，表面粗糙度一般达 1.6～0.8μm，这是由于铰孔所用的铰刀结构特殊，加工余量小，并用很低的切削速度工作的缘故。

直径在 100mm 以内的孔可以采用铰孔，孔径大于 100mm 时，多用精镗代替铰孔。在镗床上铰孔时，孔的加工顺序一般为：钻（或扩）孔—镗孔—铰孔。对于直径小于 12mm 的孔，由于孔小，镗孔非常困难，一般先用中心钻定位，然后钻孔、扩孔，最后铰孔，这样才能保证孔的直线度和同轴度。

一般来说，对于 IT8 级精度的孔，只要铰削一次就能达到要求；IT7 级精度的孔应铰两次，先用小于孔径 0.05～0.2mm 的铰刀粗铰一次，再用符合孔径公差的铰刀精铰一次；IT6 级精度的孔则应铰削三次。

铰孔对于纠正孔的位置误差的能力很差，因此，孔的有关位置精度应由铰孔前的预加工工序予以保证，在铰削前孔的预加工时，应先进行减少和消除位置误差。例如，对于同轴度和位置公差有较高要求的孔，首先使用中心钻或点钻加工，然后钻孔，接着是粗镗，最后才由铰刀完成加工。另外铰孔前，孔的表面粗糙度应小于 3.2μm。

铰孔操作必须使用冷却液，以得到较好的表面质量并在加工中帮助排屑。切削中并不会产生大量的热，所以选用标准的冷却液即可。

铰孔常用的工具为铰杠和铰刀，铰杠是手工铰孔时夹持铰刀的工具，用它带动铰刀旋转，常用的是活络式铰手。铰刀如图 9-4 所示，按其使用方法可分为手用铰刀和机用铰刀。

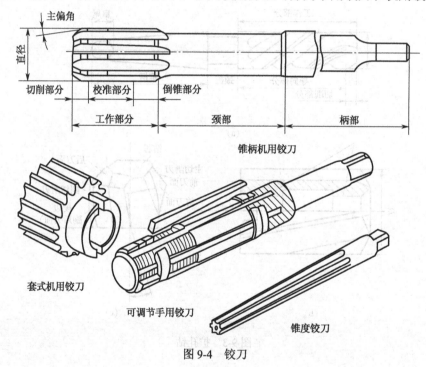

图 9-4　铰刀

铰孔加工方法如下。

1．铰削余量

铰孔前所留的铰削余量是否合适，直接影响到铰孔后的精度和粗糙度。余量过大，铰削时吃刀太深，孔壁不光，而且铰刀容易磨损。余量太小，上道工序留下的刀痕不易铰去，达不到铰孔的要求。

2．手铰圆柱孔的步骤和方法

（1）根据孔径和孔的精度要求，确定孔的加工方法和工序之间的加工余量。

（2）检查铰刀质量和尺寸，合格者装入铰手。

（3）将工件夹牢，防止变形。

（4）铰孔时，铰刀的轴线应与孔的轴线重合。

（5）两手用力均匀，按顺时针方向转动，并略微用力向下压住，何时修都不能倒转，否则切削挤住铰刀，划伤孔壁，使铰刀刀刃崩裂，达不到铰孔精度。

（6）铰孔过程中，如果转不动，不要硬转，应小心地抽出铰刀，检查铰刀是否被切屑卡住或遇到硬点，否则，会折断铰刀或使铰刀崩裂。

（7）进给量大小要适当，并不断地加切削液。

（8）铰孔完毕，要顺时针方向旋转退出铰刀。禁止倒转或停止旋转退出铰刀。

（9）在铰孔过程中，要经常注意清除粘在刀齿上的切屑，必要时可用油石将刀齿修光，否则会拉伤孔壁。

知识四 攻螺纹加工

攻螺纹是用丝锥加工内螺纹的操作。

一、丝锥和铰杠

丝锥的结构如图 9-5 所示，其工作部分是一段开槽的外螺纹。丝锥的工作部分包括切削部分和校准部分。

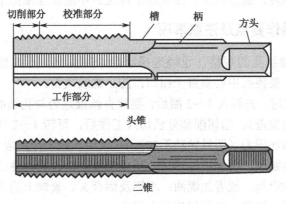

图 9-5　丝锥的结构

手用丝锥一般由两支组成一套，分为头锥和二锥。两支丝锥的外径、中径和内径均相等，只是切削部分的长短和锥角不同。头锥较长，锥角较小，约有 6 个不完整的齿，以便切入。二锥短些，锥角大些，不完整的齿约为 2 个。

铰杠是扳转丝锥的工具，如图 9-6 所示。常用的是可调节式，以便夹持各种不同尺寸的丝锥。

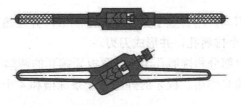

图 9-6　铰杠

二、攻螺纹操作步骤

（1）钻孔。攻螺纹前要先钻孔，攻丝过程中，丝锥牙齿对材料既有切削作用，还有一定的挤压作用，所以一般钻孔直径 D 略大于螺纹的内径，可查表或根据下列经验公式计算。

加工钢料及塑性金属时：

$$D=d-P$$

加工铸铁及脆性金属时：

$$D=d-1.1P$$

式中　d——螺纹外径（mm）；

　　　P——螺距（mm）。

若孔为盲孔（不通孔），由于丝锥不能攻到底，所以钻孔深度要大于螺纹长度，其大小按下式计算：

孔的深度=要求的螺纹长度+螺纹外径

（2）攻螺纹时，两手握住铰杠中部，均匀用力，使铰杠保持水平转动，并在转动过程中对丝锥施加垂直压力，使丝锥切入孔内 1～2 圈。

（3）用 90°角尺，检查丝锥与工件表面是否垂直。若不垂直，丝锥要重新切入，直至垂直。

（4）深入攻螺纹时，两手紧握铰杠两端，正转 1～2 圈后反转 1/4 圈。在攻螺纹过程中，要经常用毛刷对丝锥加注机油。在攻不通孔螺纹时，攻螺纹前要在丝锥上做好螺纹深度标记。在攻丝过程中，还要经常退出丝锥，清除切屑。当攻比较硬的材料时，可将头锥、二锥交替使用。

（5）将丝锥轻轻倒转，退出丝锥，注意退出丝锥时不能让丝锥掉下。

三、攻螺纹的操作要点及注意事项

（1）根据工件上螺纹孔的规格，正确选择丝锥，先头锥、后二锥，不可颠倒使用。

（2）工件装夹时，要使孔中心垂直于钳口，防止螺纹攻歪。

（3）用头锥攻螺纹时，先旋入 1～2 圈后，要检查丝锥是否与孔端面垂直（可目测或直角尺在互相垂直的两个方向检查）。当切削部分已切入工件后，每转 1～2 圈应反转 1/4 圈，以便切屑断落；同时不能再施加压力（即只转动不加压），以免丝锥崩牙或攻出的螺纹齿较瘦。

（4）攻钢件上的内螺纹，要加机油润滑，可使螺纹光洁、省力并延长丝锥使用寿命；攻铸铁上的内螺纹可不加润滑剂，或者加煤油；攻铝及铝合金、紫铜上的内螺纹，可加乳化液。

（5）不要用嘴直接吹切屑，以防切屑飞入眼内。

知识五　套螺纹加工

一、板牙和板牙架

1. 板牙（见图 9-7）

板牙是加工外螺纹的刀具，用合金工具钢 9SiGr 制成，并经热处理淬硬。其外形像一个圆螺母，只是上面钻有 3～4 个排屑孔，并形成刀刃。

板牙由切屑部分、定位部分和排屑孔组成。圆板牙螺孔的两端有 40°的锥度部分，是板牙的切削部分。定位部分起修光作用。板牙的外圆有一条深槽和 4 个锥坑，锥坑用于定位和紧固板牙。

2. 板牙架（见图 9-8）

板牙架是用来夹持板牙、传递扭矩的工具。不同外径的板牙应选用不同的板牙架。

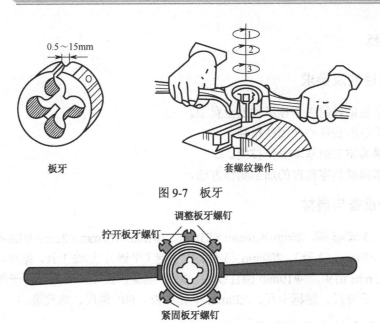

图 9-7　板牙

图 9-8　板牙架

二、套螺纹前圆杆直径的确定和倒角

1．圆杆直径的确定

与攻螺纹相同，套螺纹时有切削作用，也有挤压金属的作用。故套螺纹前必须检查圆杆直径。圆杆直径应稍小于螺纹的公称尺寸，圆杆直径可查表或按经验公式计算。

经验公式：

$$圆杆直径 = d - (0.13 \sim 0.2)p$$

式中　d——螺纹外径；

　　　p——螺距。

2．圆杆端部的倒角

套螺纹前圆杆端部应倒角，使板牙容易对准工件中心，同时也容易切入。倒角长度应大于一个螺距，斜角为 15°～30°。

三、套螺纹的操作要点和注意事项

（1）每次套螺纹前应将板牙排屑槽内及螺纹内的切屑清除干净。

（2）套螺纹前要检查圆杆直径大小和端部倒角。

（3）套螺纹时切削扭矩很大，易损坏圆杆的已加工面，所以应使用硬木制的 V 形槽衬垫或用厚铜板作为保护片来夹持工件。在不影响螺纹要求长度的前提下，工件伸出钳口的长度应尽量短。

（4）套螺纹时，板牙端面应与圆杆垂直，操作时用力要均匀。开始转动板牙时，要稍加压力，套入 3～4 牙后，可只转动而不加压，并经常反转，以便断屑。

（5）在钢制圆杆上套螺纹时要加机油润滑。

技能训练

一、实训目的及要求

（1）培养学生良好的工作作风和安全意识。

（2）培养学生的责任心和团队精神。

（3）掌握模具钳工的基本操作技能。

（4）基本掌握模具零部件的加工制作方法。

二、实训设备与器材

（1）工件：35 或 45 钢，26mm×26mm×21mm、101mm×61mm×21mm 钢板各一块作为备料。

（2）工具：250mm（2 号）、200mm（3 号）钳工锉（平锉），划线工具，锯弓，锯条，ϕ5mm、ϕ9.8mm、ϕ8.5mm 钻头，ϕ10mm 圆柱铰刀，M10 丝锥，铰械，扁錾和锤子等。

（3）量具：千分尺、游标卡尺、R30mm 半径样板、90°角尺、塞尺等。

三、实训内容与步骤（见图 9-9）

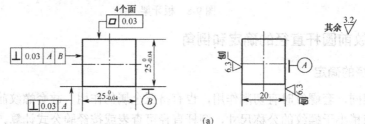

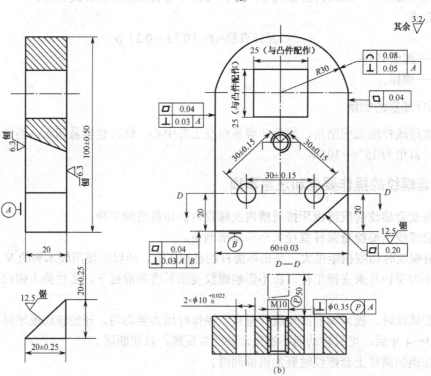

图 9-9　零件图

（1）按图 9-9（a）中的要求锉修四方体。

（2）修整内四方复合件外形基准，使互相垂直，并与大平面垂直。

（3）按图样尺寸划线，并认真校核所划线条的正确性，内四方线条可用加工好的四方体校核。

（4）钻排孔，用扁錾錾去余料，并粗锉削靠近划线线条。

（5）粗、细锉内四方至尺寸要求，并用外四方体试配，保证互换和间隙要求。

（6）细锉圆弧面至尺寸要求，并保证形位公差值。

（7）锯角至尺寸要求，注意平面度和表面粗糙度要求。

（8）钻、铰、攻螺纹，保证三孔距（30±0.15）mm 的尺寸要求及螺孔轴线与大平面的垂直度要求。

 实训考核与评价

一、考核检验

模具钳工操作的考核见表 9-1。

表 9-1　模具钳工操作的考核

项　目	序　号	考核内容及要求	检 验 结 果	得　分	备　注
操作 规范	1	工量具摆放是否规范			
	2	加工过程是否规范			
	3	有无违规操作			
工件 精度	4	尺寸精度			
	5	孔加工精度			
	6	形位公差精度			
	7	表面粗糙度			
	8	螺纹加工			

二、收获反思（见表 9-2）

表 9-2　收获反思

类　型	内　容
掌握知识	
掌握技能	
收获体会	
须解决的问题	
学生签名	

三、评价成绩（见表 9-3）

表 9-3　评价成绩

学 生 自 评	学 生 互 评	综 合 评 价	实 训 成 绩	
			技能考核（80%）	
			纪律情况（20%）	
			实训总成绩	
			教师签名	

知识拓展

拓展　螺纹基本知识

螺纹是指在圆柱表面或圆锥表面上，沿着螺旋线形成的、具有相同断面的连续凸起和沟槽，如图 9-10 所示。

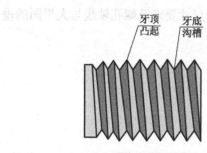

（a）牙顶：牙的顶端表面

（b）牙底：沟槽底部表面

图 9-10　螺纹

在生产实际中加工螺纹有多种方法，图 9-11 为在圆柱表面上车削螺纹的过程。在工件外表面形成的螺纹称为外螺纹，在工件内表面形成的螺纹称为内螺纹。

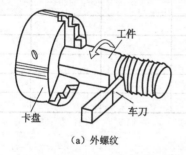

（a）外螺纹

（b）内螺纹

图 9-11　车削螺纹

一、螺纹的结构要素（摘自 GB/T 14791—1993，圆柱螺纹）

1. 螺纹牙型

在通过螺纹轴线的断面上，螺纹的轮廓形状称为螺纹牙型。常见的螺纹牙型见表 9-4。

表 9-4　常见的螺纹牙型

名称	普通螺纹	管螺纹	梯形螺纹	锯齿形螺纹	矩形螺纹
特征代号	M	G	Tr	B	无
图样	60°	55°	30°	3° 30°	

2．大径、中径、小径（见表 9-5）

表 9-5　大径、中径、小径

名　称	代　号	解　释	图　样
大径	d、D	与外螺纹的牙顶或内螺纹的牙底相重合的假想圆柱直径（即螺纹的最大直径）	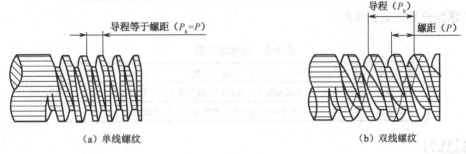
小径	d1、D1	与外螺纹的牙底或内螺纹的牙顶相重合的假想圆柱直径（即螺纹的最小直径）	
中径	d2、D2	过牙型上沟槽宽度和凸起宽度相等的地方，此假想圆柱称为中径圆柱，其母线称为中径线，其直径称为螺纹的中径	
代号（d、D）、（d1、D1）、（d2、D2）中，小写字母代表外螺纹直径，大写字母代表内螺纹直径			

3．线数

圆柱端面上螺纹的数目称为线数，用 n 表示。

沿一条螺旋线形成的螺纹称为单线螺纹；沿两条或两条以上，在轴向等距离分布的螺旋线所形成的螺纹称为多线螺纹，如图 9-12 所示。

（a）单线螺纹　　　　　　　　　　（b）双线螺纹

图 9-12　线数

4．螺距和导程（见图 9-12）

螺距（代号为 P）：相邻两牙中径线上对应两点间的轴向距离。

导程（代号为 P_h）：螺旋线形成的螺纹上的相邻两牙，在中径线上对应两点间的轴向距离。对于单线螺纹，螺距=导程；对于多线螺纹，螺距=导程/线数。

5．旋向（见图 9-13）

顺时针旋转时旋入的螺纹称为右旋螺纹。

逆时针旋转时旋入的螺纹称为左旋螺纹。

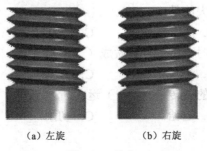

（a）左旋　　　　　　（b）右旋

图 9-13　旋向

牙型、大径、螺距、线数和旋向是确定螺纹几何尺寸的五要素。只有五要素完全相同的外螺纹和内螺纹才能相互旋合在一起。

二、螺纹的种类

1. 按标准分类（见表9-6）

表9-6 按标准分类

类　型	定　义
标准螺纹	牙型、大径、螺距均符合国家标准
特殊螺纹	牙型符合国标、大径或螺距不符合国标
非标准螺纹	牙型不符合国标

2. 按用途分类（见表9-7）

表9-7 按用途分类

类　型	牙　型
连接螺纹	普通螺纹（M）、管螺纹（G）
传动螺纹	梯形螺纹（Tr）、锯齿形螺纹（B）、矩形螺纹

3. 按螺距分类（见表9-8）

表9-8 按螺距分类

类　型	定　义
粗牙螺纹	普通螺纹大径相同时，螺距最大的一种螺纹
细牙螺纹	除了螺距最大的一种螺纹以外的其余螺纹

▌▌▌ 课后练习

一、选择题

1. 在钻削加工中，一般把加工直径在（　　）mm 以下的孔称为小孔。

　　A. 2　　　　　　　　B. 1　　　　　　　　C. 3　　　　　　　　D. 5

2. 丝锥的构造由（　　）组成。

　　A. 切削部分和柄部　　　　　　　　B. 切削部分和校准部分

　　C. 工作部分和校准部分　　　　　　D. 工作部分和柄部

3. 标准麻花钻的后角是：在（　　）内后刀面与切削平面之间的夹角。

　　A. 基面　　　　　　B. 主截面　　　　　　C. 柱截面　　　　　　D. 副后刀面

4. 对孔的粗糙度影响较大的是（　　）。

　　A. 切削速度　　　　B. 钻头刚度　　　　C. 钻头顶角　　　　D. 进给量

5. 钻头直径大于 13mm 时，柄部一般做成（　　）。

　　A. 直柄　　　　　　B. 莫氏锥柄　　　　C. 方柄　　　　　　D. 直柄锥柄都有

6. 在钻床钻孔时，钻头的旋转是（　　）运动。

　　A. 主　　　　　　　B. 进给　　　　　　C. 切削　　　　　　D. 工作

二、简答题

1. 简述铰孔的步骤和方法？
2. 攻螺纹的操作要点和注意事项？

 任务 2　模具装配的操作

 任务布置

（1）模具装配的工艺过程。
（2）模具装配的操作方法。

相关理论

知识一　模具装配概述

一、模具装配的内容和特点

根据模具装配图样和技术要求，将模具的零部件按照一定工艺顺序进行配合、定位、连接与紧固，使之成为符合制品生产要求的模具，称为模具装配，其装配过程称为模具装配工艺过程。

模具装配图及验收技术条件是模具装配的依据。构成模具的标准件、通用件及成型零件等符合技术要求是模具装配的基础。但是，并不是有了合格的零件，就一定能装配出符合设计要求的模具，合理的装配工艺及装配经验也是很重要的。

模具装配过程是按照模具技术要求和各零件间的相互关系，将合格的零件按一定的顺序连接固定为组件、部件，直至装配成合格的模具。它可以分为组件装配和总装配等。

模具装配的内容有：选择装配基准、组件装配、调整、修配、总装、研磨抛光、检验和试模、修模等工作。在装配时，零件或相邻装配单元的配合和连接，必须按照装配工艺确定的装配基准进行定位与固定，以保证它们之间的配合精度和位置精度，从而保证模具零件间精密均匀的配合、模具开合运动、其他辅助机构（如卸料、抽芯、送料等）运动的精确性，以及保证成型制件的精度和质量、模具的使用性能和寿命。通过模具装配和试模也将考核制件的成型工艺、模具设计方案和模具制造工艺编制等工作的正确性和合理性。

模具装配工艺规程是指导模具装配的技术文件，也是制订模具生产计划和进行生产技术准备的依据。模具装配工艺规程的制订可以根据模具种类和复杂程度、各单位的生产组织形式和习惯做法的具体情况可简可繁。模具装配工艺规程包括：模具零件和组件的装配顺序，装配基准的确定，装配工艺方法和技术要求，装配工序的划分，关键工序的详细说明，必备的二级工具和设备，检验方法和验收条件等。

模具装配属单件装配生产类型，特点是工艺灵活性大，大都采用集中装配的组织形式。模具零件组装成部件或模具的全过程都是由一个工人或一组工人在固定的地点来完成。模具装配手工操作比重大，要求工人有较高的技术水平和多方面的工艺知识。

二、模具装配精度要求

模具的装配精度是确定模具零件加工精度的依据。一般由设计人员根据产品零件的技术要求、生产批量等因素确定。模具的装配精度可以分为模架的装配精度、主要工作零件及其他零件的装配精度。模具装配精度包括以下几个方面的内容。

（1）相关零件的位置精度。例如，定位销孔与型孔的位置精度；上、下模之间，动、定模之间的位置精度；凸模、凹模，型腔、型孔与型芯之间的位置精度等。

（2）相关零件的运动精度。它包括直线运动精度、圆周运动精度及传动精度。例如，导柱和导套之间的配合状态，顶块和卸料装置的运动是否灵活可靠，送料装置的送料精度。

（3）相关零件的配合精度。相互配合零件的间隙或过盈量是否符合技术要求。

（4）相关零件的接触精度。例如，模具分型面的接触状态如何，间隙大小是否符合技术要求，弯曲模、拉深模的上下成型面的吻合一致性等。

模具装配精度的具体技术要求参考相应的模具技术标准。

知识二　注塑模具装配

一、注塑模具装配工艺要求

注塑模具装配是注塑模具制造过程中重要的后工序，模具质量与模具装配紧密联系，模具零件通过铣、钻、磨、CNC、EDM、车等工序加工，经检验合格后，就集中装配工序上；装配质量的好坏直接影响到模具质量，是模具质量的决定因素之一；没有高质量的模具零件，就没有高质量的模具；只有高质量的模具零件和高质量的模具装配工艺技术，才有高质量的注塑模具。注塑模具装配工艺技术控制点多，涉及方方面面，易出现的问题点也多。另外，模具周期和成本与模具装配工艺也紧密相关。《注塑模具装配工艺规范》针对在注塑模具装配工序上所可能发生的技术点做出规范，注塑模具装配分为部装和总装，其工艺技术要求如下。

（1）装配好的模具其外形和安装尺寸应符合装配图样所规定的要求。

（2）定模座板上平面与动模座板下平面要平行，平行度≤0.02/300。

（3）装配好的模具成型位置尺寸应符合装配图样规定要求，动、定模中心重复度≤0.02mm。

（4）装配好的模具成型形状尺寸应符合装配图样规定要求，-0.05mm≤最大外形尺寸误差≤0.05mm。

（5）装配好的模各封胶面必须配合紧密，间隙小于该模具塑料材料溢边值50%，避免各封胶面漏胶产生披峰。保证各封胶面有间隙排气，能保证排气顺畅。

（6）装配好的模具各碰、插穿面配合均匀到位，避免各碰、插穿面烧伤或漏胶而产生披峰。

（7）注塑模具所有导柱、导套之间的滑动平稳顺畅，无歪斜和阻滞现象。

（8）注塑模具所有滑块的滑动平稳顺畅，无歪斜和阻滞现象，复位、定位准确可靠，符合装配图样所规定的要求。

（9）注塑模具所有斜顶的导向、滑动平稳顺畅，无歪斜和阻滞现象，复位、定位准确。

（10）模具浇注系统须保证浇注通道顺畅，所有拉料杆、限为杆运动平稳顺畅可靠，无歪斜和阻滞现象，限位行程准确，符合装配图样所规定的要求。

（11）注塑模具顶出系统所有复位杆、推杆、顶管、顶针运动平稳顺畅，无歪斜和阻滞现象，限位、复位可靠。

（12）注塑模具冷却系统运水通道顺畅，各封水堵头封水严密，保证不漏水、渗水。

（13）注塑模具各种外设零配件按总装图样技术要求装配，先复位机构动作平稳可靠，复位可靠；油缸、汽缸、电器安装符合装配图样所规定的要求，并有安全保护措施。

（14）注塑模具各种水管、气管、模脚、锁模板等配件按总装图样技术要求装配，并有明确标志，方便模具运输和调试生产。

二、注塑模具装配工量具（见表9-9）

表9-9　装配工量具

设备种类	设备名称	加工范围 测量范围	技术特点	备注
设备	起重设备	10T～20T	运输、起重、FIT模	
	普通铣床		铣削加工规则面	
	摇臂钻床		加工螺孔、过孔、冷却孔、顶针孔	
	台式钻床		加工螺孔、过孔、冷却孔、顶针孔	
	平面磨床		磨削规则面加工	
	翻模机		大型模具翻转	
	切针机		切割顶针、销钉等圆柱形零件	
	电动打磨机		修配型面、碰穿面、插穿面	
	气动打磨机		修配型面、碰穿面、插穿面	
刀具、工具	白钢铣刀		粗铣、半精铣削规则面	
	合金铣刀		半精铣、精铣削规则面	
	普通钻咀		加工螺孔、过孔、冷却孔、顶针孔	
	加长钻咀		加工大型镶件冷却孔、顶针孔	
	平锉		去除加工毛刺	
	金刚锉		修配型面、碰穿面、插穿面	
	异型金刚锉		修配型面、碰穿面、插穿面	
	铜锤		校正工件、FIT模	
	砂轮打磨头		修配型面、碰穿面、插穿面	
	金刚打磨头		修配型面、碰穿面、插穿面	
	砂轮片		—	
	风枪		清洁零部件	
量具	游标卡尺	0.02mm	零部件检测	
	千分尺	0.01mm	零部件检测	
	深度尺	0.02mm	零部件深度尺寸检测	
	高度尺	0.02mm	画线取数	
	塞尺	0.01mm	零部件槽缝尺寸检测	
	角度尺		零部件角度尺寸检测	
	直角尺		曲尺	
	百分表	0.01mm	拖表，校正工件	
	R规		零部件R圆角尺寸检测	

三、模具零部件的组装

1. 导柱、导套的组装

导柱、导套在两板式直浇道模具中分别安装在动、定模型腔固定模板中。为保证导柱、导套合模精度，导柱、导套安装孔加工时往往采用配镗来保证安装精度。导柱、导套孔配镗示意图如图9-14所示。

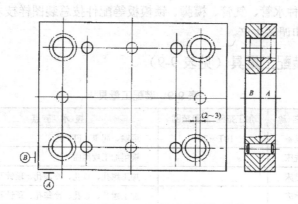

图9-14 导柱、导套孔配镗示意图

1）导柱、导套孔配镗

（1）A、B板分别完成其六个平面的加工并达到所要求的位置精度后，以A、B面作为镗削加工的定位基准。镗孔前先加工工艺销钉定位孔（以A、B面作为基准，配钻、铰后装入定位销）。180mm×180mm以内的小模具，用2个ϕ8mm销钉定位；600mm×600mm以内的中等模具用4个ϕ8mm或ϕ10mm的定位销定位；600mm以上的大模具则需要6～8个ϕ2～16mm的销钉定位。

（2）以A、B面作为基准，配镗A、B板中的导柱导套孔（先钻预孔再镗孔，镗后再扩台阶固定孔）。

（3）为保证模具使用安全，四孔中之一孔的中心应错开（2～3）mm。

（4）镗好后清除毛刺、铁屑、擦净A、B板。

2）导柱、导套的装配

（1）选A或B板，利用芯棒，如图9-15所示。在压力机上，逐个将导套压入模板。芯棒与模板的配合为H7/f7；而导套与模板的配合为H7/m6。

（2）图9-16所示为短导柱用压力机压入定模板的装配示意图。图9-17所示为长导柱压入固定板时，用导套进行定位，以保证其垂直度和同心度的精度要求。

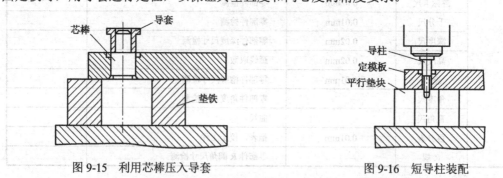

图9-15 利用芯棒压入导套   图9-16 短导柱装配

装配时，先要校正垂直度，再压入对角线的两个导柱，进行开模、合模，试其配合性能是否良好。如发现卡、刮等现象，应涂红粉观察，看清部位和情况，然后退出导柱，进行纠正，并校正后，再次装入。在两个导柱配合状态良好的前提下，再装另外两个导柱。每装一次均应进行一次上述检查。

2. 圆锥定位件的组装

采用圆锥定位件，锥面定位属导柱、导套进行一次初定位后采用的二次精定位。当模具动、定模有精定位要求时，模具常选用圆锥定位件。圆锥定位件的组装如图 9-18 所示。

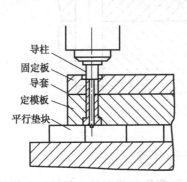

图 9-17 长导柱、导套导向装配

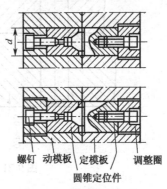

图 9-18 圆锥定位件的组装

圆锥定位件材料选用 T10A，热处理 56～60HRC。锥面应进行配研，涂红粉检验，其配合锥面的 85%以上应印有红粉，且分布均匀。

导柱、导套装入模板后，大端应高出模板 0.1～0.2mm，待成型件安装好后，在磨床上一同磨平，如图 9-19 所示。

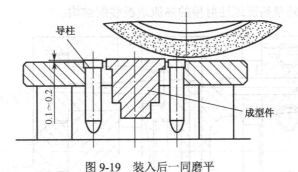

图 9-19 装入后一同磨平

3. 浇口套的组装

如图 9-20（a）为直浇口套（即大水口）的装配示意图，图 9-20（b）为点浇口型腔结构（即细水口）。浇口套装入模板后高出 0.02mm，压入后，端面与模板一起磨平。

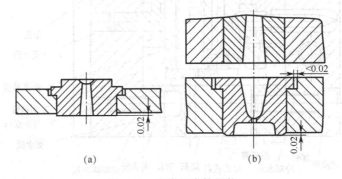

(a)　　　　　　　　(b)

图 9-20 直浇口套的组装

图 9-21 为斜浇口套的装配关系和位置。

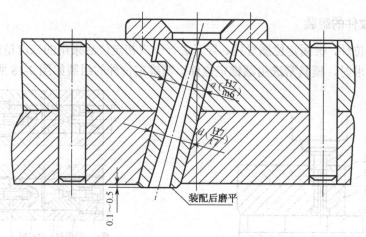

图 9-21 斜浇口套的装配关系和位置

两块模板应首先加工并装以工艺定位钉，然后采用调整角度的夹具，在镗床上镗出 dH7 的浇口套装配孔。压入浇口套时，可选用半径 R 与浇口套喷嘴进料口处的 R 相同的钢珠，用垫板(铜质）将斜浇口套压入正确装配位置。然后与模板一起将两端面磨平。为便于装配，浇口套小端有与轴心线相交的倒角或是相宜的圆角 R。

4. 热流道板的组装

图 9-22 为火花塞外罩热流道注射模的热流道板装配结构。

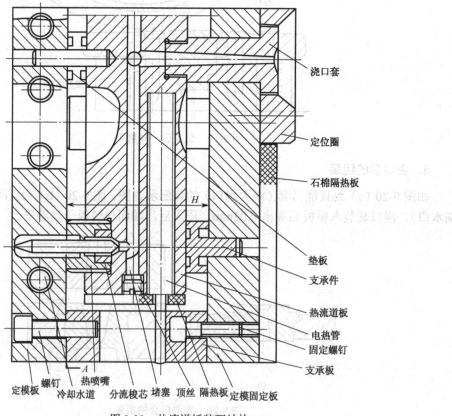

图 9-22 热流道板装配结构

装配顺序如下。

（1）件 12 依次装入件 13 之后，将 13 旋入件 5，旋紧防漏料（螺纹为细牙螺纹）。

（2）件 11 找正方向后装入件 5，用顶丝顶紧。

（3）件 1 装入件 9（H7/f7 配合），将件 2、3、4 装入件 9 之后，使件 1 小端向上，而将件 5 与件 1 小端相配合的孔向下，对准件 1 小端套入并找正（找正方法：使件 5 与件 9 左右两端长度之差异为零，即已找正、对中）。

（4）用中心销钉将件 17 装在件 5 上。

（5）此时，要测量各个件 13 端面处的高度 H 值，再测量件 17 端面处的 H 值，按最小值进行修磨，使其一致，再将件 8 高度修磨与之相同。

（6）将件 8 装在件 9 上。

（7）最后用件 15 装好件 16，插入电热管 6，并将电热管电源线接入绝缘性能良好的电源盒插座中，从而完成热流道板的装配。此时，应进行电热功率的测试和调整，使之符合设计要求为止。

热流道板中的分流道通孔和电热管安装孔(盲孔)属深孔加工，用深孔钻或枪钻在专用深孔机床上加工。分流道通孔由两端加工对接，须特别注意定位基准和定位精度（用块规定位，百分表校正），保证孔的同轴度。分流道加工后，应进行珩磨，以保证其表面质量的要求。

5. 成型镶件的组装

（1）成型镶件固定孔的加工。

A、B 板用工艺定位销定位后，在配钻、配镗导柱、导套孔的同时，配镗 A、B 板上的成型镶件固定孔。除镗削加工之外，不论固定孔是圆形孔还是矩形孔，只要是通孔，均可采用线切割加工，或铣削加工，铣削还可以加工不同深度的盲孔。成型镶件大端的台阶固定孔，可以用镗或铣加工而成。成型镶件在压力机上压入后，大端高出台阶孔 0.1～0.2mm，与模板和导柱、导套一同磨平，如图 9-23 所示。A 板上的定模型腔镶件压入后，小端应高出 A 板的分型面 1～2mm。如若是多型腔模具，所高出的 1～2mm 高度，应在磨床上一齐磨平，保证等高。

（2）A、B 板上的成型镶件固定孔在加工之前，应检验其位置精度：成型镶件固定孔与两端面（分型面）的垂直度为 0.01～0.02mm；两孔的同轴度为 0.01～0.02mm。

（3）成型镶件孔若为复杂的异形孔，则通孔用线切割加工或数控铣加工；盲孔则只能用数控铣粗加工、半精加工、成型磨精加工。

6. 斜滑块（哈夫拼合件）的组装

斜滑块（哈夫拼合件）的组装，如图 9-24 所示。

（1）斜滑块的固定锥孔的锥面应保证与斜滑块件 1 和件 2 的斜面密合，涂红粉检验应符合其配合锥面的 85%以上应印有红粉，且分布均匀的要求。锥面小端有 2～3mm 高的直孔，作为斜面加工的装配"让刀"，起退刀槽作用。

（2）哈夫拼合件若为圆锥体，可备以两块料，加工好配合面，并对配合面进行研磨，使之完全密合。通过工艺销定位后，则可以车削、磨削加工而成，高度上留磨削余量。

（3）哈夫拼合件若为矩形件，则用夹具按斜度要求校平后先铣后磨，完成两斜面的加工，高度留余量。然后用线切割从中切开，一分为二，将切口研平。

（4）两定位销孔在未加工斜面之前先钻、后铰。

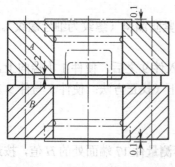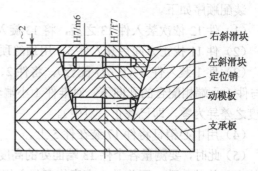

图 9-23　成型镶件固定孔的加工　　　　　　图 9-24　斜滑块装配

（5）装配后，哈夫拼合件大端高出固定孔上端面（即分型面）1~2mm，哈夫拼合件应倒 60°角。小端应比固定孔的下平面凹进 0.01~0.02mm。

（6）采用红粉检验：垂直分型面应均匀密合，两斜面或圆锥面与孔应有 85%印有红粉且分布均匀。三瓣合斜滑块的加工、装配工艺和技术要求与哈夫拼合件完全相同。

7. 多件镶拼型腔的装配

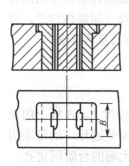

多件镶拼型腔的装配，如图 9-25 所示，装配要点如下。

（1）俯视图所示的四角处，装配孔的 R 尺寸应比镶入的镶拼件的圆角 R_1 小 0.6~1.6mm。

（2）装配尺寸精度为 H7/m6 或 H7/n6。

（3）宽度尺寸为 B，三镶件应同时磨，保证一致。

（4）高度尺寸留余量，小端倒角，压入后两端与模板一同磨平。

（5）压力机压入。

图 9-25　多件镶拼型腔

（6）装配前检验固定孔的垂直度为 0.01~0.02mm。镶拼件上的成型面分开抛光，达到要求后再进行装配压入。

8. 型芯的组装

图 9-26 为型芯的组装示意图。图 9-26（a）中，正方形或矩形型芯的固定孔四角，加工时应留有 R0.3 的圆角为宜，型芯固定部位的四角则应有 R_1=0.6~0.8mm 的圆角为宜。型芯大端装配后磨平。装配压入时用液压机，固定模板一定要放置水平位置，打表校平后，才能进行装配。当压入 1/3 后，应校正垂直度，再压入 1/3，再校正一次垂直度，以保证其位置精度。图 9-26（b）中，固定台阶孔小孔入口处倒角 1×45°，以保证装配。

如图 9-27 所示，型芯的装配配合面与成型面同为一个平面，加工简便，但不正确。因压入时，成型面通过装配孔后，将成型面表面破坏。正确的装配方法应当如图 9-28 所示。图 9-28（a）的成型面有 30′~2° 的脱模斜度，其配合部位尺寸应当比成型部位的大端相同或略大 0.1~0.3mm。如与大端尺寸相同，则装配孔下端入口处应有 1°的斜度、高度 3~5mm。这样压入时，成型面不会被擦伤，可保证装配质量（六方型芯如有方向要求，则大端应加工定位销）。图 9-28（b）中的型芯为铆装结构，特点是：型芯只是大端进行局部热处理，小端保持退火状态，便于铆装。小端装配孔入口处应倒角或圆角，便于进入。小端与孔的配合只能用 H7/K6 的过渡配合，切不可用 H7/m6 的过盈配合，否则压入时，小端较软会变形弯曲。小端装配时，用木质或铜质手锤轻轻敲入，成型面上端应垫木方或铜板。

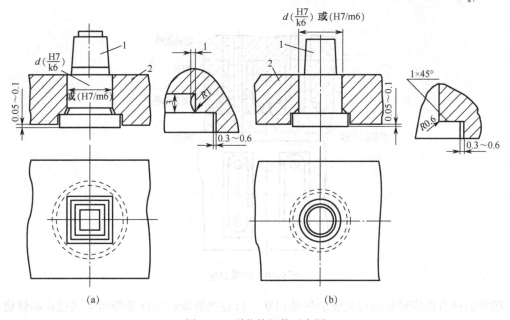

图 9-26　型芯的组装示意图

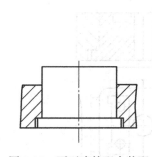

图 9-27　不正确的配合装配

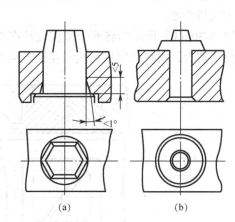

图 9-28　正确的配合装配

9．多件整体型腔凹模的装配

图 9-29 所示在成型通孔时，型芯 2 穿入件 1 孔中。在装配时，先以此孔作为基准，插入工艺定位销钉，然后套上推块件 4，作为定位套，压入型腔凹模件 3。而件 5 上的型芯固定孔，以件 4 的孔作为导向，进行反向配钻，配铰即可。

10．单型腔与双型腔拼块的镶入装配（见图 9-30）

图 9-30（a）所示为单型腔拼块的镶拼装配。矩形型腔拼合面在热处理后须经修平后才能密合，因此矩形型腔热处理前应留出修磨量，以便热处理后进行修磨，最后达到要求尺寸精度。修磨法有二：其一，如果拼块材料是 SCM3、SCM21 或 PDS5 等易切钢，预硬热处理后硬度为 40～45 HRC，用硬质合金铣刀完全可以加工、修理，也可用砂轮更换铣刀，在铣床上精磨出所需型腔。其二，如果材料为非易切钢，热处理硬度超过 50HRC 而难以切削加工，则可用电火花加工精修后抛光，也可达到要求。

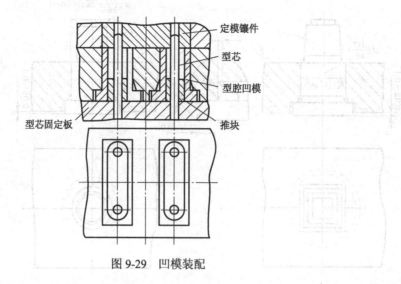

图 9-29　凹模装配

　　镶拼的拼合面应避免出现尖锐的锐角形状，以免热处理时出现变形而无法校正和修磨，故不能按型腔内的斜面作为全长的斜拼合面（点画线位置），而应当做成如图 9-30 所示的实线表示的 Y 向拼合面。

　　图 9-30（b）所示为将两个型腔设计在镶拼的两块镶件上，便于加工，但拼合面应精细加工，使其密合。拼块装配后两端与模板一同磨平。

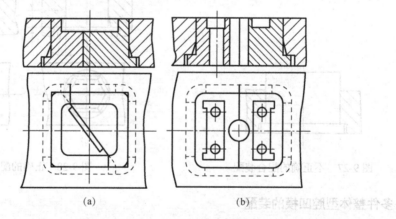

(a)　　　　　　　　　　　　　　(b)

图 9-30　单、双型腔拼块的装配

11. 侧抽芯滑块的装配

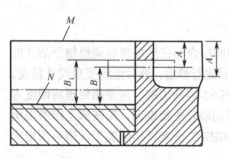

图 9-31　抽芯滑块装配

　　如图 9-31 所示，型腔镶件按 H7/K6 配合装入模板（圆形镶件则应装定位止转销）后，两端与模板一同磨平。装入测量用销钉，经测量得 A_1 和 B_1 的具体尺寸，计算得出 A、B 之值 $A+B+\varDelta$（修磨量）=侧滑块高，侧滑块上的侧型芯中心的装配位置即是尺寸 A、B。同理可量出滑块宽度和型芯在宽度方向的具体位置尺寸。滑块型芯与型腔镶件孔的配制见表 9-10。

表 9-10　滑块型芯与型腔镶块孔的配制

结构形式	结构简图	加工示意图	说　明
圆形的滑块型芯穿过型腔镶块	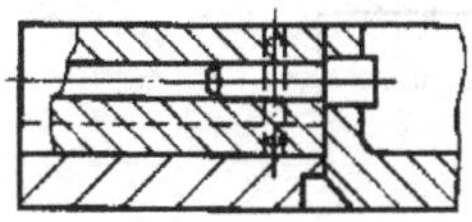	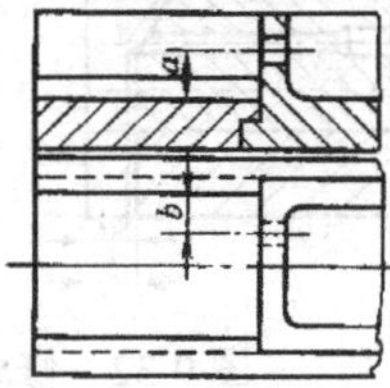 　(a) 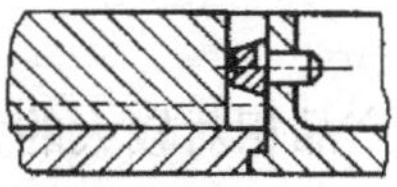　(b)	方法一如图（a）所示 1. 测量出 a 与 b 的尺寸 2. 在滑块的相应位置，按测量的实际尺寸，镗型芯安装孔。如孔尺寸较大，可先用镗刀镗 $\phi(6\sim10)$ mm 的孔，然后在车床上校正孔后车制 方法二如图（b）所示 利用二类工具压印，在滑块上压出中心孔与一个圆形印，用车床加工型芯孔时可校正此圆
非圆形滑块型芯，穿过型腔镶块	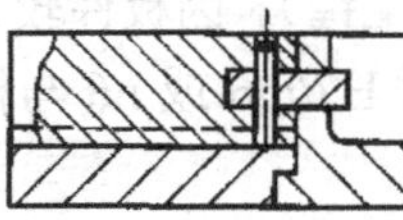	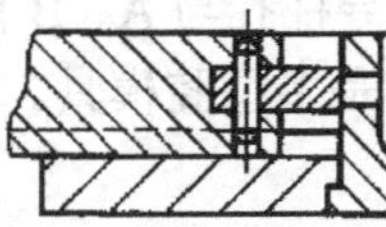	型腔镶块的型孔周围加修正余量。滑块与滑块槽正确配合以后，以滑块型芯对动模镶块的型孔进行压印，逐渐将型孔进行修正
滑块局部伸入型腔镶块	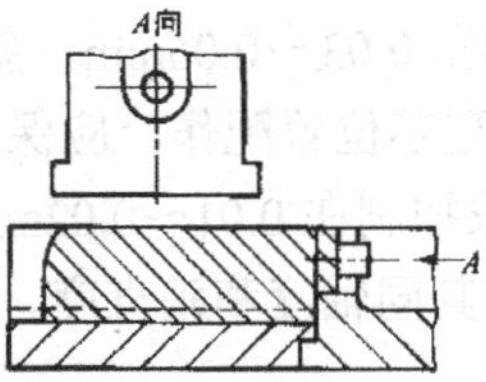	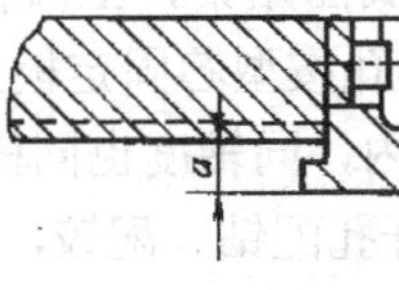	先将滑块和型芯镶块的镶合部分修正到正确的配合，然后测量得出滑块槽在动模板上的位置尺寸，按此尺寸加工滑块槽

12. 楔紧块的装配和修磨

楔紧块的装配方法见表 9-11。楔紧块斜面的修磨量如图 9-32 所示，修磨后涂红粉检验，要求 80% 的斜面印有红粉，且分布均匀。

表 9-11　楔紧块的装配方法

楔紧块形式	简　图	装　配　方　法
螺钉、销钉固定式	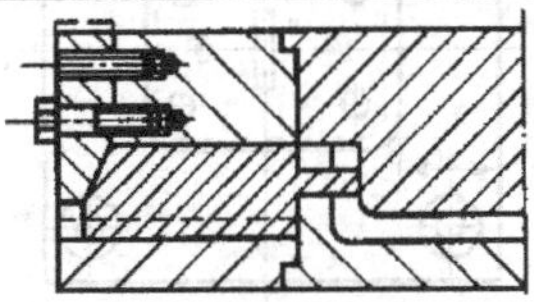	1. 用螺钉紧固楔紧块 2. 修磨滑块斜面，使与楔紧块斜面密合 3. 通过楔紧块，对定模板复钻、铰销钉孔，然后装入销钉 4. 将楔紧块后端面与定模板一起磨平
镶入式	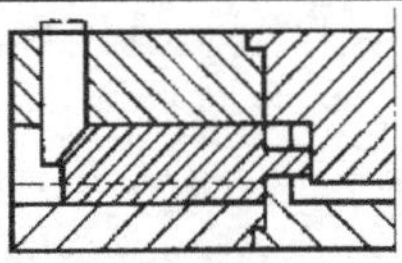	1. 钳工修配定模板上的楔紧块固定孔，并装入楔紧块 2. 修磨滑块斜面 3. 楔紧块后端面与定模板一起磨平
整体式	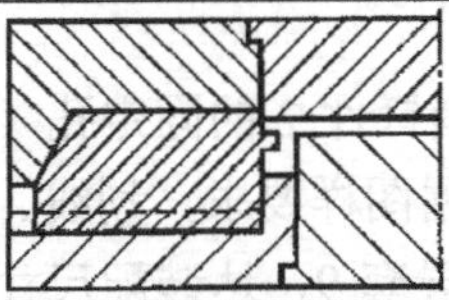	1. 修磨滑块斜面（带镶片式的可先装好镶片，然后修磨滑块斜面） 2. 修磨滑块，使滑块与定模板之间具有 0.2mm 间隙。两侧均有滑块时，可分别逐个予以修正
整体镶片式	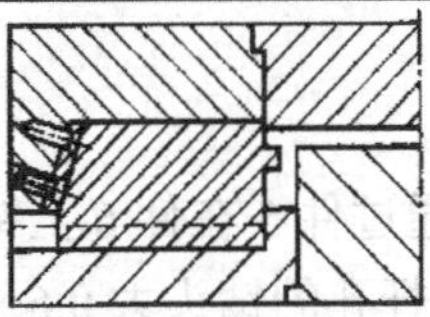	

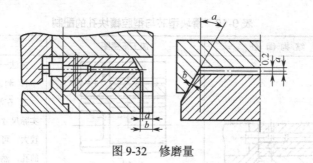

图 9-32　修磨量

13．脱模推板的装配

脱模推板一般有两种，一种是产品相对较大的大推板或是多型腔的整体大推板，其大小与动模型腔板和支承板相同。这类推板的特点是：推出制品时，其定位是四导柱定位，即在推出制品的全过程中，始终不脱离导柱（导柱孔与 A、B 板一起配镗）。因板件较大，与制品接触的成型面部分，多采用镶套结构，尤其是多型腔模具。镶套用 H7/m6 或 n6 与推板配合装紧，大镶套多用螺钉固定。

另一类是产品较小，多用于小模具、单型腔的镶入式锥面配合的推件板，如图 9-33 所示。镶入式推板与模板的斜面配合应使底面贴紧，上端面高出 0.03～0.06mm，斜面稍有 0.01～0.02mm 的间隙无妨。推板上的型芯孔按型芯固定板上的型芯位置配作，应保证其对于定位基准底面的垂直度在 0.01～0.02mm 之内，同轴度也同样要求控制在 0.01～0.02mm 之内。推板底面的推杆固定螺孔，按 B 板上的推杆孔配钻、配铰，保证其同轴度和垂直度。

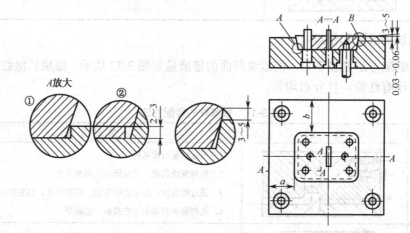

图 9-33　推件板装配

14．推出机构的装配

1）推出机构导柱、导套的装配（见图 9-34）

将件 7、件 8 在件 6 上划线取中后，配钻、铰工艺销钉件 2 的固定孔（根据模具的大小，工艺销钉定位可取 4 个、6 个或 8 个），装定位销。再根据图样要求，划线、配钻、配铰导柱孔（从件 6 向件 7、件 8 镗之后，在件 7、件 8 上扩孔至导套 9，达装配尺寸要求，将导套压入件 7）。

2）推杆的安装（见图 9-35）

图 9-35（a）中，件 1 与件 6 用销钉定位，定位后，通过件 5 在件 6 上钻出推杆孔。图 9-35（b）中，件 6、件 7 用销钉 2 定位后，换钻头（比件 5 顶杆孔的钻头大 0.6～1mm）对件 6 上的

顶杆孔扩孔。同时一并钻出件 7 上的顶杆通孔。卸下件 7，翻面扩顶杆大端的固定台阶孔。从而完成顶杆固定板、支承板、定模板型腔镶件上顶杆孔和顶杆过孔的加工。件 1 在下，件 6、件 7 依次叠放（件 7 装导套，套入导柱上），插入推杆、复位杆（复位杆的加工、安装与推杆相同）再装上件 8，件 7、件 8 用螺钉紧固。

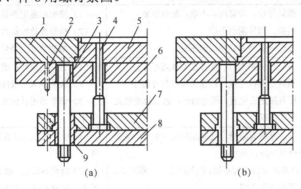

图 9-34 推出机构导柱、导套的装配

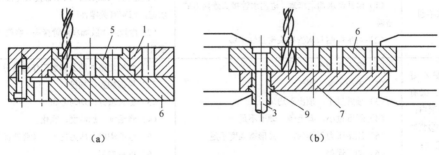

图 9-35 推杆的安装

15. 耐磨板斜面精定位的装配

（1）圆锥形锥面。圆锥形锥面内，外圆均可采用车削加工后，再用锥度砂轮精磨，然后镶入耐磨板。定模的下端面，动模的上端面一起磨平。应保证 *A*、*B*、*C*、*D*、*E* 五面的相互平行度误差不超过 0.01～0.02mm 的范围。动、定模耐磨板的斜面配合处应密合。动、定模耐磨板定位的装配如图 9-36 所示。

（2）矩形斜面。矩形斜面可先铣后磨，再装耐磨板。镶拼结构易于加工。小模具可采用整体结构。动、定模耐磨板的斜面配合处应密合。此结构优点是定位精度高，耐磨、寿命长，磨损后易于修理和更换。

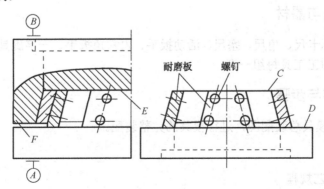

图 9-36 动、定模耐磨板定位的装配

知识三 模具装配常见缺陷、产生原因和调整方法（见表9-12）

表9-12 常见缺陷与调整

注塑模装配缺陷	产生原因	调整方法
模具开闭顶出复位动作不顺	（1）模架导柱、导套滑动不顺，配合过紧 （2）斜顶、顶针滑动不顺 （3）复位弹簧弹力或预压量不足	（1）修配或者更换导柱、导套 （2）检查并修配斜顶、顶针配合 （3）增加或者更换弹簧
模具与注塑机不匹配	（1）定位环位置不对、尺寸过大或过小 （2）模具宽度尺寸过大；模具高度尺寸过小 （3）模具顶出孔位置、尺寸错误；强行拉复位孔位置、尺寸错误	（1）更换定位环；调整定位环位置尺寸 （2）换吨位大一级注塑机；增加模具厚度 （3）调整顶出孔位置、尺寸；调整复位孔位置、尺寸
制件难填充难取件	（1）浇注系统有阻滞，流道截面尺寸太小，浇口布置不合理，浇口尺寸小 （2）模具的限位行程不够，模具的抽芯行程不够，模具的顶出行程不够	（1）检查浇注系统各段流道和浇口，修整有关零件 （2）检查各限位、抽芯、顶出行程是否符合设计要求，调整不符合要求的行程
模具运水不通或漏水	（1）模具运水通道堵塞，进出水管接头连接方式错误 （2）封水胶圈和水管接头密封性不够	（1）检查冷却系统进出水管接头连接方式及各段水道，修整有关零件 （2）检查封水胶圈和水管接头，修整或更换有关零件
制件质量不好（①有飞边；②有缺料；③有顶白；④有拖花；⑤变形大；⑥级位大；⑦溶接线明显）	（1）配合间隙过大 （2）走胶不畅，困气 （3）顶针过小，顶出不均匀 （4）斜度过小，有毛刺，硬度不足 （5）注塑压力不均匀，产品形态强度不足 （6）加工误差 （7）离浇口远，模温低	（1）合理调整间隙及修磨工作部分分型面 （2）局部加胶，加排气 （3）加大顶针，均匀分布 （4）修毛刺，加斜度，氮化 （5）修整浇口，压力均匀，加强产品强度 （6）重新加工 （7）改善浇口，加高模温

 技能训练

一、实训目的及要求

（1）培养学生良好的工作作风和安全意识。
（2）培养学生的责任心和团队精神。
（3）掌握模具装配的基本操作技能。
（4）掌握模具装配时零部件修配方法。

二、实训设备与器材

工具条件：游标卡尺、角尺、塞尺、活动扳手、内六角扳手、一字旋具、平行铁、台虎钳、锤子、铜棒等常用钳工工具每组一套。

三、实训内容与步骤

根据图9-37的模具总装配图，进行模具的完整装配。

1. 准备阶段

1）熟悉装配工艺规程

注塑模的装配工艺规程是模具装配工艺过程和操作方法的工艺文件，也是指导模具装配工作的技术文件，是进行装配生产计划及技术准备的依据。因此，在装配前工人必须认真阅读装配工艺规程，了解并掌握所要装配模具的全过程。

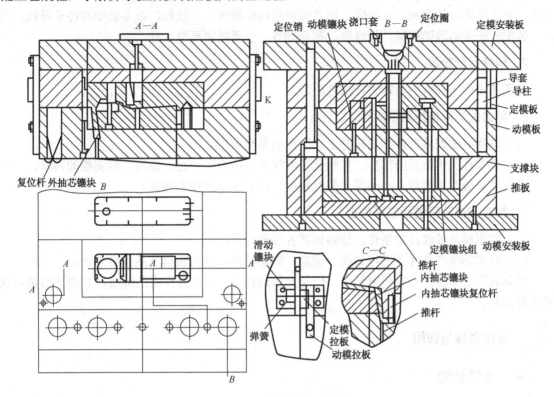

图 9-37　模具总装配图

2）彻底了解总装图

总装图是进行模具装配的主要依据。一般来说，模具的结构在很大程度上决定了模具的装配顺序和方法。深入分析总装图、部装图及零件图，可以深入了解模具的结构特点和工作性能；了解模具中各零件的作用和它们之间的相互关系、配合要求及连接方式，从而确定合理的装配基准，再结合工艺规程制订装配方法和装配顺序。

3）检查核对零件

根据总装图上的零件明细表，清点零件数量是否够数，随后将各个零件仔细清洗干净，再仔细检查主要零件，如型腔的形状和尺寸公差，查明各部位配合面的间隙、加工余量、有无变形和裂纹缺陷等。

4）掌握模具验收技术条件

模具的验收技术条件是模具质量标准及验收依据，也是装配时的工艺依据。这个验收技术条件主要是与客户签订的技术协议书和产品图的技术要求及参照国家颁布的质量标准，所以在装配前，工人必须对这些技术条件进行充分了解，这样才能在装配时充分注意，以装配出合格模具来。

5）开拓装配场地

装配模具时，要有一个良好的装配场地，该场地必须干净整洁，不能有任何杂物存在，同时要将装配所用的必要的工、夹、量具及其他所需的装配设备准备好，并擦拭干净，开辟一个文明生产的场地。

6）准备好标准件及相关材料

每一套模具都有很多标准件，如螺钉、销钉、螺母、弹簧等，它们数量虽不很多，但规格很多，为了装配时的顺利，在装配之初必须将这些标准件一一找好，以备装配时便于寻找，另外，装配时所需的辅助材料，如橡胶、黏合剂等，也要按需要准备好。

2．组件装配阶段

按照各零件所具有的功能进行部件组装。

3．总装配阶段包括以下内容

（1）选择好装配基准件，安排好上、下模的装配顺序。

（2）将零件及组装后的部件，按照装配顺序组装结合在一起，成为一副完整的模具。

（3）模具装配完成后，必须保证装配精度，达到规定的技术要求。

4．检验调试阶段包括以下内容

（1）按照模具验收技术条件，检验模具各部分功能。

（2）在实际生产条件下进行试模、调整、修正模具，直到模具产品合格为止。

模具装配的流程虽然看起来简单，但是操作过程中，需要操作者的细心，且要严格按照规格进行安装。

 实训考核与评价

一、考核检验

模具装配操作的考核见表 9-13。

表 9-13　模具钳工操作的考核

项　目	序　号	考核内容及要求	检验结果	得　分	备　注
操作规范	1	工量具摆放是否规范			
	2	装配过程是否规范			
	3	有无违规操作			
模具装配指标	4	完成装配进度			
	5	上、下模完整			
	6	模具零部件有无损坏			
	7	装配步骤合理、清晰			
	8	装配过程有无返工			

二、收获反思（见表 9-14）

表 9-14　收获反思

类　型	内　容
掌握知识	
掌握技能	
收获体会	
需解决问题	
学生签名	

三、评价成绩（见表 9-15）

表 9-15 评价成绩

学 生 自 评	学 生 互 评	综 合 评 价	实 训 成 绩	
			技能考核（80%）	
			纪律情况（20%）	
			实训总成绩	
			教师签名	

▮▮▮ 课后练习

1. 做好装配工作有哪些要求？
2. 编制装配工艺规程时需要哪些原始资料？

模具试模

试模是指在产品开发和制造流程中在产品完成模具制作后、批量生产前所进行的测试注塑步骤。模具在完成所有配件并装配完毕后，要通过实际的注塑并得到注塑样品，然后通过样品检测才能确定模具的制作是否完全符合设计要求。如果注塑样品完全符合设计要求，则表明模具制作没问题可以投入批量注塑生产；否则就要根据样品反馈的问题进行模具的改模。根据改模情况的不同，试模可能会在批量生产前多次进行，直到模具完全改正所有问题。

知识目标

（1）了解模具的生产流程。
（2）了解注塑机的结构及工作原理。
（3）掌握常用塑料的使用性能和产品特性。
（4）能对塑件产品进行分析，并找出模具相应的问题。

技能目标

（1）会在注塑机上安装、调试模具。
（2）会操作注塑机并利用模具生产出塑件。

素质目标

（1）培养学生谦虚、细心的工作态度。
（2）培养学生勤于思考、做事认真的良好作风。
（3）培养学生责任感和事业心。
（4）培养学生良好的职业道德。

考工要求

完成本单元学习内容，达到国家模具制造工中级水平。

任务1 注塑机的操作

任务布置

（1）注塑机的操作。
（2）注塑机的日常保养和维护。

相关理论

知识一　注塑机的结构

注塑机又名注射成型机或注射机。它是将热塑性塑料或热固性塑料利用塑料成型模具制成各种形状的塑料制品的主要成型设备。注塑机能加热塑料，对熔融塑料施加高压，使其射出而充满模具型腔。

注塑机通常由注射系统、合模系统、液压传动系统、电气控制系统、润滑系统、加热和冷却系统、安全监测系统等组成。

1．注射系统

注射系统的作用：注射系统是注塑机最主要的组成部分之一。目前应用最广泛的是螺杆式。其作用是在注塑料机的一个循环中，能在规定的时间内将一定数量的塑料加热塑化后，在一定的压力和速度下，通过螺杆将熔融塑料注入模具型腔中。注射结束后，对注射到模腔中的熔料保持定型。

注射系统由塑化装置和动力传递装置组成。螺杆式注塑机塑化装置主要由加料装置、料筒、螺杆、射嘴部分组成。动力传递装置包括注射油缸、注射座移动油缸及螺杆驱动装置（熔胶马达）。

2．合模系统

合模系统的作用：合模系统的作用是保证模具闭合、开启及顶出制品。同时，在模具闭合后，给予模具足够的锁模力，以抵抗熔融塑料进入模腔产生的模腔压力，防止模具开缝，造成制品的不良现状。

合模系统主要由合模装置、调模机构、顶出机构、前后固定模板、移动模板、合模油缸和安全保护机构组成。

3．液压系统

液压传动系统的作用是为注塑机提供动力，以完成工艺过程要求的各种动作并满足注塑机各部分所需压力、速度、温度等的要求。它主要由各自种液压元件和液压辅助元件所组成，其中，油泵和电动机是注塑机的动力来源。各种阀控制油液压力和流量，从而满足注射成型工艺各项要求。

4．电气控制系统

电气控制系统与液压系统合理配合，可实现注射机的工艺过程要求（压力、温度、速度、时间）和各种程序动作。主要由电器、电子元件、仪表、加热器、传感器等组成。一般有四种控制方式：手动、半自动、全自动、调整。电气控制系统原理如图 10-1 所示。

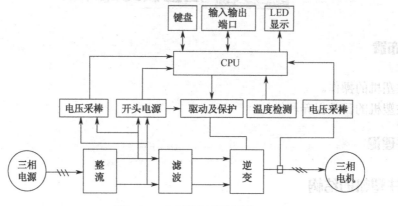

图 10-1　电气控制系统原理

5. 加热/冷却系统

加热系统是用来加热料筒及注射喷嘴的，注塑机料筒一般采用电热圈作为加热装置，安装在料筒的外部，并用热电偶分段检测。热量通过筒壁导热为物料塑化提供热源；冷却系统主要是用来冷却油温，油温过高会引起多种故障出现，所以油温必须加以控制。另一处需要冷却的位置在料管下料口附近，防止原料在下料口熔化，导致原料不能正常下料。

6. 润滑系统

润滑系统是为注塑机的动模板、调模装置、连杆机铰等处有相对运动的部位提供润滑条件的回路，以便减少能耗和提高零件寿命，润滑可以是定期的手动润滑，也可以是自动电动润滑。

7. 安全保护与监测系统

注塑机的安全装置主要是用来保护人、机安全的装置，主要由安全门、液压阀、限位开关、光电检测元件等组成，实现电气—机械—液压的连锁保护。

监测系统主要对注塑机的油温、料温、系统超载，以及工艺和设备故障进行监测，发现异常情况进行指示或报警。

知识二　注塑机的种类

由于注塑制品的结构和种类比较多，所以用来成型注塑制品的注射机类型也较多。将注塑机按以下几种方式进行分类。

（1）按对原料的塑化和注射方式分类。

（2）按注射机外形结构不同分类。

（3）按注塑机的加工能力分类。

（4）按注射机的特殊用途分类。

按对原料的塑化和注射方式分类，可以将注塑机分为柱塞式、往复螺杆式和螺杆塑化柱塞注射式三种。

按注射机外形结构不同，可分为立式注塑机、卧式注塑机、角式注塑机、多模注塑机、组合式注射机。

按加工能力的大小给注射机分类，可分为超小型注射机、小型注塑机、中型注塑机、大型注射机、超大型注塑机。

按注射机的用途分类，可分为通用型注射机、排气式注射机、精密度高速注射机、塑料鞋用注射机、三注射头单模位注射机、双注射头两模位注射机。

知识三　注塑机的操作

一、控制面板和按键

控制柜控制面板如图 10-2 所示。

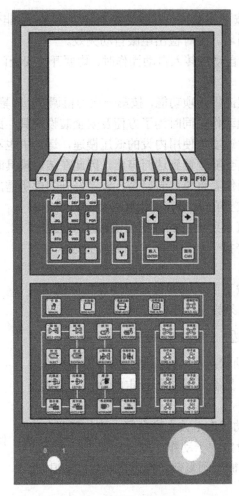

图 10-2　控制柜控制面板

此控制面板可选择不同自动模式和手动状态下操作机台动作，其利用储存在面板上的模具数据来执行动作，因此，必须确认模具数据才能够使机器安全运转。

1. 操作按钮（见图 10-3）

（1）手动键：此键具有多项功能，除了使自动状态恢复为手动，还可做警报清除及不正常状况清除，它是一个还原键。

（2）半自动键：按下此键时，机器处于自动循环，每一个循环开始，均要开关安全门一次，才能继续下一个循环。

图 10-3　操作按钮

（3）电眼自动键：按下此键时，机器处于自动循环，唯每一个循环结束时，于 4 秒内检查成品是否有掉落通过检出电眼，若无，代表成品还留在模内；此时，机器停止警报动作，屏幕将显示"脱模失败"。

（4）时间自动键：按下此键时，机器进入全自动循环，除非有警报发生，否则机器在循环结束后，即进行下一个循环。此时检出电眼自动失效。

注：凡由手动状态按下自动键转入自动操作时，均要开关安全门一次，以确保模内无异物，才进行关模。

（5）调模使用：本键提供两项功能，按第一次为粗调模，屏幕显示由手动切换为粗调模，在此状态下，调模进退才能动作，同时为了方便及安全装设模具，此时操作开关模、射出、储料、射退、座台进退的压力速度均使用内设的低压慢速，运动中也不随着位置变化而变换压力速度，但开模、储料及射退会随位置到达而停止，因此在装设模具时，请务必使用粗调模。按第二次时为自动调模，在操作者将模具装好后，设定好开关模所需的压力、速度、位置等参数后，可使用自动调模，当安全门关上后，计算机会依所设定的关模高压自动调整模厚，直至所设定的高压与实际压模压力一致才完成，当使用者听到警报一响，即是自动调模完成，可以准备下一步骤了。

如要恢复手动，直接按下手动键即可，但注意在调模状态下是无法进入自动状态的，须恢复为手动才可以。

2. 操作模式按键（左边）（见图 10-4）

（1）开模键：在手动状态下，按此键会依设定数据进行开模，若有设定中子动作，则会连锁进行设定的动作，手放开此键则开模停止。

（2）关模键：在手动状态下关上安全门，按此键即会依设定数据进行关模，若有设定中子动作，则会连锁进行设定的动作，有设定机械手，则机械手须复归，托模在前会自动退回，放开此键则关模动作停止。

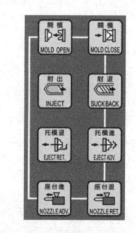

图 10-4　操作模式按键（左边）

（3）射出键：在手动状态下，当温度开关"ON"，料管温度已达到设定值，且预温时间已到，按此键则进行射出，中途会依所设定值而分段进入保压，最后为保压末段的压力及速度，放开此键则停止射出。

（4）射退键：射退启动条件与射出相同，当射出位置在射退终的位置之前，按此键则做射退动作，手放开即停止。

（5）托模退：当托模离开后退限位开关，按下此键则会将托模退回后退限位开关上。

（6）托模进：托模进动作必须在开模终的位置上，且中子均已退回，托模次数有设定前进及后退限位开关正常，按此键，会按照托模次数连续做动作。

（7）座台进：在手动状态下，任何位置座台进均可动作，可是当座台进接触座台进终的位置时，会转换为慢速前进，以防止射嘴与模具的撞击，以便达到保护模具的效果。

（8）座台退：在手动状态下，按此键，则进行座台退，接触座台退终的位置也不停止，以方便使用者清洗料管或装设模具。

3．操作模式按键（右边）（见图10-5）

（1）储料键：在手动状态下，储料启动条件与射出相同，当射出位置在储料终的位置之前时，按下此键即放开，本键会自动保持至储料完成，若在中途要停止该动作，再按一次此键即可。

（2）自动清料：操作者若欲清除料管中的残料时，按下此键，根据储料页中设定的清料次数和储料时间做自动清料的动作。

（3）公模吹气：吹气功能选用，在手动状态下按公模吹气键，可在开关模的任何位置依设定的吹气时间进行吹气。

（4）母模吹气：吹气功能选用，在手动状态下按母模吹气键，可在开关模任何位置依设定的吹气时间进行吹气。

（5）润滑：在手动状态下按下此键，则可使润滑油帮浦打开。

（6）马达开：在手动状态下，按此键则油帮浦电动机运转，再按一次则油帮浦电动机停止，自动时此键无效，状态显示画面会显示电动机图形。

（7）电热开关：在手动状态下按此键后，料管会开始送温，欲关掉电热仅再按一次即可（自动时此键无效），状态显示画面会显示电热图形。

4．模具调整按键（见图10-6）

图10-5　操作模式按键（右边）

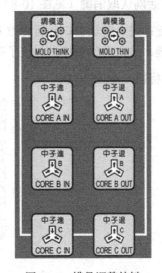

图10-6　模具调整按键

（1）调模进：当处于粗调模下，按下此键，刚开始时调模会前进一格，此处可作为微动调模，则依手按的次数而决定调模前进的距离，若手按着不放在1s后，调模一直前进做长距离的调整，而当手放开时即停止。

（2）调模退：动作方式同上，仅方向相反，此调模是往后退的，当退到极限开关处时，将会停止调退动作，以避免危险。

（3）中子 A 进、中子 A 退：中子 A 功能选用，在手动状态下按进或退键，可在开关模的任何位置，依设定的压力、速度、时间等条件进行中子 A 进退。

（4）中子 B 进、中子 B 退：中子 B 功能选用，在手动状态下按进或退键，可在开关模的任何位置，依设定的压力、速度、时间等条件进行中子 B 进退。

（5）中子 C 进、中子 C 退：中子 B 功能选用，在手动状态下按进或退键，可在开关模的任何位置，依设定的压力、速度、时间等条件进行中子 B 进退。

5. 数据设定键（见图 10-7）

当输入数据数字后，可按 Y 键，再按 ENTER 键或移动光标来确定数据输入。若要使用数字键，必须将面板后方的 KEY LOCK 短路起来才能输入。用户可设定数据数字，由于系统定义每个设定值都有最大值限制，因此当数字设定超过最大值时将无法输入，且屏幕会有设定值超过显示。

图 10-7　数据设定键

图 10-8　对话确认取消键

6. 对话确认取消键（见图 10-8）

取消键：进入对话窗口后所更改的数据都视同无效，维持原状态，并退出对话窗口。

确认键：进入对话窗口内，按了确认键后，所有变更的数据便会更新，并退出对话窗口。

7. 游标键（见图 10-9）

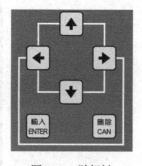

图 10-9　游标键

（1）箭头键：可利用上、下、左、右的箭头键，将光标移到要输入数据的地址上，假如使用一个键无法到达想要的地址上，可一起配合上、下、左、右的箭头键来使用，若无法利用箭头键将光标移到想要的位置上，也可利用 ENTER 键或 Y 键，一直按到想要到达的位置上。

（2）输入键：输入数值后，按此输入键后便表示要做该数据的储存，但再按输入键时，光标便会自动移到下一位置。此输入键也可替代箭头键使用。

（3）印表键：按此键会出现"您可选择打印项目，无论在任何状态下（如手动，电眼自动……）

都可打印，且不影响机器运作。"的打印窗口。

（4）清除键：此键作为设定值清除键，按下此键会把该设定值归零，以便重新设定。

8. 画面选择键（见图 10-10）

图 10-10 画面选择键

系统 10 个键（F1～F10）是用来选择画面的。系统将全部画面分为 2 组不同主选项（A 和 B）。A 组中又包含 2 组副选单（射出和中子），如图 10-11 所示，B 组中又包含 3 组副选单（监测、I/O 诊断、参数），如图 10-12 所示。可由画面下方的选项来选择所需画面，且可利用 F8 键在两组主选项中转换，也可从副选单退回主选项，画面的选择路径如图 10-13 所示。

A:	(F1) 状态	(F2) 模座	(F3) 射出	(F4) 托模	(F5) 中子	(F6) 其他	(F7) 温度	(F8) 测一	(F9) 测二	(10) 下组

图 10-11 A 组

B:	(F1) 错误	(F2) 归零	(F3) 参数	(F4) IO	(F5) 模具	(F6) 版本				(10) 下组

图 10-12 B 组

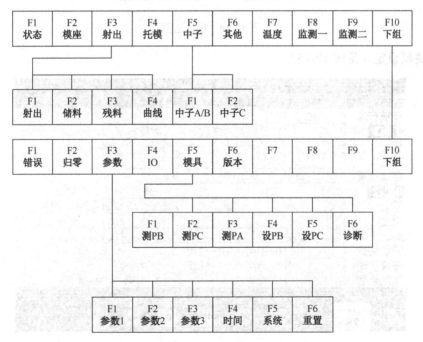

图 10-13 画面的选择路径

二、操作画面及其设定

操作画面如图 10-14 所示。

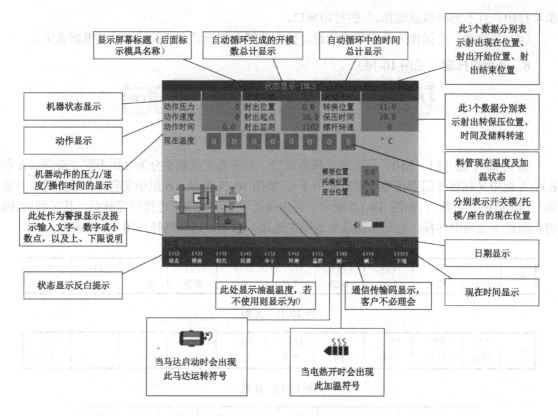

图 10-14　操作画面

1．开关模设定（见图 10-15）

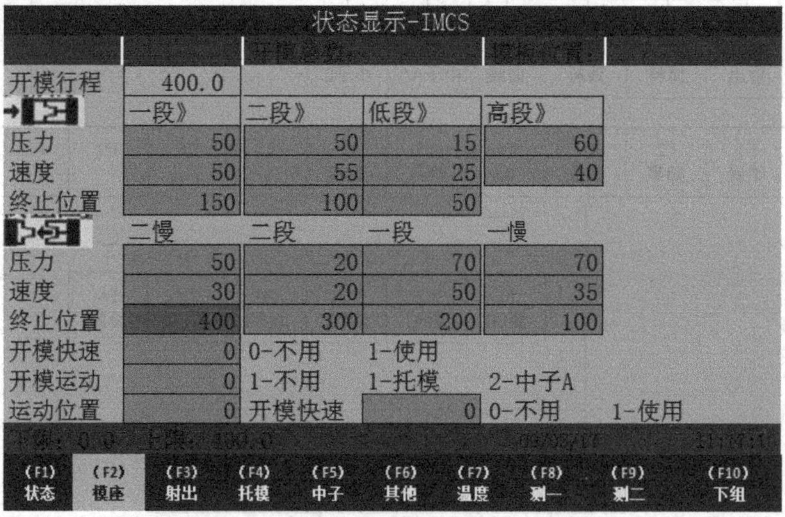

图 10-15　开关模设定

（1）开模行程：开模的最大行程。

（2）开关模数据设定：开模和关模动作共分 4 段，其压力、速度皆可分开调整，它依据开关模位置设定来转换其压力、速度。

（3）模板位置：显示模板现在位置。

（4）关模快速功能：关模差动功能选择，若选用（=1），则关模快速时，输出差动阀以高速进行。

2．射出设定（见图 10-16）

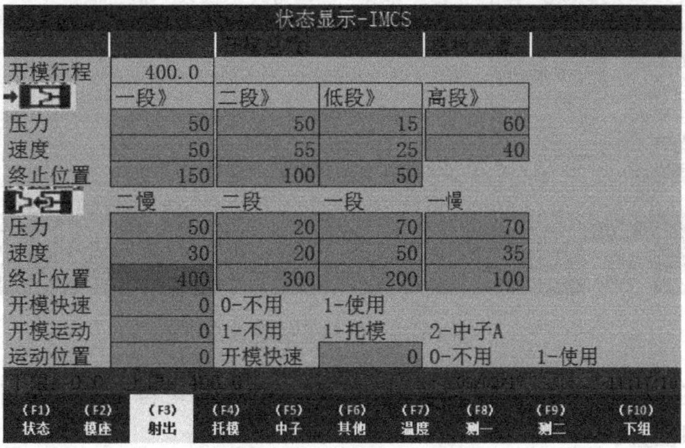

图 10-16　射出设置

（1）螺杆位置：显示螺杆现在位置。

（2）射出及保压：对射出的控制，区分为射出段与保压段两种，射出分为 6 段，各段有自己的压力及速度设定，各段的切换均使用位置距离来同时切换压力及速度，适合各种复杂、高精密度的模具，而射出切换保压可以用时间来切换，也可以用位置来切换或两者互相补偿，其运用端视模具的构造、原料的流动性及效率的考虑，使用各有不同的方法，但整个调整性都已被归纳其中，都可以调整出来。

保压使用 4 段压力、4 段速度，保压切换是使用计时的，待最后一段计时完毕，即代表整个射出行程已经完成，自行准备下一步骤。

当然使用者也可以固定使用射出时间来射出，只要将保压切换点位置设定为零，让射出永远也到达不了保压切换点，此手动射出时间就等于实际射出时间，但会失去监控这项功能，而且不良品也较难发现。

（3）射出时间：射出时间一般都大于实际射出时间，因为只要保压切换点一到，计算机就会停止射出时间，所以在原料流动性差的时候，实际射出时间就会多一些，而保压切换点也就会较慢点到，但在流动性好的时间段射出会很顺利到达保压，此时实际射出时间就少了，为了比较这两者之间的差异，我们给了一个上、下限值，即实际射出时间不能超过上限值，也不能低于下限值，因为在此范围外的成品可能会是不良品。

（4）保压转换：射出后转保压方式有两种：射出时间完转保压及射出位置到转保压。

保压转换用射出位置控制时，当射出 6 段终止位置（保压转换位置）于螺杆到达时即转换为保压，若位置不能到达，则在上限时间到后可自动转到保压，故一般可将此时间设定为较正常应有的射出时间大一些，当选择时间转换时射出 6 段终止位置（保压转换位置）将无显示，而上限 000.0mm 也改为动作 000.0sec，此时射出依设定的时间动作。

3．储料及射退设定（见图 10-17）

（1）螺杆位置：显示螺杆现在位置。

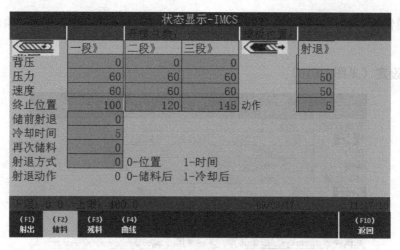

图 10-17　储料及射退设定

（2）储料设定：储料过程，共有 3 段压力、速度控制，可自由设定其启动、中途及末段所需的压力、速度和位置。

（3）射退设定：射退可设定压力速度，其动作方式可分为位置或时间，若选用位置，只要输入所需的射退距离，不使用射退时请将位置/时间设定为 0。

（4）冷却时间：射出完毕即开始计时冷却。

（5）储前冷却：储前冷却时间也可作为储料前的冷却功能使用。

（6）射退动作：若设定为 1，则射退的动作要等待冷却动作完成之后才射退，若不选保持为原来的 0，则为一般标准动作在储料之后动作。

（7）射退方式：射退方式选用时间控制时，射退位置设定值字段单位将变成时间，即可设定射退的动作时间。

（8）再次储料：在射出前先做储料动作。

（9）储前射退：储料前先做射退动作。

4．托模设定（见图 10-18）

最初的托模进可分为 2 段压力速度和个别的动作位置，假设在开模完成后等待机械手下降时，可设定托模前延迟计时来配合机械手使用，托模退延迟为提供到达托模进终位置后，延迟设定时间再做托模退动作。

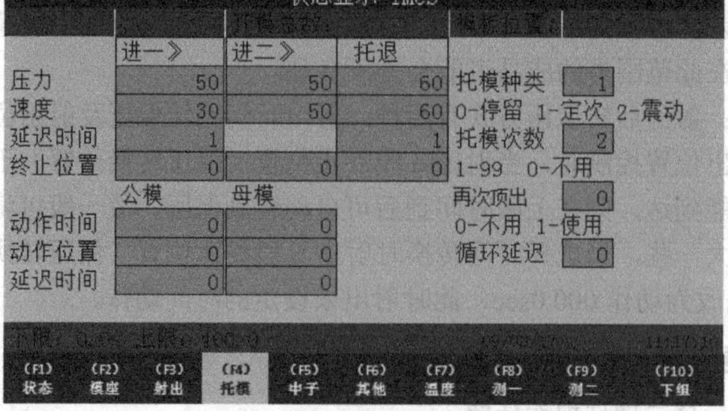

图 10-18　托模设定

托模种类共有 3 种可以选择。

0：是托模停留，使用此功能，一律限定为半自动，此时按全自动无效，顶针会在顶出后即停止，等待成品取出，关上安全门才做顶退，做顶退动作结束后才关模（注：不使用托模，则将托模次数设定为0）。

1：是一般的计数托模。

2：是震动托模，顶针会依所设定的次数，在托进终止处做短时间的来回快速托模，造成震动现象，使成品脱落（震动时间请参考参数托模栏）。

5. 温度控制（见图10-19）

（1）加热状态。

※：电热打开送电中，且实际温度在设定温度的加温缓冲区之间。

＋：电热打开正全速送电中，且实际温度低于设定温度的加温缓冲区的下限。

－：电热关闭，此时实际温度高于设定温度的上限。

（2）定时加温。当要使用定时加温时，请设定加温时间且选择使用，当到达默认时间，计算机便会自动开启电热开关。

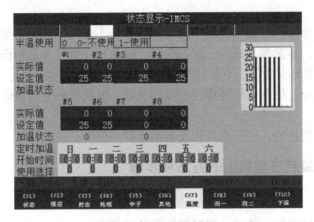

图10-19　温度控制

任务2　试模操作

一、模具安装前的准备工作

1. 熟悉有关工艺文件资料

根据图样弄清模具的结构及其特性和工作原理，熟悉有关的工艺文件及所用注射机的主要技术规格。

2. 检查模具

检查模具成型零件、浇注系统的表面粗糙度及有无伤痕和塌陷，检查各运动零件的配合、起止位置是否正确，运动是否灵活。

3. 检查安装条件

检查模具的脱模距离是否符合注射机的顶出行程，安装槽（孔）位置是否合理，并与注射机是否相适应。

4. 检查设备

检查设备的油路、水路及电器是否能正常工作；把注射机的操作开关调到点动或手动位置上，把液压系统的压力调到低压；调整好所有行程开关的位置，使动模板运行畅通；调整动模板与定模板的距离，使其在闭合状态下大于模具的闭合高度1～2 mm。

5. 检查吊装设备

检查吊装模具的设备是否安全可靠，工作范围是否满足要求。

二、注射机的操作准则

（1）环境方面
① 保持注射机及四周环境清洁。
② 注射机四周空间尽量保持畅通无阻，地面上无水、无油污。
③ 熔胶筒周围无杂物，如胶粒等，以免发生火灾。
（2）操作之前，检查手动、半自动、全自动操作，紧急按钮是否失灵，以及各个动作是否正常。
（3）机器运转操作期间，当实行各个动作操作时，不能用手触摸机械运动部分，以免夹手或伤手。试机注射时，尽量离开机台一定的距离，以免被注射时飞逸物伤及身体。
（40 操作时，要关好安全门，不要乱按各行程开关和安全开关。
（5）要把锁模部分、射台部位调整到相应的位置，使锁模部分模具分型面保持10～20 mm的开模状态。
（6）清理机台上的杂物，进行模具和设备的维护与保养。

三、注射模安装到注塑机上的方法和步骤

1. 安装前准备

（1）开机。开动注射机，使动、定模板处于开启状态。
（2）清理杂物。清理模板平面及定位孔，以及模具安装面上的污物、毛刺等。

2. 吊装模具

模具的吊装有整体吊装和分体吊装两种方法。小型模具的安装常采用整体吊装。

四、模具调整与试模

1. 调整模具松紧度

按模具闭合高度、脱模距离调节锁模机构，保证有足够的开模行程和锁模力，使模具闭合后松紧适当。一般情况下，使模具闭合后分型面之间的间隙保持在 0.02～0.04mm 之间，既要防止制件严重溢边，又要保证型腔能适当排气。对加热模具，在模具达到预定温度后，还要再调整一次。最终调定应在试模时进行。

注意事项：要注意曲肘伸直时，应先快后慢，既不轻松又不勉强。

2. 调整推杆顶出距离

模具紧固后，慢速开模，直到动模板到位停止后退，这时把推杆位置调到模具上的推板与模体之间，还要留有5～10mm 的间隙，既要防止顶坏模具，又要能顶出制件，保证顶出距离。

开合模具观察推出机构动作是否平稳、灵活，复位机构动作是否协调、正确。

注意事项：顶板不得直接与模体相碰，应留有 5～10mm 间隙。开合模具后，顶出机构应动作平稳、灵活，复位机构应协调可靠。

3. 校正喷嘴与浇口套的相对位置及弧面接触情况

可将一张纸放在喷嘴及浇口套之间，观察两者接触情况。校正后拧紧注射座定位螺钉，紧固定位。

4. 接通回路

接通冷却水路及加热系统。水路应通畅，电加热器应按额定电流接通。

注意事项：安装调温、控温装置以控制温度；电路系统要严防漏电。

5. 试机

先开空车运转，观察模具各部位运行是否正常，确认可靠后，才可注射试模。

注意事项：注意安全，试机前一定要将工作场地清理干净。模具安装、调试过程如图 10-20～图 10-39 所示。

1—英制内六角扳手；2—公制内六角扳手；3—梅花扳手；
4—活动扳手；5—铜梗；6—铜棒；7—锤子

图 10-20　准备装模所用工具

1—马模夹；2—定模部分；3—动模部分；
4—吊环；5—顶出机构部分

图 10-21　模具准备

图 10-22　启动设备，检查机器各个动作运转是否
正常，如座台进退、开合模、顶出动作、
调模动作、熔胶动作、射胶动作等

图 10-23　检查模具主要部分连接情况
并测量模具高度

1—操作面板；2—前定模板；3—移动模板

图 10-24　测量动定模间的装模厚度
是否与模具一致

图 10-25　调整动、定模板间的装模厚度
略大于模具高度 2～5 mm

1—后定板；2—调模机构；3—锁模油缸

图 10-26　调模机构部分

1—顶出杆；2—拉杆

图 10-27　检查顶出距离

图 10-28　模具起吊

图 10-29　模具吊装过程

图 10-30　模具定位圈与机板定位孔相配合

图 10-31　低压、低速慢慢压紧模具

图 10-32　安装马模夹并调节好马模夹与动、
　　　　　定模座板的厚度

图 10-33　装好马模夹，并检查螺钉是否拧紧

图 10-34　调节好顶出行程压力与速度，调好
　　　　　三级锁模速度与压力（快速合模—
　　　　　低压合模—高压锁模），并使曲肘
　　　　　伸直

图 10-35　调好三级开模压力与速度（慢速开模-
　　　　　快速开模—慢速开模），并开模检查模
　　　　　具型腔

图 10-36　开模检查定模部分，如凹模

图 10-37　连接冷却水管并试水，检查水管连接处、模具冷却水道是否有漏水现象

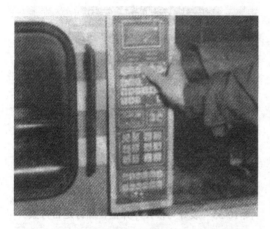

图 10-38　初步设定各成型参数，包括注射压力与速度注射时间、冷却时间、循环时间、料筒温度等，开始用低压、低速试射

图 10-39　进一步调整模具松紧度、注射压力和速度、注射时间、料筒温度等基本参数，并初步试制产品，直至符合要求

6. 注射模的卸模

注射模用完之后要从注射机上卸下，其步骤如下。

（1）注射模用完之后从注射机上卸下时，要给模具的工作部分或主要零件部分做防锈处理，涂上防锈油。

（2）用手动或点动使注射动模、定模处于完全闭合状态。但不能合得太紧。

（3）用吊装车或龙门架吊起模具，松紧适度。

（4）关闭发动机，使注射机处于停机状态，然后松开模具夹持块上的紧固螺栓及紧定螺钉。

（5）启动发动机，将开模压力调低、速度调慢，慢慢开模，使注射模脱离注射机的动定模板。再将模具吊离注射机，放置在指定的地方。完成卸模的全部工作。

7. 评分项目与标准（见表10-1）

表 10-1　注射模在注射机上的调试与调整

序号	考核项目	考核要求	配分	评分标准
1	图样分析	模具结构图的识图	10	具备模具结构知识及识图能力
2	塑料型能分析、注射机性能参数分析	塑料材料知识，注射机性能参数	15	熟悉塑料材料知识和注射机设备
3	模具在注射机上的安装，模具加压、通水	安装知识，水管不能有渗漏	20	模具安装技能，模具调试系统的设置操作熟练
4	锁模、开闭模、顶出等参数的设定与调整	注射机工作参数的调整、确认	20	掌握注射机工作状态的调整技能
5	成型工艺参数的确定	成型工艺参数的确定	20	掌握注射成型工艺参数的设置技能
6	试模结构分析、调整；参数的汇总、记录	试模、分析技能	15	掌握试模、分析技能

参 考 文 献

[1] 吴光明. 机械加工基础[M]. 北京：机械工业出版社，2011.

[2] 缪遇春. 数控加工技术[M]. 天津：南开大学出版社，2014.